U0177900

海上风电工程施工安全生产管理

中国电建集团华东勘测设计研究院有限公司
浙江华东工程咨询有限公司　　　　　　　编著
浙江工业大学

中国建筑工业出版社

图书在版编目（CIP）数据

海上风电工程施工安全生产管理／中国电建集团华东勘测设计研究院有限公司，浙江华东工程咨询有限公司，浙江工业大学编著．— 北京：中国建筑工业出版社，2023.3

ISBN 978-7-112-28451-1

Ⅰ．①海…　Ⅱ．①中…②浙…③浙…　Ⅲ．①海上-风力发电-发电厂-安全管理-研究　Ⅳ．①TM62

中国国家版本馆 CIP 数据核字（2023）第 039039 号

本书分为 5 章，内容涵盖了海上风电工程建设概况、海上风电工程建设安全法律法规体系、海上风电工程建设项目安全标准化管理、海上风电工程施工工艺过程安全管理、海上风电工程施工应急救援与事故管理等内容，可为工程安全管理工作提供具体的方法。

本书可供海上风电安全管理人员、工程技术相关专业人员和政府安全监督管理人员提供参考，也适合作为高等院校工程管理专业师生的参考书。

责任编辑：曹丹丹
责任校对：芦欣甜

海上风电工程施工安全生产管理
中国电建集团华东勘测设计研究院有限公司
浙江华东工程咨询有限公司　　　　　　　　编著
浙江工业大学

*

中国建筑工业出版社出版、发行(北京海淀三里河路 9 号)
各地新华书店、建筑书店经销
北京鸿文瀚海文化传媒有限公司制版
建工社（河北）印刷有限公司印刷

*

开本：787 毫米×1092 毫米　1/16　印张：14　字数：314 千字
2023 年 7 月第一版　　2023 年 7 月第一次印刷
定价：**65.00** 元
ISBN 978-7-112-28451-1
（40936）

版权所有　翻印必究
如有内容及印装质量问题，请联系本社读者服务中心退换
电话：(010) 58337283　QQ：2885381756
（地址：北京海淀三里河路 9 号中国建筑工业出版社 604 室　邮政编码：100037）

本书编委会

主　　编：叶锦锋　李海林

副 主 编：郭　晨　黄　辉　奚灵智　陈大江

顾问专家组：张明林　许鸽飞　陈　武　张瑞华

编 写 组：徐　浩　张　强　胡红亮　许海波

　　　　　　王忠锋　徐锡斌　孙焕锋　胡华宾

　　　　　　周国兴　罗屹鹏　周晓天　生晟铭

　　　　　　曹文博　俞建强　田新娇　李振明

　　　　　　潘杰峰　王　睿　董　涛　阮　建

　　　　　　余　泉　孔　雷

前 言

    2020 年 9 月，我国明确提出 2030 年"碳达峰"与 2060 年"碳中和"的"双碳"目标，由此开启了我国新能源体系建设的快速发展之路。海上风电是构建我国新能源体系的重要组成部分，我国海洋风能资源丰富，海上风电开发规模不断扩大，2021 年我国已成为世界海上风电新增装机容量最大的国家。我国沿海各省份"十四五"期间海上风电规划体量大，据不完全统计，截至 2022 年 10 月，"十四五"期间海上风电累计装机容量约78.39 GW，约为"十三五"的 8 倍。未来几年内，海上风电行业将再次迎来建设高峰。

    当前，我国海上风电工程建设面临诸多挑战，海上风电施工难度大，施工安全风险凸显，施工过程中易发生安全事故。在 2021 年底截止的国家补贴政策影响下，2021 年国内掀起了海上风电工程建设的"抢装潮"，造成施工资源紧缺，工期严重压缩，施工安全风险加大，给海上风电工程施工安全管理带来巨大压力和挑战。2021 年 7 月 25 日，海上风电安装平台"升平 001"发生倾斜，造成 4 人失联。2022 年 7 月 2 日，海上风电场施工浮吊船"福景 001"在防台锚地避 3 号台风"暹芭"时，锚链断裂、走锚遇险，造成 26 人落水失联。两起船舶事故凸显了我国海上风电工程施工的安全问题，海上风电工程施工安全管理能力亟须提高。目前我国海上风电行业发展快速，有关海上风电工程建设的规范标准还未形成完备的体系，缺少海上风电安全管理的相关标准和规范文件。当前，海上风电工程建设各方安全责任划分、船机设备安全管理、海上作业人员管理、施工方案和现场实施管理、应急能力建设等方面都存在较大欠缺。因此，提高海上风电工程建设各方的安全管理能力，规范安全管理工作尤为重要。

    中国电建集团华东勘测设计研究院有限公司（以下简称"华东院"）是我国海上风电工程建设的努力践行者，自 2005 年积极投身于工程规划、勘测、设计、EPC、工程数字化、智慧化升级和项目管理中，已成长为行业最有影响力的优势企业。华东院通过总结自身在海上风电工程施工中的安全管理经验，汲取行业内优秀安全管理方法与经验，编著了本书。浙江华东工程咨询有限公司为华东院的子公司，是承担海上风电工程总承包业务的专业团队，自 2018 年开始在海上风电总包业务领域有所突破，截至目前共计承接 12 个海上风电 EPC 总包项目，地理区域主要集中在黄海、南海、东海海域，总装机容量4500MW，签约总合同额约为 466.2 亿元，EPC 总承包市场份额占比约 45%，全国排名第一。

　　本书根据现行国家规范《企业安全生产标准化基本规范》GB/T 33000—2016 要求，结合海上风电安全管理特点，全面阐述了海上风电工程施工安全管理标准化的八大核心要素的具体要求。针对施工作业船舶、桩基础施工、风电机组安装施工、海上升压站施工、海缆敷设施工、集控中心施工桩基础施工过程中风险源辨识、评价与管控措施进行了总结与提炼。本书力求全面阐述海上风电工程施工过程安全生产管理的要求与做法，为海上风电项目建设提供具体指导和借鉴。

　　本项目得到中国电建集团重点科研项目的支持，编写过程中得到了华东院安全管理团队及海风团队的技术支持。本书编者特别感谢山东能源渤中海上风电 B 场址工程 EPC 总承包项目在项目调研、资料汇编以及经费支持。感谢江苏竹根沙（H2 号）300MW 海上风电项目 EPC 总承包项目、江苏启东海上风电 H1、H2、H3 项目 EPC 总承包项目、江苏如东 H5 号海上风电场工程 EPC 总承包项目、国家电投江苏如东 H4 号、H7 号海上风电场项目 EPC 总承包项目、协鑫如东 H13 号海上风电场工程 EPC 总承包合同、协鑫如东 H15 号海上风电场工程 EPC 总承包项目、中船重工大连市庄河海域海上风电场址 II（300MW）项目、华能大连市庄河海上风电场址 IV1（350MW）总承包项目、越南平大（Binh Dai）310MW 海上风电总承包项目等提供详实工程资料。感谢山东渤海二号风电有限公司以及相关单位为编著提供的工程资料和管理建议。

　　鉴于编者理论水平有限，书中难免存在一些不足，真诚希望读者朋友提出宝贵意见。

目　录 ·▪·▫·▪·▫

第3章　海上风电工程建设项目安全标准化管理 / 45

第1章 海上风电工程建设概况

1.1 海上风电发展现状

风能是一种无二氧化碳、无化石能源，不会产生任何污染的绿色、环保、清洁无公害的可再生资源。据专家估计在全球边界层内，风能总量为 1.3×10^{15} W，一年中约有 1.14×10^{16} kW·h 的能量，相当于目前全世界每年所燃烧能量的 3000 倍左右。人类利用风能的历史极其悠久，其中，古文明璀璨的中华民族是最早利用风能的民族之一。风能的利用主要是将风力转化为电能、热能和机械能等形式，向外界输电、供水、续航和加热等。

风力发电是现今利用风能最常见的形式，是指把风的动能转为电能。风力发电以其清洁、可再生、基建周期短、装机规模灵活、运行和维护成本低等特点，日益受到世界各国的重视。根据发电场所不同，风力发电可以分为海上风力发电和陆上风力发电两大类。相对于陆上风力发电，海上风力发电具有更频繁、更强的风力，可以生产更高的能源。同时，由于海上交通基本不会受限于涡轮机、风叶的型号和大小，因此海上风力发电建设更容易实现大型化和规模化。此外，海上风电场基本远离居民生活区，对周边环境和人们的生活影响较小。再者，我国人口主要分布于东部沿海地区，这意味着能源需求可以在当地产生，更有利于海上风力发电的发展。

1.1.1 全球海上风电发展概况

目前，全球已有 90 多个国家建设了风电项目，主要集中在亚洲、欧洲和美洲。根据彭博新能源财经公布的数据统计（图 1-1），2021 年全球新增装机容量高达 93.6GW，是历史第二高。虽然新增总装机量相比 2020 年下降了 1.8%，但是海上风电新增并网装机容量实现了增量 161% 的历史新高（新增 21.1GW）。从全球风能理事会（GWEC）发布的 2022 年全球风电行业报告中可知，我国在 2021 年继续稳居全球最大风电市场的位置，美国以 13GW 的新增装机容量位列第二，中美两国共计占全球新增装机容量的三分之二以上。

与其他可再生能源类型相比，海上风电项目的投资较大，周期较长。海上风电发展前期，大多数国家都采取了相应的扶持政策，以降低投资风险，提高收益。在欧洲和亚洲，

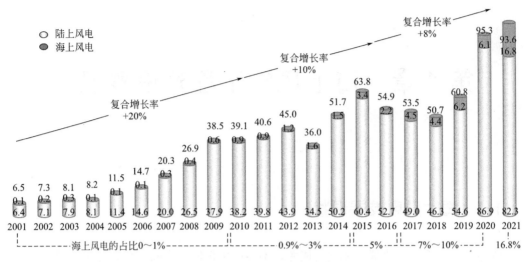

图 1-1　2001—2021 年全球风电新增装机容量

如德国、荷兰、中国、日本、越南等国家，海上风电政策正在从固定上网电价向竞争性机制转型。在美国，海上风电采用了税收刺激政策，包括投资税抵扣和生产税抵扣等。2022年，中国海上风电国家补贴已经基本取消，随着海上风电发电技术的逐渐成熟，风机单机额定容量越来越大，未来海上风电成本将有所下降。当前全球海上风电走向平价时代，以保证海上风电产业推动能源系统优化，带来长远的社会效益，促进行业的长远健康发展。

当前，大型化风电机组以其更强的发电能力、更高的效率和更低的度电价格而备受推崇。虽然大型风电机组的成本更高，但可减少风电机组数量，降低在基础、电缆、安装及运营上的投入，海上风电机组正朝着大型化发展。2020 年全球新增海上风电机组的平均功率已突破 6MW，世界上最大单机设计容量已达到 16MW。2021 年，我国 8～10MW 的风电机组也逐步成熟。随着风电机组的大型化，其叶片长度也随之增加（图 1-2），以我国最新推出的 16 MW 单机设计容量风电机组为例，其叶轮直径高达 242m，因此对风电行业安全从设计、安装、到后期维护等模块的要求更高。

随着全球海上风电资源的开发，发达国家的近海风力资源逐渐开发完善，海上风电项目将向远海发展。离岸距离超过 100km、水深超过 50m 的深远海域风能资源更加丰富，欧洲海上风电技术强国已着手开发深远海风电。深远海风电场将面临大水深、强风、巨浪等恶劣的环境考验，传统基础形式不再适用，漂浮式海上风电将是深远海风电场建设的解决方案之一。目前漂浮式风力发电系统正处于从试点项目向商业规模风电场转变的关键时期。

1.1.2　我国海上风电发展概况

随着我国"双碳"目标的提出，碳配额交易机制的建立，对可再生能源的急切需求也随之快速增加。开发清洁、高效、安全的现代能源体系，是实现我国经济和社会可持续发

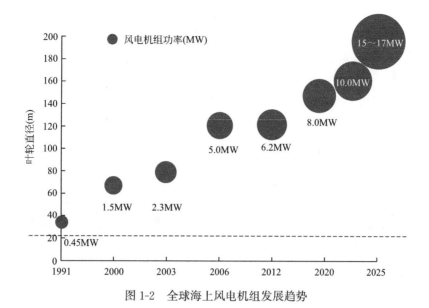

图1-2 全球海上风电机组发展趋势

展的必然选择。与此同时，我国拥有大量未开发的风能，包括陆上风能和海上风能。其中，海上风能以其稳定而强劲特点，将为沿海人口中心区域提供巨大的电力保障。在此大背景下，我国风能发电技术的开发得到迅速推进和大规模应用，陆上和海上风电场的建设持续增长，海上风电行业未来发展积极向好。

1. 我国海上风电市场发展的总体概况

1986年4月，我国第一座"引进机组、商业示范性"风电场——马兰风电场在山东荣成并网发电。从第一座商业示范风电场并网到今天已经经历了30多年的发展。20世纪90年代，我国风电经历了国家"乘风计划""双加工程""国债项目"的培育以及技贸合作项目的示范，以及风电特许权项目的促进等，在2006年国家可再生能源法实施后迎来了大发展。在2010年，我国风电达到了第一个发展高峰，累计装机容量达到$4.473 \times 10^7 \mathrm{kW}$，第一次成为全球风电装机第一大国。自2010年开始，我国每年稳居风电装机容量全球第一的位置，截至2021年底，累计装机高达328GW。在2021年，我国风电新增并网装机47.57GW，其中海上风电新增并网装机16.9GW，其年度占比已经从10年前不足1%跃升至35.5%（图1-3）。

我国海上风电起步较晚。2007年，从我国第一台海上风电机组在渤海湾建成发电，到海上风电示范项目——龙源如东海上（潮间带）试验风电场建成，拉开了我国开发建设海上（潮间带）风电场的序幕。2010年，上海东海大桥10万kW海上风电示范项目则是我国建成的第一个大型近海海上风电场。在国家的规划和政策指导下，海上风电项目由潮间带到近海，再到深远海，带动产业不断升级，实现我国海上风电规模化高质量发展。我国海上风电发展取得突破性进展，海上风电场建设成效显著，2015—2020年年平均增长速度达到60%，主要分布在江苏、广东、福建、辽宁、浙江、河北和上海等区域。2021

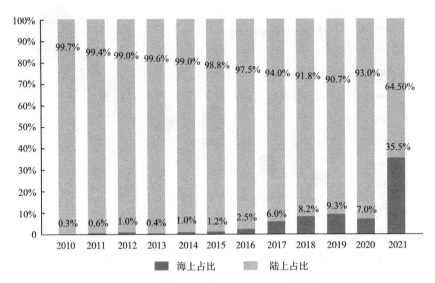

图 1-3 近 12 年我国陆上和海上风电新增装机容量占比

年，全国海上风电新增总量到达新的高度（16.9GW），投入之大远高于过去任何年份（图 1-4）。我国已成为世界海上风电累计装机规模最大的国家。

2. 我国风电机组技术发展现状

风电机组技术是风电产业的核心。20 世纪 90 年代初，我国主要以技术引进为主，引入国际上主流厂家的风电设备，开展并网风力发电场的建设。通过合资合作、技术引进、合作设计、消化吸收再创新等方式，在国家风电特许权项目的促进下，我国逐步实现了风电机组的国产化和技术创新，为风电产业的形成奠定了基础。

21 世纪初，我国实现了 600kW 级和 750kW 风电机组的自主批量生产能力，国产兆瓦级风电机组于 2006 年开始批量生产。经过十多年的发展，到 2020 年，我国陆上风电场新增主流机型单机容量已超过 3MW。海上风电场主流机型单机容量已达 5MW 以上（最大为 10MW）。

在风电机组研发创新方面，我国基本与国外保持同步，自主研发制造了大容量海上风电机组、超长叶片和漂浮式风电机组等一系列产品，关键核心技术取得突破，在某些方面处于领先地位，相应的产业链产能也在稳步提升。针对风电机组不同运行环境特点，我国企业开发出了低风速型、低温型、抗盐雾型、抗台风型、高海拔型等系列风电机组。国际风电权威媒体 Windpower Monthly 于 2022 年 1 月初公布的"2021 全球海上风电机TOP10"榜单中，我国有 5 款海上风机机型入围，表明海上风电机组的自主创新与国际技术引领能力不断提升，大容量机组与国际水平保持同步。我国风电整机设备经历了从早期的引进技术、消化吸收、再创新，到实现自主研发，目前已经形成具有自主知识产权的大兆瓦级风电机组的研发能力。随着海上风电技术研发、示范以及商业推广的开展，我国在某些领域已经达到国际领先水平。

除政策因素对海上风电价格造成的影响外，我国海上风电成本受其他因素的影响也较大，如我国近海风资源少于欧洲国家，单机容量较国外平均单机容量小，关键零部件产能受限，安装施工设备限制等。今后，为进一步降低成本和实现平价，我国仍需在技术研发、制造能力、配套产业和运营维护等方面作出更大努力。

按照我国在 2020 年 12 月气候雄心峰会上提出的"到 2030 年非化石能源占一次能源消费比重达到 25%，风电、太阳能发电总装机容量将达到 12 亿 kW 以上"的目标要求，"十四五"期间，我国可再生能源将成为能源消费增量的主体，今后十年中，风电和光伏的年新增装机规模需达到 1 亿 kW 以上。长期来看，为实现 2060 年碳中和的目标，预计届时风力发电装机容量将在电源总装机容量中占据很大的比例，达到约数十亿千瓦以上的规模，成为绝对的主体能源。

1.2　海上风电场的组成与施工特点

1.2.1　海上风电场的组成

风电场是将风能捕获、转换成电能，并通过输电电路送入电网的场所，海上风电场主要由风电机组、海底电缆、海上升压站和陆上集控中心组成。

风电机组是海上风电场的发电装置，单个风电机组包括叶片、风机、塔身和基础部分。风力发电机是将风能转换为机械能，带动转子旋转，最终输出交流电的电力设备。

海底电缆是用绝缘材料包裹的电缆，铺设在海底，海上风电场发电之后，向陆地输送电力，并升压并网。海底电缆是海上风电场的"血管和神经"，作为海上风电场输送电能的通道，其安全可靠性对海上风电场的安全运行至关重要。受海底恶劣环境的影响，海底电缆不仅要具有防水、耐腐蚀、抗机械牵拉及外力碰撞等特殊性能，还要求有较高的电气绝缘性能和很高的安全可靠性。

海上升压站是海上风电的"心脏"，以综合性、复杂性而著称。升压站的作用是把低等级电压转化成高等级电压，降低电能损耗，从而经济、稳定地完成电能的输送工作。作为海上风电场的电能汇集中心，海上升压站是输变电的关键设施，同时是整个海上风电场成败的关键。

陆上集控中心是海上风电场的"大脑"，是整个风电场的调度指挥中心。集控中心在陆地上远程监控所有的风电机组，管理整个风电场的运行，以及来自风电机组、海上升压站和海底电缆等设施的运行状态信息，并将其传输到集控中心进行分析处理。集控中心除了监控海上风电场的实时数据，还可以保存海上风电场的历史数据，包括风力机、测风塔、海上升压站、风电场功率、天气预报等数据。

1.2.2　海上风电工程施工特点

1. 施工天气环境复杂

海上风电施工作业远离陆地，施工周期长、跨越四季，施工活动受大风、大雨、大雾、寒潮、潮汐等恶劣环境影响较大，可施工窗口期有限、工效低。特别是我国沿海区域基本处于台风影响区，台风具有突发性、随机性、破坏力极大的特点，其带来的狂风、暴雨等严重影响海上风电施工的效率和安全。

2. 工程地质复杂

目前我国已建成的海上风电场多在滩涂和近海区域，沿海各地区的水文地质情况差异较大，海底地质复杂，如山东、江苏、上海等省市沿海海床地质主要以软土地基为主，福建和广东两省的海床多为岩层，辽宁、河北两省的海床则多为软土地质、基岩等不同地质环境都会给海上风电项目的施工带来巨大难度。例如，自升式施工平台插拔桩、桩基础插桩、升压站安装、海底电缆敷设等作业，都需要进行专门的地质勘探，根据不同海域地质环境，需针对性地制作、完善与之相适应的机组设备技术方案和施工方案，极其考验施工技术。

3. 工程技术复杂、作业精度要求高

海上风电涉及多种施工工艺，且施工作业技术复杂，对质量要求很高，如风机基础钢管桩直径非常大，钢管桩使用载荷大，大直径单桩吊装作业翻桩难度大（直径约 8m，长度约 80m，质量约 1000t），对船机配置、起吊方式、人员作业水平等要求高，技术难度大。

海上风电施工作业精度要求高，如风机基础施工中单桩沉桩的垂直度要控制在 1‰ 以内，导管架结构对桩台位置及桩的垂直度与间距要求精度很高。高桩承台基础结构沿直径周围布置多根桩，又有斜度要求，增加了安装精确要求，打桩船施工技术难度较大，一旦安装精度偏差过大，易造成重大的质量和安全事故。

4. 设备要求高、施工装备短缺

海上风电作业构件质量大、体积大。施工环境较为恶劣，施工区域存在诸如施工水域潮差大、风浪大、水流流速急等状况。海上风电施工作业船机设备的起重能力、沉桩能力、施工船舶稳定性、作业时抵抗波浪的能力等要求高，一般设备很难达到要求，需要专业化、大型化施工船舶，但这些船舶设备造价昂贵，导致专业化施工船舶设备短缺。

5. 工程协调量大

海上风电开发过程中要考虑对军事、航运、海洋生态环境等的影响，海上风电建设项目需与海洋、海事、环保、军事、港口等多个部门协调沟通。在施工过程中，参建单位包括建设、勘察、设计、施工、监理、技术服务、材料及设备供应商等单位，组织协调量大。

6. 安全风险大

我国海上风电产业发展较晚，对许多关键技术问题的研究还处于起步和摸索阶段。大型施工作业复杂、水文地质条件不明、大风大浪恶劣环境影响等特点决定了海上风电施工安全风险大，容易出现安全质量事故。而且一旦发生事故，因离陆地较远而难以及时救援，易造成重大人员伤亡和经济损失。2020年以来，我国相继出现了平台浸水、起重机折臂、船体折断、船舶碰撞、平台穿刺倾覆等多起重大安全事故。

1.3 海上风电工程建设安全管理现状

近年来，我国海上风电工程建设发展快，从2010年的10万千瓦跃升至2021年的2639万千瓦。我国海上风电工程，无论是建设速度，还是建设规模，都远超世界其他国家，已成为世界上最大的海上风电市场。海上风电工程施工安全状况一直受到各级政府和广大市民的高度重视和密切关注。虽参建各方不断提高安全管理水平，全国海上风电工程安全形势正在提升，但由于发展时间较短，经验不足，仍不断发生安全事故。

1.3.1 海上风电工程施工安全管理基本情况

1. 海上风电工程施工安全生产的基本法律法规逐步建立

海上风电工程施工项目主要涉及海上施工作业，目前国家层面还缺乏专门针对海上风电施工作业相关的法律、标准、规范。在海上风电安全生产管理方面，我国将安全生产法体系与海上生产安全法律体系相结合，组成了以《安全生产法》《海上交通安全法》《特种设备安全法》和《建筑法》等为法律，《安全生产许可证条例》《建设工程安全生产管理条例》和《生产安全事故应急条例》等为基本法规，以及一系列地方标准、施工安全规范标准、规章制度和规范性文件组成关于海上风电工程施工安全的基本法律法规体系。为了进一步促进海上风电施工领域的安全建设，针对其独特的工程施工特点，国家能源局和国家海洋局于2010年1月联合发布了《海上风电开发建设管理暂行办法》，随后于2016年12月又发布了《海上风电开发建设管理办法》。交通运输部海事局于2017年12月25日发布了《关于加强海上风电场海事安全监管的指导意见》。地方政府也针对海上风电项目制定了相关监管规定，如2019年11月连云港发布的国内首个海上风电海事监管规定——《连云港海事局海上风电海事监管暂行办法》，2021年江苏制定的《江苏海事局海上风电通航安全监督管理规定（试行）》等。《海上风力发电工程施工规范》GB/T 50571—2010和《海上风电场工程施工安全技术规范》NB/T 10393—2020也分别于2010年和2020年发布。

2. 海上风电工程施工安全监管体系逐步建立

构建完善的海上风电工程施工安全监管体系，有利于加强施工建设期间的安全监管，实现海上风电工程开发建设安全化。目前众多事故暴露出我国海上风电工程施工安全监管体系尚不健全，存在管理部门职责模糊、配合不足的情况。能源局作为行业主管部门，对远在海上的风电施工现场进行监管。海事部门负责水上交通安全监管，维护海事风电场水域通航秩序。施工企业主体责任、地方政府属地管理、能源局行业管理、海事部门监管的合力监管能力尚不能满足行业发展要求。随着海上风电建设事业的发展，这些问题逐步暴露，海上风电工程施工安全监管体系正在逐步建立、完善。

3. 海上风电工程施工安全质量风险管理和控制技术日趋成熟

自 2007 年建设以来，我国海上风电工程技术经过十多年的高速发展，正逐步形成较为成熟的海上风电工程施工安全质量风险管理和控制技术。针对海上风电项目的勘察、设计、建造、运输、安装、施工、运维等方面存在的重要风险点，逐步形成包括风险识别、风险评估和风险评价等方面的风险管控体系。风机安装施工工艺方面已经形成了海上复杂气象环境风险分析和规避、塔筒分段式安装、机舱与发电机整体安装、叶轮整体安装的一整套较为成熟的安装技术工艺，在我国海上风电工程建设中应用广泛。我国是世界第一大风电装机国，也是最大的风电整机装备生产国，风电设备制造已经达到较高水平，形成了具有国际竞争力的风电装备全产业链。2021 年 12 月 5 日，我国粤电阳江沙扒海上风电项目攻克世界难题，该项目完成了国内首个植入嵌岩三桩导管架风机基础，为解决海上风电场嵌岩这一世界难题提供了可靠的解决方案。2021 年 12 月 30 日，全球单体最大的水上漂浮式光伏电站——华能德州丁庄水库 320MW 项目实现全容量并网，每年将为山东提供 5.5 亿 kW·h 的绿色电能，节约标煤 20 万 t。一系列工程项目为我国海上风电工程安全质量风险管理和控制技术积累了丰富的经验和技术。

1.3.2　海上风电工程施工安全管理存在问题

我国海上风电建设事业发展晚，存在诸多潜在安全问题。海上风电工程施工过程中安全事故频发，涉及海上风电工程施工建设的各个方面，如船舶断裂、倾覆、海水浸漫、吊装事故、人员触电、高处坠落、落水淹溺等事故。如表 1-1 所示是近年来国内海上风电工程施工典型事故案例。

我国海上风电工程施工典型事故案例　　　　　　　　　　　　　　　表 1-1

事故时间	事故地点	事故类型	伤亡及直接经济损失	主要原因
2016.05	黄海海域	船舶碰撞	15 人落水，其中 7 人死亡，较大等级水上交通事故	渔船在行驶接近海上风电施工船时，未进行沟通协调，且未考虑当时环境，操作不当导致事故发生
2016.09	江苏东台	船舶断裂	船舶断裂沉没，较大等级水上交通事故	未能全面掌握水文地质情况、船舶长时间与潮流流向存在一定夹角，发现异常时处置不当
2017.08	台湾	船舶沉没	5 人死亡，3 人失踪	台风影响船舶走锚失控

续表

事故时间	事故地点	事故类型	伤亡及直接经济损失	主要原因
2017.08	珠海桂山	船舶断裂	船舶断裂,直接经济损失2300万元	台风影响船舶走锚失控,碰到风电机基座
2018.10	福建平海湾	平台下沉	17人遇险	海况不符合操作手册要求,平台支腿出现故障,未及时发现
2019.09	江苏南通	船舶触碰	管线桥、船舶等受损,构成较大等级水上交通事故	"W"轮锚泊未及时撤离,抗台方式不当,锚钢索断裂,船舶走锚
2020.07	江苏如东	海水漫浸	船舶损坏直接经济损失数亿元	人员管理、应急预案不到位
2020.09	广东汕尾	起重船大臂折断	船舶损坏	起重制动器某关键部件损坏
2020.12	江苏盐城	船舶触损	船舶舵机损坏	施工船舶选择避风水域不当,不熟悉附近通航环境
2021.07	广东惠州	船舶倾斜	1人死亡,3人失踪,船舶沉没	插桩作业过程中发生桩腿穿刺,船体倾斜
2022.07	广州阳江	船舶沉没	25人死亡、1人失联,船舶沉没	抗台不当,浮吊船走锚

根据我国海上风电工程建设情况和事故案例,分析可知,当前我国海上风电工程施工安全管理主要存在以下问题。

1. 企业管理意识和经验不足

施工方面,我国海上风电开发建设晚,现阶段我国海上风电的勘测、设计、施工、检验、监测、装备、技术服务等在技术和管理上不够成熟,施工单位在行业内缺乏可借鉴的安全管理理论和经验,还未形成一套与自身风险特征相适应的安全管理模式,海上风电建设相关工作人员没有足够的安全施工知识、安全意识、技术及管理能力,在施工过程中存在风险识别不充分、防范措施不到位等问题,安全管理存在不少漏洞和薄弱环节。截至2021年底,全国海上风电并网风电装机容量高达2639万kW,相较2016年增加了16倍,海上风电工程建设规模在短时间内急剧增大,缺乏有经验的勘察、设计、施工、监理等单位和技术人员,难以满足海上风电安全建设的需求。

2. 海上风电施工天气环境恶劣、地质条件复杂,危险性大

海上风电施工易受到大风、大浪、大雾、潮汐、寒潮等恶劣气象、水文环境的影响。由于海上灾害性天气种类多,且发生频次较高,海上风电施工有效工作天数少、工效低、危险性大。我国沿海各地区的水文地质情况差异较大,且施工地质条件复杂,导致海上风电施工危险性增大。恶劣天气及复杂地质条件导致海上风电工程施工管理存在诸多不确定因素,需要根据现场情况有针对性地开发、完善与之相适应的施工方案以及实施相应的安全管理。

因海洋气候、地质环境的影响和作业难度的增加,海上风电施工事故发生概率骤增。

海上拖船就位、船舶运输等进出港和航行中受气象、海况等自然条件的影响较大，容易发生船舶碰撞、倾覆等重大事故。恶劣的气象、水文及地质环境对海上作业平台插桩、桩基础吊装及沉桩作业、风电机组及海上升压站吊装作业等影响大，易发生穿刺、溜桩、滑移、冲刷掏空、船舶倾覆等风险，造成重大安全事故。

另外，从宏观的角度分析，自然风险存在一定的偶发性和随机性，海洋预报数据信息的验证也是一项长期细致的工作，在提供全方位、高精度的海洋环境信息预报平台的建设方面，我国未来仍有较大的发展空间，在这种形势下，企业风险管控难度增加，对企业的风险管理能力要求较高。

3. 施工作业复杂、技术难度大、危险性大

海上风电施工作业涉及风机基础沉桩、风电机组及升压站等吊装、海缆敷设施工、220kV/35kV 配电装置安装等多个危险性较大的分部分项工程，我国对关键技术问题的研究还处于起步和摸索阶段，安全隐患多、危险性大，对施工海域环境、施工设备、人员作业能力、施工安全管理等要求更高，稍有不慎即可能发生重大安全事故，造成重大不良影响。我国海上风机高度一般为 100m 左右，一些新型风机可达到 150～170m，桩基础施工、风电机组安装、升压站安装都涉及吊装作业，海上风电施工建设起重作业次数多、构件体积大、质量大，且起吊高度高、技术难度大，对管理人员的现场指挥能力和临时应变能力要求高，给施工作业船舶起重吊装作业带来巨大挑战，存在较大安全风险，易引发安全事故。

海上风电施工涉及海上多种大型设备构件运输、桩基础施工、风电机组安装、海上升压站安装、海缆敷设施工等多项施工工艺，涉及电焊作业、起重吊装作业、钻机作业、潜水作业等多种特种作业，交叉作业施工也经常性存在，存在诸多安全风险。

4. 施工船舶安全风险大

海上风电施工作业对船机设备的起重吊装能力、作业时抵抗波浪的能力等要求高，一般设备很难达到要求，需要大型化、专业化施工船舶，但这些大型、专业化船舶设备造价昂贵，专业化施工船舶设备严重短缺，在"抢装潮"影响下，我国现有许多施工作业船舶是经过改造完成的，存在较大安全风险。从现有事故统计分析中可知，近年来，我国海上重大安全事故多与施工作业船舶相关，海上风电施工发生多起船舶作业平台海水浸漫、平台倾斜、船舶断裂、触碰、船舶沉没等重大事故，易造成人员群死群伤，暴露出我国海上风电作业存在较大的安全风险。海上施工人员未全面掌握海域水文地质情况，对异常情况处置不当，抗台方式不当，船舶人员及施工人员职责模糊等，是这些事故发生的主要原因。

5. 建设周期短、工作任务大

海上风电在国内"抢装潮"的影响下实现了爆发式发展，一大批风电企业订单暴涨，由于风电建设要求建设周期短、工作任务量大，很多项目业主还没有作充分准备就急于开工建设，这就给管理带来了更大的变数和不安全因素，这必然会对海上风电施工建设带来巨大的安全隐患。

6. 应急救援难度大

海上风电工程建设环境较陆上风电工程建设复杂，还可能面临低温、大风大浪、浓雾等恶劣天气的影响。落水人员受洋流、海浪等影响，24h可漂浮几十海里，且漂浮方向不确定，难以被发现，救援队伍面临救援搜救范围大、救援设施复杂、救援队伍不足等难题，使得海上救援搜救难度非常大。

7. 法律法规标准待完善

我国海上风电发展晚、速度快，现有海上安全施工技术及管理方面的法律标准规范偏重海上油气开采，难以满足海上风电发展要求，严重缺乏海上风电相关安全技术及管理标准、安全管理制度。如目前国内外尚无评估海上风电安装平台桩腿插深和防范风电安装平台桩腿穿刺风险的行业标准或规范，实际操作中缺乏参照。海上风电安装平台负责插、拔桩等操作人员应该经过何种培训，在船作业其他施工人员是否应经过海上作业安全技能培训等方面尚无相关规定。施工船舶作业中建设方、施工方、监理单位、船舶等安全责任分配缺乏相关依据，给海上风电工程施工带来巨大风险。因此，在技术指导、安全管理、责任主体划分落实、安全质量风险评估、监督管理、应急响应等方面，亟须制定适应海上风电施工作业的法律标准规范，不断完善海上风电安全管理体系，消除及减少海上风电施工事故的发生概率。

1.4　海上风电工程建设安全管理意义

安全管理的根本目的是保护广大劳动者的安全健康，保障设备的安全稳定运行，防止发生人员伤亡事故和设备损坏，保护国家和社会财产不受损失，保证生产建设的正常进行。生产中的伤亡事故统计分析表明，80%以上的伤亡事故与安全管理缺陷密切相关。因此，安全管理工作对海上风电工程建设意义重大，要从根本上防止海上风电施工事故，必须加强安全管理，不断提高海上风电工程建设的安全作业技术和水平。

1. 做好安全管理工作是实现我国"双碳"目标的重要保障

海上风电工程建设是我国实现"双碳"目标的重要技术路径，在推进能源系统结构转型、承担环保升级任务中发挥着重要作用，对我国具有重要的战略意义。"十四五"期间是我国海上风电产业的关键成长时期，该期间我国累计规划的海上风电超150GW，将会再次带来我国海上风电建设的高峰。建设高峰期将会导致资源紧张、强度升级等问题，施工安全风险加大，对海上风电工程施工安全管理带来巨大压力和挑战。做好海上风电安全管理工作，有利于海上风电事业安全、稳定、快速、有序地进行，为实现"双碳"目标提供重要保障。

2. 做好安全管理工作是企业稳定快速发展的重要保障

在海上风电工程建设过程中，多为海上作业，且需要依靠众多的船机设备。工程永久结构多为大吨位的钢结构或精密设备，其价值高，施工成本高。海上施工作业多为危险性较大的作业，一旦发生安全事故，极易造成设备损坏和巨大的经济损失。对于企业来说，海上风电事故损失较高，一旦发生安全生产事故，不仅威胁劳动者的生命和健康，企业劳动者的生产积极性受挫，生产企业也会受到巨大的经济损失，导致企业的发展受到阻碍。提高安全管理水平，一方面，有利于提高人员安全意识水平，形成良好的生产环境，有利于增强企业凝聚力，提高劳动生产效率，促进企业经济效益的提高；另一方面，企业安全环境和状况是企业综合管理水平的体现，搞好海上风电安全管理工作，有利于海上风电工程建设顺利、高效进行，在行业中提高企业的竞争优势，增强其影响力，促进企业稳定快速发展。

3. 做好安全管理工作是劳动者生命健康的重要保障

海上作业不仅作业条件艰苦，安全风险高，而且身处"孤岛"，易对劳动者造成心理压力。做好安全管理工作，不仅对劳动者的生命安全提供保障，而且可以慰藉劳动者心理，促使劳动者舒心工作，使劳动者具备良好的作业精神状态，形成安全有序的生产环境，提高现场作业的安全水平。众多安全事故表明，安全事故严重威胁劳动者的生命健康，会给劳动者个人、家庭带来无尽的痛苦和沉重的负担。因此，做好安全管理工作，减少事故的发生，有助于维护社会安定，促进社会平稳有序发展。

第2章 海上风电工程建设安全法律法规体系

2.1 安全生产法律法规体系及其效力

2.1.1 安全生产法律法规体系

安全生产法规是指调整在安全生产过程中产生同劳动者或生产人员的安全与健康，以及生产资料和社会财富安全保障有关的各种社会关系的法律规范的总和。安全生产法规是国家法律体系中的重要组成部分。我们通常说的安全生产法规是对有关安全生产的法律、行政法规、规章、规程、标准的总称。例如，全国人大和国务院及有关部委、地方政府颁布的有关安全生产、职业安全卫生的规章及标准等，都属于安全生产法规范畴。

法按照不同标准所划分的类别不同。根据我国立法体系的特点，以及安全生产法规调整的范围不同，安全生产法律法规体系按法律地位及效力等同原则，可以分为宪法、安全生产方面的法律、安全生产行政法规、安全生产地方性法规、安全生产行政规章、安全生产标准六个层次。

1. 宪法

《宪法》是国家的根本法，具有最高的法律地位和法律效力，是制定一切法律法规的依据。《宪法》是我国安全生产法律体系框架的最高层级，也是安全法规的立法基础和依据。

2. 安全生产方面的法律

安全生产方面的法律包括基础法、专门法律和相关法律。

（1）基础法：我国关于安全生产法律主要包括《安全生产法》和与其平行的专门的安全生产法律和与安全生产有关的法律。

（2）专门法律：规范某一专业领域安全生产的法律。我国在专业领域的法律主要有《消防法》《道路交通安全法》《突发事件应对法》等。

（3）相关法律：安全生产专门法律以外的，涵盖有安全生产内容的法律，如《劳动法》《建筑法》《电力法》等。

3. 安全生产行政法规

安全生产行政法规由国家行政机关——国务院制定，为实施安全生产法律或规范安全生产监督管理而制定并颁布的一系列具体规定，是实施安全生产监督管理和监察工作的重要依据。行政法规在中华人民共和国领域内具有约束力。

4. 安全生产地方性法规

地方性法规是由具有立法权的地方国家权力机关——人民代表大会及其常务委员会依照法定职权和程序制定、颁布，施行于本行政区域的规范性文件。其根本任务是结合本地方的具体情况和实际需要，因地制宜，有针对性地解决地方问题。地方性法规所规范的事项应只限于本行政区域，不能超越这个范围。

5. 安全生产行政规章

行政规章包括部门规章和地方政府规章两种。部门规章由国家行政机关——国务院所属各个部门依据宪法、法律和行政法规制定。地方政府规章是由地方政府部门颁发的地方性法律法规。

6. 安全生产标准

安全生产标准是我国安全生产法规体系中的重要组成部分，也是安全生产管理的基础和监督执法工作的重要依据。我国安全生产标准是安全生产法规的延伸与具体化，其体系由基础标准、管理标准、安全生产技术标准以及其他综合类标准组成。

2.1.2 安全生产法律法规体系层级效力

1. 纵向效力层级

（1）《宪法》是根本法。《立法法》第九十八条规定：宪法具有最高的法律效力，一切法律、行政法规、地方性法规、自治条例和单行条例、规章都不得同宪法相抵触。

（2）上位法高于下位法。《立法法》第九十九条规定：法律的效力高于行政法规、地方性法规、规章。行政法规的效力高于地方性法规、规章。第一百条规定：地方性法规的效力高于本级和下级地方政府规章。省、自治区的人民政府制定的规章的效力高于本行政区域内的设区的市、自治州的人民政府制定的规章。

2. 横向效力层级

（1）特别法高于一般法，新法优先于旧法。《立法法》第一百零三条规定：同一机关制定的法律、行政法规、地方性法规、自治条例和单行条例、规章，特别规定与一般规定不一致的，适用特别规定；新的规定与旧的规定不一致的，适用新的规定。

（2）等效力法律法规不一致时，由有关部门裁决。《立法法》第一百零五条规定：法律之间对同一事项的新的一般规定与旧的特别规定不一致，不能确定如何适用时，由全国人民代表大会常务委员会裁决。行政法规之间对同一事项的新的一般规定与旧的特别规定不一致，不能确定如何适用时，由有关部门裁决。第一百零六条规定：地方性法规、规章之间不一致时，由有关机关依照下列规定的权限作出裁决：① 同一机关制定的新的一般规定与旧的特别规定不一致时，由制定机关裁决；② 地方性法规与部门规章之间对同一事项的规定不一致，不能确定如何适用时，由国务院提出意见，国务院认为应当适用地方性法规的，应当决定在该地方适用地方性法规的规定；认为应当适用部门规章的，应当提请全国人民代表大会常务委员会裁决；③ 部门规章之间、部门规章与地方政府规章之间对同一事项的规定不一致时，由国务院裁决。根据授权制定的法规与法律规定不一致，不能确定如何适用时，由全国人民代表大会常务委员会裁决。

（3）部门规章之间、部门规章与地方政府规章之间具有同等效力。《立法法》第一百零二条规定：部门规章之间、部门规章与地方政府规章之间具有同等效力，在各自的权限范围内施行。

2.2　海上风电工程建设安全法律法规现状

我国自 2008 年开始建设海上风电工程——上海东海大桥 10 万 kW 海上风电场示范工程，至今已历时 14 年，正逐步形成海上风电工程建设安全法律法规体系。当前我国海上风电工程建设安全生产的法律法规体系以《安全生产法》为基本法的安全法规体系，包括法律、行政法规、部门规章和规范性文件、标准。

目前我国尚未针对海上风电行业进行专门立法，海上风电工程建设安全法律体系以《安全生产法》为核心，由安全生产法律体系与海上生产安全法律体系相结合，组成了我国海上风电工程建设安全法律体系，该体系可分为通用性法律法规和海洋工程专业法律法规。通用性法律包括《安全生产法》《特种设备安全法》《突出事件应对法》《职业病防治法》和《劳动法》等，是用于规范海上风电工程建设企业安全生产及用工等的一般性法律要求。专业性法律包括《国际海洋法》《海上交通安全法》《海洋环境保护法》《海域使用管理法》和《航道法》等，是用于规范海上作业、海洋环境保护、航行安全的一般性法律要求。

目前海上风电工程建设安全领域缺乏专门的国家行政法规，适用的行政法规主要为《安全生产许可证条例》《生产安全事故应急条例》《生产安全事故报告和调查处理条例》《国务院关于特大安全事故行政责任追究的规定》等规范性文件。该类法规主要对安全生产以及事故应急保护等方面作出了规定。由于海上风电工程建设属于海洋工程领域的建设工程，目前海上作业分项工程仍以海上安全生产的行政法规为主，主要包括《防治船舶污染海洋环境管理条例》《国内水路运输管理条例》《海上交通事故调查处理条例》和《船舶和海上设施检验条例（2019 年修订）》，专门针对海上环境保护、海上交通安全、船舶安全、海上交通事故作出相应要求。

为了进一步促进海上风电施工领域的安全建设，针对其独特的工程施工特点，国家能源局和国家海洋局是海上风电工程建设主管部门，应急管理部、住房和城乡建设部和海洋行政主管部门对工程建设过程中的安全生产负监督和管理责任。2016 年 12 月，国家能源局和国家海洋局联合发布了《海上风电开发建设管理办法》，对海上风电工程建设要求作出了规定："国家能源局负责全国海上风电开发建设管理。各省（自治区、直辖市）能源主管部门在国家能源局指导下，负责本地区海上风电开发建设管理。可再生能源技术支撑单位做好海上风电技术服务。海洋行政主管部门负责海上风电开发建设海域海岛使用和环境保护的管理和监督。"交通运输部海事局于 2017 年 12 月发布了《关于加强海上风电场海事安全监管的指导意见》。地方政府也针对海上风电项目制定了相关监管规定，2019 年11 月，连云港发布了国内首个海上风电海事监管规定——《连云港海事局海上风电海事监管暂行办法》，2021 年江苏制定了《江苏海事局海上风电通航安全监督管理规定（试行）》等。2010 年 12 月住房和城乡建设部联合国家质量监督检验检疫总局发布了《海上风力发电工程施工规范》GB/T 50571—2010。2021 年 2 月，国家能源局发布了《海上风电场工程施工安全技术规范》NB/T 10393—2020。

2.3 海上风电工程建设安全相关法律

2.3.1 海上风电工程建设安全相关法律

我国颁布的与海上风电工程建设安全生产相关的现行法律，部分如表 2-1 所示。

海上风电工程建设主要适用的法律清单　　　　　　　表 2-1

序号	名称	编号	施行时间
1	安全生产法	中华人民共和国主席令第八十八号	2021.09.01
2	海上交通安全法	中华人民共和国主席令第七十九号	2021.09.01
3	电力法	——	2018.12.29
4	特种设备安全法	中华人民共和国主席令第四号	2014.01.01
5	海洋环境保护法	中华人民共和国主席令第八十一号	2021.04.29
6	海域使用管理法	中华人民共和国主席令第六十一号	2002.01.01
7	航道法	中华人民共和国主席令第十七号	2015.03.01
8	建筑法	中华人民共和国主席令第四十六号	2011.07.01
9	刑法(修正案十一)	——	2021.03.01
10	水法	——	2002.10.01
11	职业病防治法	中华人民共和国主席令第五十二号	2011.12.31
12	突出事件应对法	中华人民共和国主席令第六十九号	2007.11.01
13	环境保护法	中华人民共和国主席令第九号	2015.01.01
14	消防法	中华人民共和国主席令第六号	2009.05.01
15	劳动法	——	2018.12.29

2.3.2　法律关于海上风电工程建设安全管理的规定

1.《安全生产法》的相关规定

《安全生产法》是我国第一部全面规范安全生产的专门法律，是安全生产法律体系中最基本的法律，也是安全生产法律体系中的主体法。其立法目的是"加强安全生产，防止和减少生产安全事故，保障人民群众生命和财产安全，促进经济持续健康发展"。

海上风电是"双碳"目标下前景极为广阔的新兴产业。目前海上风电施工建设处于快速发展阶段，安全问题突出，亟须根据《安全生产法》的规定，开展风电场安全标准化建设。通过建立健全全员安全生产责任制，制定安全管理制度和操作规程，排查隐患治理和监控重大危险源，建立安全风险评估和隐患排查双重预防机制，规范风电场工程施工建设，防范和减少海上风电事故的发生。《安全生产法》关于施工单位及相关人员安全生产的相应规定如表 2-2 所示。

《安全生产法》关于施工单位及相关人员安全生产的相应要求　　　表 2-2

序号	要点	单位及相关人员的安全生产职责
1	生产经营单位义务	(1)生产经营单位必须遵守本法和其他有关安全生产的法律、法规,加强安全生产管理。 (2)建立健全全员安全生产责任制和安全生产规章制度。 (3)加大对安全生产资金、物资、技术、人员的投入保障力度,改善安全生产条件。 (4)加强安全生产标准化、信息化建设。 (5)构建安全风险分级管控和隐患排查治理双重预防机制。 (6)健全风险防范化解机制,提高安全生产水平,确保安全生产
2	全员安全生产责任制	生产经营单位的全员安全生产责任制应当明确各岗位的责任人员、责任范围和考核标准等内容。 生产经营单位应当建立相应的机制,加强对全员安全生产责任制落实情况的监督考核,保证全员安全生产责任制的落实
3	主要负责人职责	生产经营单位的主要负责人是本单位安全生产第一责任人,对本单位的安全生产工作全面负责。其他负责人对职责范围内的安全生产工作负责。 (1)建立健全并落实本单位全员安全生产责任制,加强安全生产标准化建设。 (2)组织制定并实施本单位的安全生产规章制度和操作规程。 (3)组织制定并实施本单位的安全生产教育和培训计划。 (4)保证本单位安全生产投入的有效实施。 (5)组织建立并落实安全风险分级管控和隐患排查治理双重预防工作机制,督促、检查本单位的安全生产工作,及时消除生产安全事故隐患。 (6)组织制定并实施本单位的生产安全事故应急救援预案。 (7)及时、如实报告生产安全事故
4	从业人员义务	(1)从业人员在作业过程中,应当严格落实岗位安全责任,遵守本单位的安全生产规章制度和操作规程,服从管理,正确佩戴和使用劳动防护用品。 (2)从业人员应当接受安全生产教育和培训,掌握本职工作所需的安全生产知识,提高安全生产技能,增强事故预防和应急处理能力。 (3)从业人员发现事故隐患或者其他不安全因素,应当立即向现场安全生产管理人员或者本单位负责人报告,接到报告的人员应当及时予以处理。 (4)生产经营单位使用被派遣劳动者的,被派遣劳动者享有本法规定的从业人员的权利,并应当履行本法规定的从业人员的义务

续表

序号	要点	单位及相关人员的安全生产职责
5	从业人员的安全管理	生产经营单位应当教育和督促从业人员严格执行本单位的安全生产规章制度和安全操作规程；向从业人员如实告知作业场所和工作岗位存在的危险因素、防范措施以及事故应急措施
6	安全生产管理机构以及安全生产管理人员职责	(1)组织或者参与拟订本单位安全生产规章制度、操作规程和生产安全事故应急救援预案。 (2)组织或者参与本单位安全生产教育和培训，如实记录安全生产教育和培训情况。 (3)组织开展危险源辨识和评估，督促落实本单位重大危险源的安全管理措施。 (4)组织或者参与本单位应急救援演练。 (5)检查本单位的安全生产状况，及时排查生产安全事故隐患，提出改进安全生产管理的建议。 (6)制止和纠正违章指挥、强令冒险作业、违反操作规程的行为。 (7)督促落实本单位安全生产整改措施
7	特种作业人员从业资格	生产经营单位的特种作业人员必须按照国家有关规定经专门的安全作业培训，取得相应资格，方可上岗作业
8	安全费用投入	(1)生产经营单位应当具备的安全生产条件所必需的资金投入，生产经营单位的决策机构、主要负责人或者个人经营的投资人应予以保证，并对由于安全生产所必需的资金投入不足导致的后果承担责任。 (2)有关生产经营单位应当按照规定提取和使用安全生产费用，专门用于改善安全生产条件。 (3)安全生产费用在成本中据实列支。 (4)安全设施投资应当纳入建设项目概算
9	安全生产教育和培训	(1)生产经营单位应当对从业人员进行安全生产教育和培训，保证从业人员具备必要的安全生产知识，熟悉有关的安全生产规章制度和安全操作规程，掌握本岗位的安全操作技能，了解事故应急处理措施，知悉自身在安全生产方面的权利和义务。未经安全生产教育和培训合格的从业人员，不得上岗作业。 (2)生产经营单位使用被派遣劳动者的，应当将被派遣劳动者纳入本单位从业人员统一管理，对被派遣劳动者进行岗位安全操作规程和安全操作技能的教育和培训。劳务派遣单位应当对被派遣劳动者进行必要的安全生产教育和培训。 (3)生产经营单位接收中等职业学校、高等学校学生实习的，应当对实习学生进行相应的安全生产教育和培训，提供必要的劳动防护用品。学校应当协助生产经营单位对实习学生进行安全生产教育和培训。 (4)生产经营单位应当建立安全生产教育和培训档案，如实记录安全生产教育和培训的时间、内容、参加人员及考核结果等情况
10	建设项目安全设施"三同时"	生产经营单位新建、改建、扩建工程项目的安全设施，必须与主体工程同时设计、同时施工、同时投入生产和使用
11	安全警示标志	生产经营单位应当在有较大危险因素的生产经营场所和有关设施、设备上，设置明显的安全警示标志
12	安全设备管理	(1)安全设备的设计、制造、安装、使用、检测、维修、改造和报废工作，应当符合国家标准或者行业标准。 (2)生产经营单位必须对安全设备进行经常性维护、保养，并定期检测，保证正常运转。维护、保养、检测应当作好记录，并由有关人员签字。 (3)生产经营单位不得关闭、破坏直接关系生产安全的监控、报警、防护、救生设备、设施，或篡改、隐瞒、销毁其相关数据、信息

序号	要点	单位及相关人员的安全生产职责
13	特殊特种设备的管理	生产经营单位使用的危险物品的容器、运输工具，以及涉及人身安全、危险性较大的海洋石油开采特种设备和矿山井下特种设备，必须按照国家有关规定，由专业生产单位生产，并经具有专业资质的检测、检验机构检测、检验合格，取得安全使用证或者安全标志，方可投入使用。检测、检验机构对检测、检验结果负责
14	重大危险源的管理和备案	生产经营单位对重大危险源应当登记建档，进行定期检测、评估、监控，并制定应急预案，告知从业人员和相关人员在紧急情况下应当采取的应急措施 生产经营单位应当按照国家有关规定将本单位重大危险源及有关安全措施、应急措施报有关地方人民政府应急管理部门和有关部门备案。有关地方人民政府应急管理部门和有关部门应当通过相关信息系统实现信息共享
15	安全风险分级管控制度和事故隐患排查治理制度	(1)生产经营单位应当建立安全风险分级管控制度，按照安全风险分级采取相应的管控措施。 (2)生产经营单位应当建立健全并落实生产安全事故隐患排查治理制度，采取技术、管理措施，及时发现并消除事故隐患。事故隐患排查治理情况应当如实记录，并通过职工大会或者职工代表大会、信息公示栏等方式向从业人员通报。 (3)重大事故隐患排查治理情况，应当及时向负有安全生产监督管理职责的部门和职工大会或者职工代表大会报告
16	危险作业的现场安全管理	生产经营单位进行爆破、吊装、动火、临时用电，以及国务院应急管理部门会同国务院有关部门规定的其他危险作业，应安排专门人员进行现场安全管理，确保操作规程的遵守和安全措施的落实
17	劳动防护用品	生产经营单位必须为从业人员提供符合国家标准或者行业标准的劳动防护用品，并监督、教育从业人员按照使用规则佩戴、使用
18	安全检查和报告义务	(1)生产经营单位的安全生产管理人员应当根据本单位的生产经营特点，对安全生产状况进行经常性检查； (2)对检查中发现的安全问题，应当立即处理；不能处理的，应当及时报告本单位有关负责人，有关负责人应当及时处理； (3)检查及处理情况应当如实记录在案
19	安全生产经费保障	生产经营单位应当安排用于配备劳动防护用品、进行安全生产培训的经费
20	工伤保险和安全生产责任保险	生产经营单位必须依法参加工伤保险，为从业人员缴纳保险费。国家鼓励生产经营单位投保安全生产责任保险；属于国家规定的高危行业、领域的生产经营单位，应当投保安全生产责任保险
21	应急管理	(1)生产经营单位应当制定本单位生产安全事故应急救援预案，与所在地县级以上地方人民政府组织制定的生产安全事故应急救援预案相衔接，并定期组织演练。 (2)危险物品的生产、经营、储存单位以及矿山、金属冶炼、城市轨道交通运营、建筑施工单位，应当建立应急救援组织。 (3)危险物品的生产、经营、储存、运输单位，以及矿山、金属冶炼、城市轨道交通运营、建筑施工单位应当配备必要的应急救援器材、设备和物资，并进行经常性维护、保养，保证正常运转

2. 《特种设备安全法》的相关安全要求

特种设备是指对人身和财产安全有较大危险性的锅炉、压力容器（含气瓶）、压力管道、电梯、起重机械、客运索道、大型游乐设施、场（厂）内专用机动车辆，以及法律、行政法规规定的其他特种设备。

　　海上风电施工现场会使用大量的特种设备，如起重船、打桩机、氧气瓶、乙炔瓶等，如果特种设备安全管理存在漏洞和薄弱环节，就会具有较大危险，容易造成重大人员伤亡和财产损失事故。从安全管理理论上讲，人的不安全行为、物的不安全状态和管理上的缺陷是导致事故发生的主要原因。因此，需根据《特种设备安全法》的相应要求（表2-3）规范特种设备作业人员行为，健全特种设备安全管理制度，通过登记、检验、检查、整改、应急等多环节加强管理，消除特种作业的不安全因素，确保施工中的安全。

《特种设备安全法》关于特种设备的安全生产要求　　　　　　　　　　表 2-3

序号	要点	特种设备安全生产相关要求
1	特种设备相关人员要求	(1)特种设备的生产、经营、使用单位及其主要负责人对其生产、经营、使用的特种设备安全负责。 (2)特种设备生产、经营、使用单位应当按照国家有关规定配备特种设备安全管理人员、检测人员和作业人员，并对其进行必要的安全教育和技能培训。 (3)特种设备安全管理人员、检测人员和作业人员应当按照国家有关规定取得相应资格，方可从事相关工作。 (4)特种设备安全管理人员、检测人员和作业人员应当严格执行安全技术规范和管理制度，保证特种设备安全
2	特种设备检测和维护保养	特种设备生产、经营、使用单位对其生产、经营、使用的特种设备应当进行自行检测和维护保养，对国家规定实行检验的特种设备应当及时申报并接受检验
3	特种设备使用登记要求	特种设备使用单位应当在特种设备投入使用前或者投入使用后三十日内，向负责特种设备安全监督管理的部门办理使用登记，取得使用登记证书。登记标志应当置于该特种设备的显著位置
4	安全管理制度和操作规程	特种设备使用单位应当建立岗位责任、隐患治理、应急救援等安全管理制度，制定操作规程，保证特种设备安全运行
5	特种设备安全技术档案	特种设备使用单位应当建立特种设备安全技术档案。安全技术档案应当包括以下内容： (1)特种设备的设计文件、产品质量合格证明、安装及使用维护保养说明、监督检验证明等相关技术资料和文件。 (2)特种设备的定期检验和定期自行检查记录。 (3)特种设备的日常使用状况记录。 (4)特种设备及其附属仪器仪表的维护保养记录。 (5)特种设备的运行故障和事故记录
6	特种设备安全距离及防护	特种设备的使用应当具有规定的安全距离、安全防护措施
7	特种设备管理义务	(1)特种设备属于共有的，共有人可以委托物业服务单位或者其他管理人管理特种设备，受托人应履行本法规定的特种设备使用单位的义务，承担相应责任。 (2)共有人未委托的，由共有人或者实际管理人履行管理义务，承担相应责任
8	特种设备维护、保养及检查	(1)特种设备使用单位应当对其使用的特种设备进行经常性维护保养和定期自行检查，并作出记录。 (2)特种设备使用单位应当对其使用的特种设备的安全附件、安全保护装置进行定期校验、检修，并作出记录

序号	要点	特种设备安全生产相关要求
9	特种设备检验要求	特种设备使用单位应当按照安全技术规范的要求,在检验合格有效期届满前一个月向特种设备检验机构提出定期检验要求。 特种设备检验机构接到定期检验要求后,应当按照安全技术规范的要求及时进行安全性能检验。特种设备使用单位应当将定期检验标志置于该特种设备的显著位置。 未经定期检验或者检验不合格的特种设备,不得继续使用
10	特种设备管理及作业人员义务	(1)特种设备安全管理人员应当对特种设备使用状况进行经常性检查,发现问题应当立即处理;情况紧急时,可以决定停止使用特种设备并及时报告本单位有关负责人。 (2)特种设备作业人员在作业过程中发现事故隐患或者其他不安全因素,应当立即向特种设备安全管理人员和单位有关负责人报告;特种设备运行不正常时,特种设备作业人员应当按照操作规程采取有效措施保证安全
11	特种设备改造、修理	特种设备进行改造、修理时,按照规定需要变更使用登记的,应当办理变更登记,方可继续使用

3. 《建筑法》中关于单位及人员安全生产的相关要求

海上风电工程建设施工涉及建设单位、设计单位、施工单位、监理单位等众多单位,若各方职责不清,会造成整个施工项目安全责任推脱、安全管理混乱等,容易引发重大安全事故。《建筑法》(表2-4)规定了建设单位、设计单位、施工单位、监理单位应落实安全生产责任制,加强建筑施工安全管理,建立健全安全生产基本制度,保证建筑工程的质量和安全。

《建筑法》关于建设、设计、施工、监理单位的安全生产要求　　　　　　表2-4

序号	要点	建设、设计、施工、监理单位的安全生产责任
1	建筑施工、勘察、设计、监理相关单位建筑许可及要求	从事建筑活动的建筑施工企业、勘察单位、设计单位和工程监理单位,应当具备下列条件: (1)有符合国家规定的注册资本。 (2)有与其从事的建筑活动相适应的具有法定执业资格的专业技术人员。 (3)有从事相关建筑活动所应有的技术装备。 (4)法律、行政法规规定的其他条件
2		从事建筑活动的建筑施工企业、勘察单位、设计单位和工程监理单位,按照其拥有的注册资本、专业技术人员、技术装备和已完成的建筑工程业绩等资质条件,划分为不同的资质等级,经资质审查合格,取得相应等级的资质证书后,方可在其资质等级许可的范围内从事建筑活动
3	施工许可证	建筑工程开工前,建设单位应当按照国家有关规定向工程所在地县级以上人民政府建设行政主管部门申请领取施工许可证;但是,国务院建设行政主管部门确定的限额以下的小型工程除外。按照国务院规定的权限和程序批准开工报告的建筑工程,不再领取施工许可证

续表

序号	要点	建设、设计、施工、监理单位的安全生产责任
3	施工许可证	申请领取施工许可证,应当具备下列条件: (1)已经办理该建筑工程用地批准手续。 (2)依法应当办理建设工程规划许可证的,已经取得建设工程规划许可证。 (3)需要拆迁的,其拆迁进度符合施工要求。 (4)已经确定建筑施工企业。 (5)有满足施工需要的资金安排、施工图纸及技术资料。 (6)有保证工程质量和安全的具体措施。 建设行政主管部门应当自收到申请之日起七日内,对符合条件的申请颁发施工许可证
		建设单位应当自领取施工许可证之日起三个月内开工。因故不能按期开工的,应当向发证机关申请延期;延期以两次为限,每次不超过三个月。既不开工又不申请延期或者超过延期时限的,施工许可证自行废止
4	建设单位建筑许可报告义务	在建的建筑工程因故中止施工的,建设单位应当自中止施工之日起一个月内,向发证机关报告,并按照规定做好建筑工程的维护管理工作。 建筑工程恢复施工时,应当向发证机关报告;中止施工满一年的工程恢复施工前,建设单位应当报发证机关核验施工许可证
		按照国务院有关规定批准开工报告的建筑工程,因故不能按期开工或者中止施工的,应当及时向批准机关报告情况。因故不能按期开工超过六个月的,应当重新办理开工报告的批准手续
5	建筑工程设计安全要求	建筑工程设计应当符合按照国家规定制定的建筑安全规程和技术规范,保证工程的安全性能
6	建设单位安全生产管理要求	有下列情形之一的,建设单位应当按照国家有关规定办理申请批准手续: (1)需要临时占用规划批准范围以外场地的。 (2)可能损坏道路、管线、电力、邮电通信等公共设施的。 (3)需要临时停水、停电、中断道路交通的。 (4)需要进行爆破作业的。 (5)法律、法规规定需要办理报批手续的其他情形
7	安全技术措施	(1)建筑施工企业在编制施工组织设计时,应当根据建筑工程的特点制定相应的安全技术措施。 (2)对专业性较强的工程项目,应当编制专项安全施工组织设计,并采取安全技术措施
8	建筑施工企业安全	建筑施工企业应当在施工现场采取维护安全、防范危险、预防火灾等措施;有条件的,应当对施工现场实行封闭管理。施工现场对毗邻的建筑物、构筑物和特殊作业环境可能造成损害的,建筑施工企业应当采取安全防护措施
9	建筑施工企业环境保护要求	建筑施工企业应当遵守有关环境保护和安全生产的法律、法规的规定,采取控制和处理施工现场的各种粉尘、废气、废水、固体废物以及噪声、振动对环境的污染和危害的措施
10	建筑施工安全生产责任制	建筑施工企业必须依法加强对建筑安全生产的管理,执行安全生产责任制度,采取有效措施,防止伤亡和其他安全生产事故的发生。建筑施工企业的法定代表人对本企业的安全生产负责

序号	要点	建设、设计、施工、监理单位的安全生产责任
11	施工现场分包单位安全要求	施工现场安全由建筑施工企业负责。实行施工总承包的,由总承包单位负责。分包单位向总承包单位负责,服从总承包单位对施工现场的安全生产管理
12	劳动教育培训制度	建筑施工企业应当建立健全劳动安全生产教育培训制度,加强对职工安全生产的教育培训;未经安全生产教育培训的人员,不得上岗作业
13	作业人员要求与权力	从事建筑活动的专业技术人员,应当依法取得相应的执业资格证书,并在执业资格证书许可的范围内从事建筑活动
		建筑施工企业和作业人员在施工过程中,应当遵守有关安全生产的法律、法规和建筑行业安全规章、规程,不得违章指挥或者违章作业。作业人员有权对影响人身健康的作业程序和作业条件提出改进意见,有权获得安全生产所需的防护用品。作业人员对危及生命安全和人身健康的行为有权提出批评、检举和控告
14	职工工伤保险	建筑施工企业应当依法为职工参加工伤保险缴纳工伤保险费。鼓励企业为从事危险作业的职工办理意外伤害保险,支付保险费
15	施工事故报告	施工中发生事故时,建筑施工企业应当采取紧急措施减少人员伤亡和事故损失,并按照国家有关规定及时向有关部门报告
16	建设单位工程质量要求	建设单位不得以任何理由,要求建筑设计单位或者建筑施工企业在工程设计或者施工作业中,违反法律、行政法规和建筑工程质量、安全标准,降低工程质量。 建筑设计单位和建筑施工企业对建设单位违反前款规定提出的降低工程质量的要求,应当予以拒绝
17	建筑施工企业工程质量要求	(1)建筑施工企业对工程的施工质量负责。建筑工程实行总承包的,工程质量由工程总承包单位负责,总承包单位将建筑工程分包给其他单位的,应当对分包工程的质量与分包单位承担连带责任。分包单位应当接受总承包单位的质量管理。 (2)建筑施工企业必须按照工程设计图纸和施工技术标准施工,不得偷工减料。工程设计的修改由原设计单位负责,建筑施工企业不得擅自修改工程设计。 (3)建筑施工企业必须按照工程设计要求、施工技术标准和合同的约定,对建筑材料、建筑构配件和设备进行检验,不合格的不得使用。 (4)交付竣工验收的建筑工程,必须符合规定的建筑工程质量标准,有完整的工程技术经济资料和经签署的工程保修书,并具备国家规定的其他竣工条件。 (5)建筑工程竣工经验收合格后,方可交付使用;未经验收或者验收不合格的,不得交付使用
18	建筑勘察设计单位的工程质量要求	建筑工程的勘察、设计单位必须对其勘察、设计的质量负责。勘察、设计文件应当符合有关法律、行政法规的规定和建筑工程质量、安全标准、建筑工程勘察、设计技术规范以及合同的约定。设计文件选用的建筑材料、建筑构配件和设备,应当注明其规格、型号、性能等技术指标,其质量要求必须符合国家规定的标准
		建筑设计单位对设计文件选用的建筑材料、建筑构配件和设备,不得指定生产厂、供应商
19	建设单位违反规定的法律责任	发包单位将工程发包给不具有相应资质条件的承包单位,或者违反本法规定将建筑工程肢解发包的,责令改正,处以罚款
20	建设施工企业违反规定的法律责任	建筑施工企业转让、出借资质证书或者其他方式允许他人以本企业的名义承揽工程的,责令改正,没收违法所得,并处罚款,可以责令停业整顿,降低资质等级;情节严重的,吊销资质证书。对因该项承揽工程不符合规定的质量标准造成的损失,建筑施工企业与使用本企业名义的单位或者个人承担连带赔偿责任

序号	要点	建设、设计、施工、监理单位的安全生产责任
20	建设施工企业违反规定的法律责任	承包单位将承包的工程转包的,或者违反本法规定进行分包的,责令改正,没收违法所得,并处罚款,可以责令停业整顿,降低资质等级;情节严重的,吊销资质证书。 承包单位有前款规定的违法行为的,对因转包工程或者违法分包的工程不符合规定的质量标准造成的损失,与接受转包或者分包的单位承担连带赔偿责任
		在工程发包与承包中索贿、受贿、行贿,构成犯罪的,依法追究刑事责任;不构成犯罪的,分别处以罚款,没收贿赂的财物,对直接负责的主管人员和其他直接责任人员给予处分。 对在工程承包中行贿的承包单位,除依照前款规定处罚外,可以责令停业整顿,降低资质等级或者吊销资质证书
		建筑施工企业违反本法规定,对建筑安全事故隐患不采取措施予以消除的,责令改正,可以处以罚款;情节严重的,责令停业整顿,降低资质等级或者吊销资质证书;构成犯罪的,依法追究刑事责任。 建筑施工企业的管理人员违章指挥、强令职工冒险作业,因而发生重大伤亡事故或者造成其他严重后果的,依法追究刑事责任
		建设单位违反本法规定,要求建筑设计单位或者建筑施工企业违反建筑工程质量、安全标准,降低工程质量的,责令改正,可以处以罚款;构成犯罪的,依法追究刑事责任
21	设计单位的法律责任	建筑设计单位不按照建筑工程质量、安全标准进行设计的,责令改正,处以罚款;造成工程质量事故的,责令停业整顿,降低资质等级或者吊销资质证书,没收违法所得,并处罚款;造成损失的,承担赔偿责任;构成犯罪的,依法追究刑事责任
		建筑施工企业在施工中偷工减料的,使用不合格的建筑材料、建筑构配件和设备的,或者有其他不按照工程设计图纸或者施工技术标准施工的行为的,责令改正,处以罚款;情节严重的,责令停业整顿,降低资质等级或者吊销资质证书;造成建筑工程质量不符合规定的质量标准的,负责返工、修理,并赔偿因此造成的损失;构成犯罪的,依法追究刑事责任
22	工程监理单位的法律责任	工程监理单位与建设单位或者建筑施工企业串通,弄虚作假、降低工程质量的,责令改正,处以罚款,降低资质等级或者吊销资质证书;有违法所得的,予以没收;造成损失的,承担连带赔偿责任;构成犯罪的,依法追究刑事责任。 工程监理单位转让监理业务的,责令改正,没收违法所得,可以责令停业整顿,降低资质等级;情节严重的,吊销资质证书

4.《海上交通安全法》的相关安全要求

海上风电施工作业涉及众多类型的船机设备,作业船机种类多、数量大,管理难度大,主要有打桩船、起重船、风机安装船、海缆敷设船以及运输驳船、拖船等,同时附近有进出航道的渔船、货船等,这些海上设施航行、停泊、作业,船舶碰撞事故发生率很高,其中95%以上是人为因素造成的。因此,海上船舶航行、停泊、作业、海上搜救救助等必须严格按照《海上交通安全法》(表2-5)的要求严格执行海上的通航及作业规定,避免发生海上安全事故,保障船舶、设施和人民生命财产的安全。

《海上交通安全法》中有关船舶海上运行及作业的安全要求　　表2-5

序号	要点	船舶海上运行、作业相关安全要求
1	海上运行权利与义务	(1)从事船舶、海上设施航行、停泊、作业以及其他与海上交通相关活动的单位、个人,应当遵守有关海上交通安全的法律、行政法规、规章以及强制性标准和技术规范。 (2)依法享有获得航海保障和海上救助的权利,承担维护海上交通安全和保护海洋生态环境的义务
2	海上设施、船舶运行条件	(1)中国籍船舶、在中华人民共和国管辖海域设置的海上设施、船运集装箱,以及国家海事管理机构确定的关系海上交通安全的重要船用设备、部件和材料,应当符合有关法律、行政法规、规章以及强制性标准和技术规范的要求,经船舶检验机构检验合格,取得相应证书、文书。 (2)持有相关证书、文书的单位应当按照规定的用途使用船舶、海上设施、船运集装箱以及重要船用设备、部件和材料,并应当依法定期进行安全技术检验。 (3)船舶依照有关船舶登记的法律、行政法规的规定向海事管理机构申请船舶国籍登记,取得国籍证书后,方可悬挂中华人民共和国国旗航行、停泊、作业
3	船舶防污染要求	中国籍船舶所有人、经营人或者管理人应当建立并运行安全营运和防治船舶污染管理体系
4	船员及工作人员要求	(1)中国籍船员和海上设施上的工作人员应当接受海上交通安全以及相应岗位的专业教育、培训。 (2)中国籍船员应当依照有关船员管理的法律、行政法规的规定向海事管理机构申请取得船员适任证书,并取得健康证明。 (3)外国籍船员在中国籍船舶上工作的,应按照有关船员管理的法律、行政法规的规定执行。 (4)船员在船舶上工作,应当符合船员适任证书载明的船舶、航区、职务的范围
5	海事劳动证书获取条件	中国籍船舶的所有人、经营人或者管理人应当为其国际航行船舶向海事管理机构申请取得海事劳工证书。船舶取得海事劳工证书应当符合下列条件: (1)所有人、经营人或者管理人依法招用船员,与其签订劳动合同或者就业协议,并为船舶配备符合要求的船员。 (2)所有人、经营人或者管理人已保障船员在船舶上的工作环境、职业健康保障和安全防护、工作和休息时间、工资报酬、生活条件、医疗条件、社会保险等符合国家有关规定。 (3)所有人、经营人或者管理人已建立符合要求的船员投诉和处理机制。 (4)所有人、经营人或者管理人已就船员遣返费用以及在船就业期间发生伤害、疾病或者死亡依法应当支付的费用提供相应的财务担保或者投保相应的保险
6	防碰撞措施	建设海洋工程、海岸工程影响海上交通安全的,应当根据情况配备防止船舶碰撞的设施、设备并设置专用航标
7	无线电通信要求	(1)船舶在中华人民共和国管辖海域内通信需要使用岸基无线电台(站)转接的,应当通过依法设置的境内海岸无线电台(站)或者卫星关口站进行转接。 (2)承担无线电通信任务的船舶和岸基无线电台(站)的工作人员应当遵守海上无线电通信规则,保持海上交通安全通信频道的值守和畅通,不得使用海上交通安全通信频率交流与海上交通安全无关的内容。 (3)任何单位、个人不得违反国家有关规定使用无线电台识别码,影响海上搜救的身份识别

续表

序号	要点	船舶海上运行、作业相关安全要求
8	航标使用要求	国务院交通运输主管部门统一布局、建设和管理公用航标。海洋工程、海岸工程的建设单位、所有人或者经营人需要设置、撤除专用航标,移动专用航标位置或者改变航标灯光、功率等的,应当报经海事管理机构同意。需要设置临时航标的,应当符合海事管理机构确定的航标设置点
9	船舶航行、停泊、作业有效证书	(1)船舶航行、停泊、作业,应当持有有效的船舶国籍证书及其他法定证书、文书,配备依照有关规定出版的航海图书资料,悬挂相关国家、地区或者组织的旗帜,标明船名、船舶识别号、船籍港、载重线标志。 (2)船舶应当满足最低安全配员要求,配备持有合格有效证书的船员。 (3)海上设施停泊、作业,应当持有法定证书、文书,并按规定配备掌握避碰、信号、通信、消防、救生等专业技能的人员
10	船舶作业要求	船舶所有人、经营人或者管理人不得指使、强令船员违章冒险操作、作业
		在中华人民共和国管辖海域内进行施工作业时,应当经海事管理机构许可,并核定相应安全作业区。取得海上施工作业许可,应当符合下列条件: (1)施工作业的单位、人员、船舶、设施符合安全航行、停泊、作业的要求。 (2)有施工作业方案。 (3)有符合海上交通安全和防治船舶污染海洋环境要求的保障措施、应急预案和责任制度
		从事施工作业的船舶应当在核定的安全作业区内作业,并落实海上交通安全管理措施。其他无关船舶、海上设施不得进入安全作业区
		在港口水域内进行采掘、爆破等可能危及港口安全的作业,适用港口管理的法律规定
		海上施工作业或者水上、水下活动结束后,有关单位、个人应当及时消除可能妨碍海上交通安全的隐患
11	运输危险物品要求	(1)船舶载运危险货物时,应当持有有效的危险货物适装证书,并根据危险货物的特性和应急措施的要求,编制危险货物应急处置预案,配备相应的消防、应急设备和器材。 (2)托运人托运危险货物,应当将其正式名称、危险性质以及应当采取的防护措施通知承运人,并按照有关法律、行政法规、规章以及强制性标准和技术规范的要求妥善包装,设置明显的危险品标志和标签

2.4　海上风电工程建设安全相关法规

2.4.1　海上风电工程建设安全相关法规

我国现行与海上风电工程建设安全生产相关的部分法规如表 2-6 所示。

海上风电工程施工主要适用的行政法规清单　　　　　　　表 2-6

序号	名称	编号	施行时间
1	安全生产许可证条例	国务院令第 397 号	2004.01.13
2	建设工程安全生产管理条例	国务院令第 393 号	2004.02.01
3	生产安全事故应急条例	国务院令第 708 号	2019.04.01
4	生产安全事故报告和调查处理条例	国务院令第 493 号	2007.06.01
5	海上交通事故调查处理条例	交通部令第 14 号	1990.03.03
6	危险化学品安全管理条例	国务院令第 344 号	2011.12.01
7	电力安全事故应急处置和调查处理条例	国务院令第 599 号	2011.09.01
8	工伤保险条例	国务院令第 375 号	2004.01.01
9	特种设备安全监察条例	国务院令第 373 号	2003.06.01
10	安全生产违法行为行政处罚办法	国家安监总局令第 77 号	2015.05.01
11	建设工程质量管理条例	国务院令第 279 号	2000.01.30
12	禁止使用童工规定	国务院令第 364 号	2002.12.01
13	女职工劳动保护特别规定	国务院令第 619 号	2012.04.28
14	建筑业安全卫生公约	国际劳工组织大会第 167 号公约	1988.06.20

2.4.2　法规关于海上风电工程建设安全管理的规定

1.《安全生产许可证条例》的相关要求

国家对矿山企业、建筑施工企业和危险化学品、烟花爆竹、民用爆炸物品生产企业实行安全生产许可制度。企业未取得安全生产许可证的，不得从事生产活动。海上风电工程施工作业安全生产许可证的申请、有效期限和使用要符合《安全生产许可证条例》的相关规定（表 2-7）。

《安全生产许可证条例》关于企业获得及使用安全生产许可证的条件　　表 2-7

序号	要点	企业获得及使用安全生产许可证的相关要求
1	企业取得安全生产许可证条件	(1)建立、健全安全生产责任制,制定完备的安全生产规章制度和操作规程。 (2)安全投入符合安全生产要求。 (3)设置安全生产管理机构,配备专职安全生产管理人员。 (4)主要负责人和安全生产管理人员经考核合格。 (5)特种作业人员经有关业务主管部门考核合格,取得特种作业操作资格证书。 (6)从业人员经安全生产教育和培训合格。 (7)依法参加工伤保险,为从业人员缴纳保险费。 (8)厂房、作业场所和安全设施、设备、工艺符合有关安全生产法律、法规、标准和规程的要求。 (9)有职业危害防治措施,并为从业人员配备符合国家标准或者行业标准的劳动防护用品。 (10)依法进行安全评价。 (11)有重大危险源检查、评估、监控措施和应急预案。 (12)有生产安全事故应急救援预案、应急救援组织或者应急救援人员,配备必要的应急救援器材、设备。 (13)法律、法规规定的其他条件

序号	要点	企业获得及使用安全生产许可证的相关要求
2	安全生产许可证申请及有效期限	企业进行生产前,应当依照本条例的规定向安全生产许可证颁发管理机关申请领取安全生产许可证,并提供本条例第六条规定的相关文件、资料。安全生产许可证颁发管理机关应当自收到申请之日起45日内审查完毕,经审查符合本条例规定的安全生产条件的,颁发安全生产许可证;不符合本条例规定的安全生产条件的,不予颁发安全生产许可证,书面通知企业并说明理由
		安全生产许可证的有效期为3年。安全生产许可证有效期满需要延期的,企业应当于期满前3个月向原安全生产许可证颁发管理机关办理延期手续。 企业在安全生产许可证有效期内,应严格遵守有关安全生产的法律法规,未发生死亡事故的,安全生产许可证有效期届满时,经原安全生产许可证颁发管理机关同意,不再审查,安全生产许可证有效期延期3年
3	安全生产许可证使用	企业不得转让、冒用安全生产许可证或者使用伪造的安全生产许可证。 企业取得安全生产许可证后,不得降低安全生产条件,并应当加强日常安全生产管理,接受安全生产许可证颁发管理机关的监督检查

2.《建设工程安全生产管理条例》的相关要求

《建设工程安全生产管理条例》对建设工程的安全生产管理提出比较具体的要求(表2-8),明确了相关方的安全责任,对做好建设工程安全生产管理工作有着重要意义,是工程施工现场相关人员必须掌握的重要法律之一,尤其安全管理相关人员要熟悉掌握施工单位的安全责任,加强施工单位的安全管理,保证各项安全管理工作落实到位,实现安全施工和绿色施工。

海上风电工程建设施工涉及建设单位、设计单位、监理单位等众多单位,若各方职责不清,会造成整个施工项目安全推脱、安全管理混乱等,容易引发重大安全事故。建设单位、勘察单位、设计单位、施工单位、监理单位及其他与建设工程安全生产有关的单位,必须遵守安全生产法律、法规的规定,依法承担建设工程安全生产责任,保证建设工程安全生产。

《建设工程安全生产管理条例》对施工建设相关单位的安全要求 表2-8

序号		要点	施工建设相关单位的安全责任
1	建设单位	提供施工环境相关资料	建设单位应当向施工单位提供施工现场及毗邻区域内供水、排水、供电、供气、供热、通信、广播电视等地下管线资料,气象和水文观测资料,相邻建筑物和构筑物、地下工程的有关资料,并保证资料真实、准确、完整
2		建设单位对其他单位要求	建设单位不得对勘察、设计、施工、工程监理等单位提出不符合建设工程安全生产法律、法规和强制性标准规定的要求,不得压缩合同约定的工期
3		安全生产资金保障	建设单位在编制工程概算时,应当确定建设工程安全作业环境及安全施工措施所需费用
4		安全设施、器材等要求	建设单位不得明示或者暗示施工单位购买、租赁、使用不符合安全施工要求的安全防护用具、机械设备、施工机具及配件、消防设施和器材

续表

序号	要点		施工建设相关单位的安全责任
5	建设单位	依法批准施工许可证及升工报告	建设单位在申请领取施工许可证时,应当提供建设工程有关安全施工措施的资料。 依法批准开工报告的建设工程,建设单位应当自开工报告批准之日起 15 日内,将保证安全施工的措施报送建设工程所在地的县级以上地方人民政府建设行政主管部门或者其他有关部门备案
6		拆除工程备案制	建设单位应当将拆除工程发包给具有相应资质等级的施工单位。 建设单位应当在拆除工程施工 15 日前,将下列资料报送建设工程所在地的县级以上地方人民政府建设行政主管部门或者其他有关部门备案: (1)施工单位资质等级证明。 (2)拟拆除建筑物、构筑物及可能危及毗邻建筑的说明。 (3)拆除施工组织方案。 (4)堆放、清除废弃物的措施
7	勘察、设计、工程监理及其他有关单位的安全责任	勘察单位安全责任	勘察单位应当按照法律、法规和工程建设强制性标准进行勘察,提供的勘察文件应当真实、准确,满足建设工程安全生产的需要。 勘察单位在勘察作业时,应当严格执行操作规程,采取措施保证各类管线、设施和周边建筑物、构筑物的安全
8		设计单位安全责任	(1)设计单位应当按照法律、法规和工程建设强制性标准进行设计,防止因设计不合理导致生产安全事故的发生。 (2)设计单位应当考虑施工安全操作和防护的需要,对涉及施工安全的重点部位和环节在设计文件中注明,并对防范生产安全事故提出指导意见。 (3)采用新结构、新材料、新工艺的建设工程和特殊结构的建设工程,设计单位应当在设计中提出保障施工作业人员安全和预防生产安全事故的措施和建议。 (4)设计单位和注册建筑师等注册执业人员应当对其设计负责
9		工程监理单位安全责任	(1)工程监理单位应当审查施工组织设计中的安全技术措施或者专项施工方案是否符合工程建设强制性标准。 (2)工程监理单位在实施监理过程中,发现存在安全事故隐患的,应当要求施工单位整改;情况严重的,应当要求施工单位暂时停止施工,并及时报告建设单位;施工单位拒不整改或者不停止施工的,工程监理单位应当及时向有关主管部门报告。 (3)工程监理单位和监理工程师应当按照法律、法规和工程建设强制性标准实施监理,并对建设工程安全生产承担监理责任
10		提供施工设备、配件等单位安全责任	(1)为建设工程提供机械设备和配件的单位,应当按照安全施工的要求配备齐全有效的保险、限位等安全设施和装置。 (2)出租的机械设备和施工机具及配件,应当具有生产(制造)许可证、产品合格证。 (3)出租单位应当对出租的机械设备和施工机具及配件的安全性能进行检测,在签订租赁协议时,应当出具检测合格证明。 禁止出租检测不合格的机械设备和施工机具及配件
11		施工安装、拆卸安全要求	(1)在施工现场安装、拆卸施工起重机械和整体提升脚手架、模板等自升式架设设施,必须由具有相应资质的单位承担。 (2)安装、拆卸施工起重机械和整体提升脚手架、模板等自升式架设设施,应当编制拆装方案,制定安全施工措施,并由专业技术人员现场监督。 (3)施工起重机械和整体提升脚手架、模板等自升式架设设施安装完毕后,安装单位应当自检,出具自检合格证明,并向施工单位进行安全使用说明,办理验收手续并签字

序号	要点		施工建设相关单位的安全责任
12	勘察、设计、工程监理及其他有关单位的安全责任	自升式架设设施安全检验检测	(1)施工起重机械和整体提升脚手架、模板等自升式架设设施的使用达到国家规定的检验检测期限的,必须经具有专业资质的检验检测机构检测。经检测不合格的,不得继续使用。 (2)检验检测机构对检测合格的施工起重机械和整体提升脚手架、模板等自升式架设设施,应当出具安全合格证明文件,并对检测结果负责
13	施工单位的安全责任	施工单位施工条件	施工单位从事建设工程的新建、扩建、改建和拆除等活动,应当具备国家规定的注册资本、专业技术人员、技术装备和安全生产等条件,依法取得相应等级的资质证书,并在其资质等级许可的范围内承揽工程
		施工单位主要负责人安全责任	(1)施工单位主要负责人依法对本单位的安全生产工作全面负责,施工单位应当建立健全安全生产责任制度和安全生产教育培训制度,制定安全生产规章制度和操作规程,保证本单位安全生产条件所需资金的投入,对所承担的建设工程进行定期和专项安全检查,并做好安全检查记录。 (2)施工单位的项目负责人应当由取得相应执业资格的人员担任,对建设工程项目的安全施工负责,落实安全生产责任制度、安全生产规章制度和操作规程,确保安全生产费用的有效使用,并根据工程的特点组织制定安全施工措施,消除安全事故隐患,及时、如实报告生产安全事故
14		安全资金保障	施工单位对列入建设工程概算的安全作业环境及安全施工措施所需费用,应当用于施工安全防护用具及设施的采购和更新、安全施工措施的落实、安全生产条件的改善,不得挪作他用
		安全生产管理机构及安全生产管理人员	(1)施工单位应当设立安全生产管理机构,配备专职安全生产管理人员。 (2)专职安全生产管理人员负责对安全生产进行现场监督检查。发现安全事故隐患,应当及时向项目负责人和安全生产管理机构报告;对违章指挥、违章操作的,应当立即制止。 (3)专职安全生产管理人员的配备办法由国务院建设行政主管部门会同国务院其他有关部门制定
15		总承包与分包单位安全责任	(1)建设工程实行施工总承包的,由总承包单位对施工现场的安全生产负总责。 (2)总承包单位应当自行完成建设工程主体结构的施工。 (3)总承包单位依法将建设工程分包给其他单位的,分包合同中应当明确各自的安全生产方面的权利、义务。总承包单位和分包单位对分包工程的安全生产承担连带责任。 (4)分包单位应当服从总承包单位的安全生产管理,分包单位不服从管理导致生产安全事故的,由分包单位承担主要责任
		特种作业人员持证上岗	垂直运输机械作业人员、安装拆卸工、爆破作业人员、起重信号工、登高架设作业人员等特种作业人员,必须按照国家有关规定经过专门的安全作业培训,并取得特种作业操作资格证书后,方可上岗作业

序号	要点		施工建设相关单位的安全责任
16	施工单位的安全责任	施工组织设计与专项安全施工方案编审制度	施工单位应当在施工组织设计中编制安全技术措施和施工现场临时用电方案,对下列达到一定规模的危险性较大的分部分项工程编制专项施工方案,并附具安全验算结果,经施工单位技术负责人、总监理工程师签字后实施,由专职安全生产管理人员进行现场监督: (1)基坑支护与降水工程。 (2)土方开挖工程。 (3)模板工程。 (4)起重吊装工程。 (5)脚手架工程。 (6)拆除、爆破工程。 (7)国务院建设行政主管部门或者其他有关部门规定的其他危险性较大的工程。 对前款所列工程中涉及深基坑、地下暗挖工程、高大模板工程的专项施工方案,施工单位还应当组织专家进行论证、审查。 本条第一款规定的达到一定规模的危险性较大工程的标准,由国务院建设行政主管部门会同国务院其他有关部门制定
		安全警示标志	施工单位应当在施工现场入口处、施工起重机械、临时用电设施、脚手架、出入通道口、楼梯口、电梯井口、孔洞口、桥梁口、隧道口、基坑边沿、爆破物及有害危险气体和液体存放处等危险部位,设置明显的安全警示标志。安全警示标志必须符合国家标准
17		安全施工措施	施工单位应当根据不同施工阶段和周围环境及季节、气候的变化,在施工现场采取相应的安全施工措施。施工现场暂时停止施工的,施工单位应当做好现场防护,所需费用由责任方承担,或者按照合同约定执行
		生活办公等区域安全要求	施工单位应当将施工现场的办公区、生活区与作业区分开设置,并保持安全距离;办公、生活区的选址应当符合安全性要求。职工的膳食、饮水、休息场所等应当符合卫生标准。施工单位不得在尚未竣工的建筑物内设置员工集体宿舍。 施工现场临时搭建的建筑物应当符合安全使用要求。施工现场使用的装配式活动房屋应当具有产品合格证
18		工程周边环境保护	施工单位对因建设工程施工可能造成损害的毗邻建筑物、构筑物和地下管线等,应当采取专项防护措施。 施工单位应当遵守有关环境保护法律、法规的规定,在施工现场采取措施,防止或者减少粉尘、废气、废水、固体废物、噪声、振动和施工照明对人和环境的危害和污染。 在城市市区内的建设工程,施工单位应当对施工现场实行封闭围挡
		消防安全制度、操作规程等要求	施工单位应当在施工现场建立消防安全责任制度,确定消防安全责任人,制定用火、用电、使用易燃易爆材料等各项消防安全管理制度和操作规程,设置消防通道、消防水源,配备消防设施和灭火器材,并在施工现场入口处设置明显标志
19		施工前施工技术人员安全施工说明	建设工程施工前,施工单位负责项目管理的技术人员应当对有关安全施工的技术要求向施工作业班组、作业人员作出详细说明,并由双方签字确认
		作业人员安全权利	施工单位应当向作业人员提供安全防护用具和安全防护服装,并书面告知危险岗位的操作规程和违章操作的危害; 作业人员有权对施工现场的作业条件、作业程序和作业方式中存在的安全问题提出批评、检举和控告,有权拒绝违章指挥和强令冒险作业; 在施工中发生危及人身安全的紧急情况时,作业人员有权立即停止作业或者在采取必要的应急措施后撤离危险区域

续表

序号	要点		施工建设相关单位的安全责任
20	施工单位的安全责任	作业人员义务	作业人员应当遵守安全施工的强制性标准、规章制度和操作规程,正确使用安全防护用具、机械设备等
21		安全防护用具及机械等设备安全管理	施工单位采购、租赁的安全防护用具、机械设备、施工机具及配件应当具有生产(制造)许可证、产品合格证,并在进入施工现场前进行查验。 施工现场的安全防护用具、机械设备、施工机具及配件必须由专人管理,定期进行检查、维修和保养,建立相应的资料档案,并按照国家有关规定及时报废
			施工单位在使用施工起重机械和整体提升脚手架、模板等自升式架设设施前,应当组织有关单位进行验收,也可以委托具有相应资质的检验检测机构进行验收;使用承租的机械设备和施工机具及配件的,由施工总承包单位、分包单位、出租单位和安装单位共同进行验收。验收合格的方可使用。 《特种设备安全监察条例》规定的施工起重机械,在验收前应当经有相应资质的检验检测机构监督检验合格。 施工单位应当自施工起重机械和整体提升脚手架、模板等自升式架设设施验收合格之日起 30 日内,向建设行政主管部门或者其他有关部门登记。登记标志应当置于或者附着于该设备的显著位置
		全员安全生产要求	施工单位的主要负责人、项目负责人、专职安全生产管理人员应当经建设行政主管部门或者其他有关部门考核合格后方可任职。 施工单位应当对管理人员和作业人员每年至少进行一次安全生产教育培训,其教育培训情况记入个人工作档案。安全生产教育培训考核不合格的人员,不得上岗
22		安全生产教育培训	作业人员进入新的岗位或者新的施工现场前,应当接受安全生产教育培训。未经安全教育培训或者教育培训考核不合格的人员,不得上岗作业。 施工单位在采用新技术、新工艺、新设备、新材料时,应当对作业人员进行相应的安全生产教育培训
		意外伤害保险	施工单位应当为施工现场从事危险作业的人员办理意外伤害保险。意外伤害保险费由施工单位支付。实行施工总承包的,由总承包单位支付意外伤害保险费。意外伤害保险期限自建设工程开工之日起至竣工验收合格止
23	生产安全事故的应急救援和调查处理	应急救援	施工单位应当制定本单位生产安全事故应急救援预案,建立应急救援组织或者配备应急救援人员,配备必要的应急救援器材、设备,并定期组织演练
			施工单位应当根据建设工程施工的特点、范围,对施工现场易发生重大事故的部位、环节进行监控,制定施工现场生产安全事故应急救援预案。实行施工总承包的,由总承包单位统一组织编制建设工程生产安全事故应急救援预案,工程总承包单位和分包单位按照应急救援预案,各自建立应急救援组织或者配备应急救援人员,配备救援器材、设备,并定期组织演练
		事故报告	施工单位发生生产安全事故,应当按照国家有关伤亡事故报告和调查处理的规定,及时、如实地向负责安全生产监督管理的部门、建设行政主管部门或者其他有关部门报告;特种设备发生事故的,还应当同时向特种设备安全监督管理部门报告。接到报告的部门应当按照国家有关规定,如实上报。 实行施工总承包的建设工程,由总承包单位负责上报事故
			发生生产安全事故后,施工单位应当采取措施防止事故扩大,保护事故现场。需要移动现场物品时,应当做出标记和书面记录,妥善保管有关证物

3.《生产安全事故应急条例》应急救援相关要求

海上风电施工远离陆地，施工作业船舶多、构件体积及质量大等，易受台风、雷雨、洪水、潮汐等恶劣天气影响，工况条件恶劣。复杂、高风险的海上施工作业受较多不可预知因素的影响，易造成施工船舶断裂、倾覆、海水浸漫，以及人员触电、高处坠落、淹溺等事故，突发情况易造成重大人员伤亡事故。海上风电施工远离陆地，给救援工作带来很大困难，严重威胁相关人员的生命健康。因此，为及时、有效抢救伤员，防止事故扩大，必须依据《生产安全事故应急条例》相关要求（表 2-9），按照海上风电施工易发事故的特点制定相应的应急预案，及时有效地实施应急救援行动。

《生产安全事故应急条例》关于应急救援相关要求　　　　　表 2-9

序号	要点	应急救援相关要求
1	应急预案的制定、公布	生产经营单位应当针对本单位可能发生的生产安全事故的特点和危害,进行风险辨识和评估,制定相应的生产安全事故应急救援预案,并向本单位从业人员公布
2	应急救援预案演练	易燃易爆物品、危险化学品等危险物品的生产、经营、储存、运输单位,矿山、金属冶炼、城市轨道交通运营、建筑施工单位,以及宾馆、商场、娱乐场所、旅游景区等人员密集场所经营单位,应当至少每半年组织 1 次生产安全事故应急救援预案演练,并将演练情况报送所在地县级以上地方人民政府负有安全生产监督管理职责的部门。 县级以上地方人民政府负有安全生产监督管理职责的部门应当对本行政区域内前款规定的重点生产经营单位的生产安全事故应急救援预案演练进行抽查;发现演练不符合要求的,应当责令其限期改正
3	应急救援队伍及人员要求	易燃易爆物品、危险化学品等危险物品的生产、经营、储存、运输单位,矿山、金属冶炼、城市轨道交通运营、建筑施工单位,以及宾馆、商场、娱乐场所、旅游景区等人员密集场所经营单位,应当建立应急救援队伍;其中,小型企业或者微型企业等规模较小的生产经营单位,可以不建立应急救援队伍,但应当指定兼职的应急救援人员,并且可以与邻近的应急救援队伍签订应急救援协议
		应急救援队伍的应急救援人员应当具备必要的专业知识、技能、身体素质和心理素质。 应急救援队伍建立单位或者兼职应急救援人员所在单位应当按照国家有关规定对应急救援人员进行培训;应急救援人员经培训合格后,方可参加应急救援工作。 应急救援队伍应当配备必要的应急救援装备和物资,并定期组织训练
4	应急救援队伍情况报送	生产经营单位应当及时将本单位应急救援队伍的建立情况按照国家有关规定报送县级以上人民政府负有安全生产监督管理职责的部门,并依法向社会公布
5	应急救援器材、设备、物资配备及维护、保养	易燃易爆物品、危险化学品等危险物品的生产、经营、储存、运输单位,矿山、金属冶炼、城市轨道交通运营、建筑施工单位,以及宾馆、商场、娱乐场所、旅游景区等人员密集场所经营单位,应当根据本单位可能发生的生产安全事故的特点和危害,配备必要的灭火、排水、通风以及危险物品稀释、掩埋、收集等应急救援器材、设备和物资,并进行经常性维护、保养,保证其正常运转
6	应急值班制定	下列单位应当建立应急值班制度,配备应急值班人员: (1)县级以上人民政府及其负有安全生产监督管理职责的部门。 (2)危险物品的生产、经营、储存、运输单位以及矿山、金属冶炼、城市轨道交通运营、建筑施工单位。 (3)应急救援队伍

序号	要点	应急救援相关要求
7	从业人员进行应急教育和培训	生产经营单位应当对从业人员进行应急教育和培训,保证从业人员具备必要的应急知识,掌握风险防范技能和事故应急措施
8	应急救援预案备案	生产经营单位可以通过生产安全事故应急救援信息系统办理生产安全事故应急救援预案备案手续,报送应急救援预案演练情况和应急救援队伍建设情况;但依法需要保密的除外
9	事故发生后的应急救援措施	发生生产安全事故后,生产经营单位应当立即启动生产安全事故应急救援预案,采取下列一项或者多项应急救援措施,并按照国家有关规定报告事故情况: (1)迅速控制危险源,组织抢救遇险人员。 (2)根据事故危害程度,组织现场人员撤离或者采取可能的应急措施后撤离。 (3)及时通知可能受到事故影响的单位和人员。 (4)采取必要措施,防止事故危害扩大和次生、衍生灾害发生。 (5)根据需要请求邻近的应急救援队伍参加救援,并向参加救援的应急救援队伍提供相关技术资料、信息和处置方法。 (6)维护事故现场秩序,保护事故现场和相关证据。 (7)法律、法规规定的其他应急救援措施
10	法律责任	(1)生产经营单位未制定生产安全事故应急救援预案,未定期组织应急救援预案演练,未对从业人员进行应急教育和培训,生产经营单位的主要负责人在本单位发生生产安全事故时不立即组织抢救的,由县级以上人民政府负有安全生产监督管理职责的部门依照《中华人民共和国安全生产法》有关规定追究法律责任。 (2)生产经营单位未对应急救援器材、设备和物资进行经常性维护、保养,导致发生严重生产安全事故或者生产安全事故危害扩大,或者在本单位发生生产安全事故后未立即采取相应的应急救援措施,造成严重后果的,由县级以上人民政府负有安全生产监督管理职责的部门依照《中华人民共和国突发事件应对法》有关规定追究法律责任。 (3)生产经营单位未将生产安全事故应急救援预案报送备案,未建立应急值班制度或者配备应急值班人员的,由县级以上人民政府负有安全生产监督管理职责的部门责令限期改正,逾期未改正的,处3万元以上5万元以下的罚款,对直接负责的主管人员和其他直接责任人员处1万元以上2万元以下的罚款

2.5　海上风电工程建设安全相关规章

2.5.1　海上风电工程建设安全相关规章

我国现行与海上风电工程建设安全生产相关的部分规章制度如表 2-10 所示。

海上风电工程建设安全生产主要适用的规章清单　　　　　　　表 2-10

序号	名称	编号	施行时间
1	生产经营单位安全培训规定	安监总局令第 3 号	2006.03.01
2	危险性较大的分部分项工程安全管理规定	住房和城乡建设部令第 37 号	2018.06.01
3	水上水下作业和活动通航安全管理规定	交通运输部令 2021 年第 24 号	2021.09.10

序号	名称	编号	施行时间
4	安全生产培训管理办法	安监总局令第 44 号	2012.03.01
5	安全生产事故隐患排查治理暂行规定	安监总局令第 16 号	2008.02.01
6	生产安全事故应急预案管理办法	安监总局令第 88 号	2016.07.01
7	生产安全事故信息报告和处置办法	安监总局令第 21 号	2009.07.01
8	水上交通事故统计办法	交通运输部令 2014 年第 15 号	2015.01.01
9	建设项目安全设施"三同时"监督管理办法	安监总局令第 36 号	2011.02.01
10	危险化学品生产企业安全生产许可证实施办法	安监总局令第 41 号	2011.12.01
11	建筑施工企业安全生产许可证管理规定	建设部令第 128 号	2004.07.05
12	建筑施工企业主要负责人、项目负责人和专职安全生产管理人员安全生产管理规定	住房和城乡建设部令第 17 号	2014.09.01
13	特种作业人员安全技术培训考核管理规定	安监总局令第 30 号	2010.07.01
14	企业安全生产费用提取和使用管理办法	财资〔2022〕136 号	2022.11.21

2.5.2　规章关于海上风电工程建设安全管理的规定

1. 《生产经营单位安全培训规定》关于安全培训的相关要求

调查研究表明，人为因素导致安全生产事故发生的概率在 80% 以上，为保障人的生命安全，实现我国安全生产状况根本好转的目标，必须致力于提高全民的安全文化素养，安全培训是最重要的安全管理手段和基本要求之一。因此，应按照相应的法规制度对相关作业人员进行科学合理完善的作业操作规范规程以及安全意识培训，提高人员安全意识和安全作业技术水平。

海上风电施工作业不同于陆上作业，其作业基本在海上进行，且作业类型多、技术复杂，涉及海上高处作业、吊装作业、电气作业等，施工作业复杂、技术难度大、危险性大，一旦在海上发生事故，救援难度大，因此需要根据《生产经营单位安全培训规定》（表 2-11）有针对性地对海上风电建设管理及作业人员进行海上施工安全培训教育，提高作业人员的安全素养、操作技能，减少事故的发生。例如，德国风电安装船吊臂断裂事故中，由于试验流程规范，人员站位合理，潜在危险区域尽可能避免人员逗留等，使得全船120 余人，事故仅造成 5 人受伤、无人死亡，有效地降低了事故的严重后果。

《生产经营单位安全培训规定》中关于安全培训的相关要求 　　　表 2-11

序号	要点	生产经营单位主要负责人、安全管理人员、作业人员等培训要求
1	从业人员的培训基本要求	(1)生产经营单位负责本单位从业人员安全培训工作。 (2)生产经营单位应当按照安全生产法和有关法律、行政法规和本规定,建立健全安全培训工作制度。

海上风电工程施工安全生产管理

序号	要点	生产经营单位主要负责人、安全管理人员、作业人员等培训要求
1	从业人员的培训基本要求	(3)生产经营单位应当进行安全培训的从业人员包括主要负责人、安全生产管理人员、特种作业人员和其他从业人员。 (4)生产经营单位从业人员应当接受安全培训,熟悉有关安全生产规章制度和安全操作规程,具备必要的安全生产知识,掌握本岗位的安全操作技能,了解事故应急处理措施,知悉自身在安全生产方面的权利和义务。 (5)未经安全生产培训合格的从业人员,不得上岗作业
2	主要负责人安全培训内容	生产经营单位主要负责人和安全生产管理人员应当接受安全培训,具备与所从事的生产经营活动相适应的安全生产知识和管理能力 煤矿、非煤矿山、危险化学品、烟花爆竹等生产经营单位主要负责人和安全生产管理人员,必须接受专门的安全培训,经安全生产监管监察部门对其安全生产知识和管理能力考核合格,取得安全资格证书后,方可任职 生产经营单位主要负责人安全培训应当包括下列内容: (1)国家安全生产方针、政策和有关安全生产的法律、法规、规章及标准。 (2)安全生产管理基本知识、安全生产技术、安全生产专业知识。 (3)重大危险源管理、重大事故防范、应急管理和救援组织以及事故调查处理的有关规定。 (4)职业危害及其预防措施。 (5)国内外先进的安全生产管理经验。 (6)典型事故和应急救援案例分析。 (7)需要培训的其他内容
3	安全生产管理人员安全培训内容	生产经营单位安全生产管理人员安全培训应当包括下列内容: (1)国家安全生产方针、政策和有关安全生产的法律、法规、规章及标准。 (2)安全生产管理、安全生产技术、职业卫生等知识。 (3)伤亡事故统计、报告及职业危害的调查处理方法。 (4)应急管理、应急预案编制以及应急处置的内容和要求。 (5)国内外先进的安全生产管理经验。 (6)典型事故和应急救援案例分析。 (7)其他需要培训的内容
4	厂级、车间、班组级人员安全培训内容	厂(矿)级岗前安全培训内容应当包括: (1)本单位安全生产情况及安全生产基本知识。 (2)本单位安全生产规章制度和劳动纪律。 (3)从业人员安全生产权利和义务。 (4)有关事故案例等。 煤矿、非煤矿山、危险化学品、烟花爆竹、金属冶炼等生产经营单位厂(矿)级安全培训除包括上述内容外,应当增加事故应急救援、事故应急预案演练及防范措施等内容 车间(工段、区、队)级岗前安全培训内容应当包括: (1)工作环境及危险因素。 (2)所从事工种可能遭受的职业伤害和伤亡事故。 (3)所从事工种的安全职责、操作技能及强制性标准。 (4)自救互救、急救方法、疏散和现场紧急情况的处理。 (5)安全设备设施、个人防护用品的使用和维护。 (6)本车间(工段、区、队)安全生产状况及规章制度。 (7)预防事故和职业危害的措施及应注意的安全事项。 (8)有关事故案例。 (9)其他需要培训的内容

序号	要点	生产经营单位主要负责人、安全管理人员、作业人员等培训要求
4	厂级、车间、班组级人员安全培训内容	班组级岗前安全培训内容应当包括： (1)岗位安全操作规程。 (2)岗位之间工作衔接配合的安全与职业卫生事项。 (3)有关事故案例。 (4)其他需要培训的内容
5	初次安全培训学时	生产经营单位主要负责人和安全生产管理人员初次安全培训时间不得少于 32 学时。每年再培训时间不得少于 12 学时。 煤矿、非煤矿山、危险化学品、烟花爆竹、金属冶炼等生产经营单位主要负责人和安全生产管理人员初次安全培训时间不得少于 48 学时，每年再培训时间不得少于 16 学时 生产经营单位新上岗的从业人员，岗前安全培训时间不得少于 24 学时。 煤矿、非煤矿山、危险化学品、烟花爆竹、金属冶炼等生产经营单位新上岗的从业人员安全培训时间不得少于 72 学时，每年再培训的时间不得少于 20 学时
6	新上岗、调整岗位、离岗、新工艺等从业人员安全培训要求	煤矿、非煤矿山、危险化学品、烟花爆竹、金属冶炼等生产经营单位必须对新上岗的临时工、合同工、劳务工、轮换工、协议工等进行强制性安全培训，保证其具备本岗位安全操作、自救互救以及应急处置所需的知识和技能后，方能安排上岗作业 加工、制造业等生产单位的其他从业人员，在上岗前必须经过厂（矿）、车间（工段、区、队）、班组三级安全培训教育。 生产经营单位可以根据工作性质对其他从业人员进行安全培训，保证其具备本岗位安全操作、应急处置等知识和技能 从业人员在本生产经营单位内调整工作岗位或离岗一年以上重新上岗时，应当重新接受车间（工段、区、队）和班组级的安全培训。 生产经营单位采用新工艺、新技术、新材料或者使用新设备时，应当对有关从业人员重新进行有针对性的安全培训 生产经营单位的特种作业人员，必须按照国家有关法律、法规的规定接受专门的安全培训，经考核合格，取得特种作业操作资格证书后，方可上岗作业。 特种作业人员的范围和培训考核管理办法，另行规定
7	安全培训的组织实施	具备安全培训条件的生产经营单位，应当以自主培训为主；可以委托具备安全培训条件的机构，对从业人员进行安全培训。 不具备安全培训条件的生产经营单位，应当委托具备安全培训条件的机构，对从业人员进行安全培训 生产经营单位应当将安全培训工作纳入本单位年度工作计划。保证本单位安全培训工作所需资金 生产经营单位应建立健全从业人员安全生产教育和培训档案，由生产经营单位的安全生产管理机构以及安全生产管理人员详细、准确记录培训的时间、内容、参加人员以及考核结果等情况。 生产经营单位安排从业人员进行安全培训期间，应当支付工资和必要的费用

2.《危险性较大的分部分项工程安全管理办法》的相关规定

危险性较大的分部分项工程（以下简称"危大工程"）是指建筑工程在施工过程中存在的、可能导致作业人员群死群伤或造成重大不良社会影响的分部分项工程。危险性较大的分部分项工程安全专项施工方案（以下简称"专项方案"），是指施工单位在编制施工组织设计的基础上，针对危险性较大的分部分项工程单独编制的安全技术措施文件。

海上风电建设施工中涉及桩基础沉桩施工、风机吊装安装、海缆敷设等危险性较大的分部分项工程，可能导致作业人员发生群死群伤事故，危大工程是海上风电工程施工安全管理的重点。为加强对海上风电施工中危大工程安全管理，应根据《危险性较大的分部分项工程安全管理办法》（表2-12）和《电力建设工程施工安全管理导则》NB/T 10096—2018明确安全专项施工方案编制内容，规范专项方案论证程序，确保安全专项施工方案实施，积极防范和遏制海上风电施工中生产安全事故的发生。

《危险性较大的分部分项工程安全管理办法》的要求　　　　表2-12

序号	责任要点	危险性较大的分部分项工程安全管理相关要求
1	专项方案及其论证总体要求	施工单位应当在危险性较大的分部分项工程施工前编制专项方案；对于超过一定规模的危险性较大的分部分项工程，施工单位应当组织专家对专项方案进行论证
2	专项方案编制单位要求	建筑工程实行施工总承包的，专项方案应当由施工总承包单位组织编制。其中，起重机械安装拆卸工程、深基坑工程、附着式升降脚手架等专业工程实行分包的，其专项方案可由专业承包单位组织编制
3	专项方案编制内容	专项方案编制应当包括以下内容。 (1)工程概况：危险性较大的分部分项工程概况、施工平面布置、施工要求和技术保证条件。 (2)编制依据：相关法律、法规、规范性文件、标准、规范及图纸(国标图集)、施工组织设计等。 (3)施工计划：包括施工进度计划、材料与设备计划。 (4)施工工艺技术：技术参数、工艺流程、施工方法、检查验收等。 (5)施工安全保证措施：组织保障、技术措施、应急预案、监测监控等。 (6)劳动力计划：专职安全生产管理人员、特种作业人员等。 (7)计算书及相关图纸
4	专项方案的审核	专项方案应当由施工单位技术部门组织本单位施工技术、安全、质量等部门的专业技术人员进行审核。经审核合格的，由施工单位技术负责人签字。实行施工总承包的，专项方案应当由总承包单位技术负责人及相关专业承包单位技术负责人签字。 不需专家论证的专项方案，经施工单位审核合格后报监理单位，由项目总监理工程师审核签字
5	专项方案专家论证会、要求、论证内容及修改	超过一定规模的危险性较大的分部分项工程专项方案应当由施工单位组织召开专家论证会。实行施工总承包的，由施工总承包单位组织召开专家论证会。 下列人员应当参加专家论证会： (1)专家组成员。 (2)建设单位项目负责人或技术负责人。 (3)监理单位项目总监理工程师及相关人员。 (4)施工单位分管安全的负责人、技术负责人、项目负责人、项目技术负责人、专项方案编制人员、项目专职安全生产管理人员。 (5)勘察、设计单位项目技术负责人及相关人员

序号	责任要点	危险性较大的分部分项工程安全管理相关要求
5	专项方案专家论证会、要求、论证内容及修改	专家组成员应当由 5 名及以上符合相关专业要求的专家组成。 本项目参建各方的人员不得以专家身份参加专家论证会
		专家论证的主要内容： (1)专项方案内容是否完整、可行。 (2)专项方案计算书和验算依据是否符合有关标准规范。 (3)安全施工的基本条件是否满足现场实际情况。 专项方案经论证后,专家组应当提交论证报告,对论证的内容提出明确的意见,并在论证报告上签字。该报告作为专项方案修改完善的指导意见
		施工单位应当根据论证报告修改完善专项方案,并经施工单位技术负责人、项目总监理工程师、建设单位项目负责人签字后,方可组织实施。 实行施工总承包的,应当由施工总承包单位、相关专业承包单位技术负责人签字
		专项方案经论证后需做重大修改的,施工单位应当按照论证报告修改,并重新组织专家进行论证
		施工单位应当严格按照专项方案组织施工,不得擅自修改、调整专项方案。 如因设计、结构、外部环境等因素发生变化确需修改的,修改后的专项方案应当按本办法重新审核。对于超过一定规模的危险性较大工程的专项方案,施工单位应当重新组织专家进行论证
6	专项方案的安全技术交底	专项方案实施前,编制人员或项目技术负责人应当向现场管理人员和作业人员进行安全技术交底
7	专项方案现场监督和监测	施工单位应当指定专人对专项方案实施情况进行现场监督和按规定进行监测。发现不按照专项方案施工的,应当要求其立即整改;发现有危及人身安全紧急情况的,应当立即组织作业人员撤离危险区域。 施工单位技术负责人应当定期巡查专项方案实施情况
8	危险性较大的分部分项工程的验收	对于按规定需要验收的危险性较大的分部分项工程,施工单位、监理单位应当组织有关人员进行验收。验收合格的,经施工单位项目技术负责人及项目总监理工程师签字后,方可进入下一道工序
9	监理单位职责	监理单位应当将危险性较大的分部分项工程列入监理规划和监理实施细则,应当针对工程特点、周边环境和施工工艺等,制定安全监理工作流程、方法和措施
		监理单位应当对专项方案实施情况进行现场监理;对不按专项方案实施的,应当责令整改,施工单位拒不整改的,应当及时向建设单位报告;建设单位接到监理单位报告后,应当立即责令施工单位停工整改;施工单位仍不停工整改的,建设单位应当及时向住房城乡建设主管部门报告

3.《水上水下作业和活动通航安全管理规定》相关要求

海上风电施工作业涉及众多不同类型的船机设备,作业船机种类多、数量大,管理难度大,主要有打桩船、起重船、海缆敷设船、运输驳船、拖船等,同时附近有其他船舶进出航道,尤其是大量渔船、货船等,这些海上设施航行、停泊、作业,事故发生率很高。据研究统计,其中 95% 以上的事故是由人为因素造成的。因此,海上船舶航行、停泊、作业、海上搜救救助等必须严格按照法律法规的要求(表 2-13)执行海上的通航及作业规则，避免海上安全事故的发生，保障船舶、设施和工作人员生命财产的安全。

《水上水下作业和活动通航安全管理规定》的相关要求 表 2-13

序号	要点	水上水下作业和活动通航安全要求
1	安全作业许可	(1)在管辖海域内进行下列施工作业,应当经海事管理机构许可,并核定相应安全作业区。 (2)勘探、港外采掘、爆破。 (3)构筑、维修、拆除水上水下构筑物或者设施。 (4)航道建设、疏浚(航道养护疏浚除外)作业。 (5)打捞沉船沉物
2		在内河通航水域或者岸线上进行下列水上水下作业或者活动,应当经海事管理机构许可,并根据需要核定相应安全作业区: (1)勘探、港外采掘、爆破。 (2)构筑、设置、维修、拆除水上水下构筑物或者设施。 (3)架设桥梁、索道。 (4)铺设、检修、拆除水上水下电缆或者管道。 (5)设置系船浮筒、浮趸、缆桩等设施。 (6)航道建设施工、码头前沿水域疏浚。 (7)举行大型群众性活动、体育比赛。 (8)打捞沉船沉物
3	水上水下作业条件	在管辖水域内从事需经许可的水上水下作业或者活动时,应当符合下列条件: (1)水上水下作业或者活动的单位、人员、船舶、海上设施或者内河浮动设施符合安全航行、停泊和作业的要求。 (2)已制定水上水下作业或者活动方案。 (3)有符合水上交通安全和防治船舶污染水域环境要求的保障措施、应急预案和责任制度
4	水上水下作业申请材料	在管辖水域内从事需经许可的水上水下作业或者活动,建设单位、主办单位或者施工单位应当向作业地或者活动地的海事管理机构提出申请并报送下列材料: (1)申请书。 (2)申请人、经办人相关证明材料。 (3)作业或者活动方案,包括基本概况、进度安排、施工作业图纸、活动方式,可能影响的水域范围,参与的船舶、海上设施或者内河浮动设施及其人员等,法律、行政法规规定需经其他有关部门许可的,还应当包括与作业或者活动有关的许可信息。 (4)作业或者活动保障措施方案、应急预案和责任制度文本。 在港口进行可能危及港口安全的采掘、爆破等活动,建设单位、施工单位应当报经港口行政管理部门许可。港口行政管理部门应当将许可情况及时通报海事管理机构
5	编制作业方案、保障措施、应急预案	建设单位、主办单位或者施工单位应当根据作业或者活动的范围、气象、海况和通航环境等因素,综合分析水上交通安全和船舶污染水域环境的风险,科学合理编制作业或者活动方案、保障措施方案和应急预案
6	许可证有效期限	许可证的有效期由海事管理机构根据作业或者活动的期限及水域环境的特点确定。许可证有效期届满不能结束水上水下作业或者活动的,建设单位、主办单位或者施工单位应当于许可证有效期届满 5 个工作日前向海事管理机构申请办理延续手续,提交延续申请书和相关说明材料,由海事管理机构在原许可证上签注延续期限后方能继续从事相应作业或者活动。许可证有效期最长不得超过 3 年

序号	要点	水上水下作业和活动通航安全要求
7	作业活动变更要求	许可证上注明的船舶、海上设施或者内河浮动设施在水上水下作业或者活动期间发生变更的,建设单位、主办单位或者施工单位应当及时向作出许可决定的海事管理机构申请办理变更手续,提交变更申请书和相关说明材料。在变更手续未办妥前,变更的船舶、海上设施或者内河浮动设施不得从事相应的水上水下作业或者活动。 许可证上注明的从事水上水下作业或者活动的单位、内容、水域发生变更的,建设单位、主办单位或者施工单位应当重新申请许可证
8	许可证注销手续	有下列情形之一的,建设单位、主办单位或者施工单位应当及时向原发证的海事管理机构报告,并办理许可证注销手续: (1)水上水下作业或者活动中止的。 (2)3个月以上未开工的。 (3)提前完工的。 (4)因许可事项变更而重新办理了新的许可证的。 (5)因不可抗力导致许可的水上水下作业或者活动无法实施的
9	安全作业区要求	水上水下作业或者活动已经海事管理机构核定安全作业区的,船舶、海上设施或者内河浮动设施应当在安全作业区内进行作业或者活动。无关船舶、海上设施或者内河浮动设施不得进入安全作业区。 建设单位、主办单位或者施工单位应当在安全作业区设置相关的安全警示标志,配备必要的安全设施或者警戒船
10		从事按规定需要发布航行警告、航行通告的水上水下作业或者活动,应当在作业或者活动开始前办妥相关手续
11		水上水下作业或者活动的建设单位、主办单位或者施工单位应当加强安全生产管理,落实安全生产主体责任
12	三同时	建设单位应当确保水上交通安全设施与主体工程同时设计、同时施工、同时投入生产和使用
13	投标前后要求	水上水下作业需要招投标的,建设单位应当在招投标前明确参与作业的船舶、海上设施或者内河浮动设施应当具备的安全标准和条件,在工程招投标后督促施工单位落实施工过程中的各项安全保障措施,将作业船舶、海上设施或者内河浮动设施及人员和为作业服务的船舶及其人员纳入水上交通安全管理体系,并与其签订安全生产管理协议
14	水域交通安全保障	主办单位、施工单位应当落实安全生产法律法规要求,完善安全生产条件,保障施工作业、活动及其周边水域交通安全。 建设单位、主办单位或者施工单位在水上水下作业或者活动过程中应当遵守以下规定: (1)按照海事管理机构许可的作业或者活动内容、水域范围和使用核准的船舶、海上设施或者内河浮动设施进行作业或者活动,不得妨碍其他船舶的正常航行。 (2)及时向海事管理机构通报作业或者活动进度及计划,并保持作业或者活动水域良好的通航环境。 (3)使船舶、海上设施或者内河浮动设施保持在适于安全航行、停泊或者从事有关作业或者活动的状态。 (4)船舶、海上设施或者内河浮动设施应当按照有关规定在明显处昼夜显示规定的号灯号型。在现场作业或者活动的船舶或者警戒船上配备有效的通信设备,作业或者活动期间指派专人警戒,并在指定的频道上守听

序号	要点	水上水下作业和活动通航安全要求
15	障碍清除	建设单位、主办单位或者施工单位应当及时清除水上水下作业或者活动过程中产生的碍航物,不得遗留任何有碍航行和作业安全的隐患。在碍航物未清除前,必须设置规定的标志、显示信号,并将碍航物的名称、形状、尺寸、位置和深度准确地报告海事管理机构
16	竣工报备	建设单位应当在工程涉及通航安全的部分完工或者工程竣工后,将工程有关通航安全的技术参数报海事管理机构备案

2.6 海上风电工程建设安全标准

法律法规无法直接对具体行为作出量化、技术性评价,需要依靠标准进行支撑和细化,标准是对法律法规的支撑和细化。安全标准是我国安全生产法规体系中的重要支持和细化,是安全生产法规的延伸与具体化,也是安全生产管理的基础和监督执法工作的重要依据。我国安全生产标准体系由基础标准、管理标准、安全生产技术标准、其他综合类标准组成。

我国海上风电事业发展晚,但发展速度快,海上风电施工技术及管理标准明显滞后于海上风电施工建设的发展,现有海上施工技术及管理方面的标准偏重海上石油开采以及陆上风电建设,海上风电施工阶段仅有《海上风力发电工程施工规范》GB/T 50571—2010对施工准备、交通运输、基础工程施工、风力发电设备安装、海底电缆敷设、工程观测与检测、施工管理等明确提出相关要求。《海上风电场工程施工安全技术规范》NB/T 10393—2020对海上风电工程施工安全、防止和减少人身伤害和财产损失作出相应要求。从近年来海上风电多起事故原因调查可知,海上风电相关安全技术及管理标准、安全管理制度严重缺失,安全技术、质量管理等存在不少漏洞和薄弱环节,难以满足海上风电发展要求,容易发生船舶碰撞、倾覆、沉没、触礁、搁浅、人员设备落水等危险,引发各种安全及质量事故。因此,在技术指导、安全管理、责任主体划分落实、安全质量风险评估、监督管理、应急响应等方面,我国亟须研建适应海上风电施工作业的专门的安全技术及管理标准,形成国家、行业、地方和企业标准组成系统的海上风建设工程安全质量标准体系。一些相关的海上风电工程建设标准如表2-14所示。

与海上风电工程建设安全生产相关的标准 表 2-14

序号	规范名称	规范编码	发布部门	实施日期
1	海上风力发电工程施工规范	GB/T 50571—2010	住房和城乡建设部	2010.12.01
2	起重机械安全规程 第1部分:总则	GB 6067.1—2010	国家质量监督检验检疫总局、国家标准化管理委员会	2011.06.01

续表

序号	规范名称	规范编码	发布部门	实施日期
3	海上风电场工程施工组织设计规范	NB/T 31033—2019	国家能源局	2020.05.01
4	船舶与海上技术 海上环境保护 港口废弃物接收设施的布置和管理	GB/T 37445—2019	国家市场监督管理总局、国家标准化管理委员会	2019.12.01
5	海上风电场工程施工安全技术规范	NB/T 10393—2020	国家能源局	2021.02.01
6	海上平台拖航技术要求	JT/T 1364—2020	交通运输部	2021.04.01
7	海上平台起重机规范	SY/T 10003—2016	国家能源局	2017.05.01
8	浅海石油起重船舶吊装作业安全规范	SY/T 6430—2017	国家能源局	2017.08.01
9	海船系泊及航行试验通则	GB/T 3471—2011	国家质量监督检验检疫总局、国家标准化管理委员会	2012.06.01
10	海上大风预警等级	GB/T 27958—2011	国家质量监督检验检疫总局、国家标准化管理委员会	2012.03.01
11	海船安全开航技术要求 第1部分：一般要求	GB/T 11412.1—2009	国家质量监督检验检疫总局、国家标准化管理委员会	2010.03.01
12	基于风险评估的海上设施结构物校验	GB/T 37817—2019	国家市场监督管理总局、国家标准化管理委员会	2020.03.01
13	船舶与海上技术 船舶安全标志、安全相关标志、安全提示和安全标记的设计、位置和使用 第2部分：分类	GB/T 37820.2—2019	国家市场监督管理总局、国家标准化管理委员会	2020.03.01
14	海船机舱消防应急操作技术要求	GB 40555—2021	国家市场监督管理总局、国家标准化管理委员会	2022.03.01
15	海船机舱进水应急操作技术要求	GB 40556—2021	国家市场监督管理总局、国家标准化管理委员会	2022.03.01
16	海上风电场安全性评价技术规程	NB/T 10632—2021	国家能源局	2021.10.26
17	风电场工程等级划分及设计安全标准	NB/T 10101—2018	国家能源局	2019.05.01
18	风力发电场安全规程	DL/T 796—2012	国家能源局	2012.12.01
19	海上风电场工程安全标识设置设计规范	NB/T 10910—2021	国家能源局	2022.03.22

序号	规范名称	规范编码	发布部门	实施日期
20	海上生产平台基本上部设施安全系统的分析、设计、安装和测试的推荐作法	GB/T 35177—2017	国家质量监督检验检疫总局、国家标准化管理委员会	2018.07.01
21	海上设施防火与防爆设计评估原则	GB/T 40497—2021	国家市场监督管理总局、国家标准化管理委员会	2022.03.01
22	电力建设工程施工安全管理导则	NB/T 10096—2018	国家能源局	2019.01.01

注：不限于表 2-14 所列标准。

第3章 海上风电工程建设项目安全标准化管理

3.1 海上风电工程施工安全生产目标

3.1.1 安全目标管理

目标管理（Management By Objectives，MBO）是美国管理学家彼得·德鲁克（Peter F. Drucker）提出的。1954年，他在《管理实践》一书中首先使用了"目标管理"的概念，接着又提出了"目标管理和自我控制"的主张。安全目标管理就是在一定的时期内（通常为1年），根据海上风电工程建设项目安全管理的总目标，从上到下确定安全工作目标，并为达到这一目标制定一系列对策、措施，开展一系列的计划、组织、协调、指导、激励和控制活动。

海上风电工程建设项目应根据自身安全生产实际，制定文件化的安全生产与职业卫生总体目标和年度目标，并将它纳入项目总体生产经营目标。之后，明确目标的具体内容和要求，将各指标分解给所属基层单位和部门，并督促实现。严格地说，安全目标管理不但考虑实现安全目标，更重要的是如何去实现安全目标，用什么方法和手段去实现。这也就促使基层单位和部门在生产过程中，采用有效的科学的技术和管理方法，实现各项安全指标，保障海上风电工程建设项目的安全生产。同时，海上风电工程建设项目应定期对安全生产与职业卫生目标、指标实施情况进行评估和考核，并结合实际及时进行调整，不断提升安全管理水平，实现安全生产。

3.1.2 海上风电工程施工安全生产目标

海上风电工程建设项目安全生产目标的制定，是落实安全生产责任制的重要方式之一，也是安全管理工作实现量化控制与持续改进的基础。该目标应根据往年的安全生产管理现状，依据安全法律法规、上级安全管理部门工作要求来确定，在实施过程中，应及时开展检查、评比、考核，有利于调动大家实现安全生产目标的积极性。

海上风电工程施工安全生产目标，主要有项目的安全风险评估情况、设备设施的完好率、生产安全事故伤亡控制、作业人员的安全教育与培训的质量和数量、生产过程的风险管控与隐患排查整治，职业危害的监测与预防等方面的内容考核，以及确保项目安全生产的有效方法和手段。

3.1.3 安全目标落实与考核

安全目标的落实与考核，是对实施过程中的项目进行检查，找出管理运行的缺陷和存在的问题，并建立各项措施保证目标顺利进行，是保证安全生产状况持续改进的主要手段。

1. 安全目标落实

为保障安全目标能够有效落实，应在制度中明确目标的制定、分解、实施、检查、考核等环节的责任单位（人）、工作流程、时限、具体工作要求等。在与主要负责人逐级签订安全生产目标责任书的基础上，还必须将目标逐级分解到职能部门、所属单位和分包商。海上风电工程项目部与上级公司或部门、海上风电工程项目部与班组、班组与员工层层签订安全生产及职业卫生目标责任书，逐级明确安全生产目标至班组和岗位。同时，要根据目标制定情况编制项目（部）目标控制措施，并将其分解到各部门、岗位，明确责任人，督促各责任人定期对目标控制措施实施情况进行自查、监督检查，保留相关检查记录，包括项目日志、目标完成情况检查记录、整改通知、目标纠偏记录、会议纪要等。

2. 安全目标考核

海上风电工程建设项目应制定安全生产目标（主要包括安全管理目标、事故控制目标、节能减排目标、职业健康目标、环境保护目标等）考核办法，并将业绩考核与相关奖惩制度挂钩，并严格实施兑现，做到有目标、有记录、有评定，在考核的基础上确定绩效，赏罚分明。要通过全员业绩考核，促进建设项目深化内部制度改革，真正建立起管理者能上能下、员工能进能出、薪酬能高能低的有效激励和约束机制。要将安全生产目标与员工个人能力提升、职业发展规划有机结合，为被考核人提供相关业务培训的条件保障以及完成考核目标的必要指导。

海上风电工程建设项目每年至少对本单位安全生产标准化的实施情况评定一次，验证各项安全生产制度措施的适宜性、充分性和有效性，检查安全生产工作目标和指标的完成情况。主要负责人应对绩效评定工作全面负责。评定工作应形成正式文件，并将结果向所有部门、所属单位和从业人员通报，作为年度考核的重要依据。

3.2 海上风电工程施工安全生产机构

安全生产组织机构就是为了达到特定的目标，通过设置不同层次的权利和责任制度，使全体参加者分工与协作，而构成的一种人的组合体。组织机构是开展安全管理工作的基础，是各项安全工作执行和落实的组织与职责保障，一般由安全生产领导机构、安全生产监督管理机构和安全监督管理人员等构成。

通常来说，安全生产组织机构和职责一般包括安全生产委员会、安全生产保障体系、安全生产监督体系、安全生产责任制等内容。随着工程规模日益扩大，技术工艺和装备日益更新，管理分工日益精细化，安全保障和监督两个体系可细分为四个责任体系。

1. 安全生产委员会

1）机构设立

安全生产委员会（简称"安委会"），即安全生产领导小组，在项目正开工前成立。工程项目安全生产委员会需要明确安委会及成员的职责，并满足以下基本要求：安委会由总承包方、施工单位、监理单位项目部主要负责人组成，主任由建设方（项目公司）主要负责人担任。

2）基本职责

（1）制定、完善项目安全生产总体目标、指标，组织开展安全绩效监督检查与考核。

（2）组织制定、完善项目安全生产管理制度，并组织落实与监督。

（3）组织开展国家、行业要求的和项目关键环节、重要时段的安全生产综合与专项监督检查、隐患排查。

（4）协调解决项目安全生产工作中的重大问题等。

3）工作程序

安委会实行工作例会制度，安委会主任定期组织召开工作会议（安委会主任因事缺岗期间，可临时授权一名本单位或监理单位安委会成员代理主任职责），程序如下：

（1）每月应至少召开一次全体会议，总结分析安全生产管理工作状况，部署时段性安全生产工作计划，协调解决安全生产问题，决定工程建设中安全、文明施工管理重大措施等事项。必要时，安委会主任可随时召开安委会专题会议，研究、决策紧急或重大的安全工作问题。

（2）会议应形成会议纪要，经安委会主任审阅后，印发各部门及相关单位，由安委会办事机构负责监督落实。安委会会议所提出问题的落实情况，应在下一次安委会会议上予以汇报。

4）办事机构

安委会应设置办公室或指定专人（一般为项目部安全员或安全监理）具体负责执行安委会的决议和交办事项，其职责如下：

（1）编制安全生产工作计划，逐项落实安委会的相关职责。

（2）对安委会会议提出的工作改进意见和建议与要求，制定具体的整改措施，并跟踪落实。

（3）做好安委会会议的筹备工作。根据阶段性安全管理工作要求、监督考核结果，征求全体安委会成员对会议议程的建议和提交会议议定事项的提议。依据安委会的管理工作职责，拟定安委会会议议程、准备会议资料。

2. 安全生产保障体系

为深入贯彻党中央、国务院的部署，强化"红线意识""底线思维"，以全面落实安全生产主体责任为目标，需要构建安全生产保障体系，即思想政治保障、组织管理保障、信息技术保障、经济效益保障四个方面，形成一张网状的安全生产保障网络图，确保海上风电工程建设项目的成功实施。安全生产保障体系架构图如图 3-1 所示。

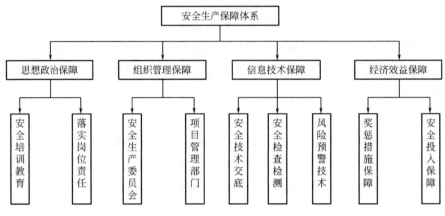

图 3-1　安全生产保障体系结构图

1）思想政治保障

开展思想政治工作，是落实责任的有效措施，主要体现在两个方面，一是对全体作业人员开展岗位专业技术培训和安全教育活动，提高他们的安全意识，做到人人是安全员，人人具有风险意识与隐患排查能力，及时发现隐患，有效开展整改，保障安全生产；二是积极落实企业（项目）的主体责任，真正做到"横向到边，纵向到底"的管理模式。

建立以项目经理为主要责任人，各职能部门主任、施工单位负责人、班组长为成员的岗位安全责任体系，负责保证安全生产资源配置，正确处理安全生产与质量、成本、效益的关系。

2）组织管理保障

建立健全领导组织管理机构。一是成立以安委会为领导机构的安全组织机构管理体系，即安委会—安委会办公室—班组安全员；二是以各项目部门为主线，形成总经理—部门负责人—班组长—员工为主线的人员组织管理体系，确定控制进度的工作制度，及时有效开展施工过程的检查、风险辨识、隐患排查整治等工作，以保障风电项目施工过程安全。

3）信息技术保障

信息技术保障体系包含三个方面，一是安全技术交底，二是安全风险预警，三是安全检查监测。建立以项目技术负责人为主要责任人，技术质量部主任、各施工单位技术负责人和班组技术员为组成成员的安全技术支撑体系，负责强化技术策划、技术实施、工作流程、技术资源组织和安全生产技术保障，强化技术指导、技术研发对安全生产的支撑作用。充分利用信息技术，及时开展检查、监测工作，有效开展事故风险预警管理，为安全生产的正常运行奠定良好的基础。

4）经济效益保障

在保障项目经济运行正常的前提下，尽量投入安全生产所必需的资金，添置安全设备设施，保障安全生产。同时，避免出现重生产轻安全的现象，经常开展安全教育，充分理解我国的安全生产方针和以人为本、本质安全的安全工作理念。对目无章纪、冒险蛮干、违反操作规程的人员，需采取有效的措施进行处罚，以杜绝"三违"现象的发生。

3. 安全生产监督体系

海上风电工程建设项目部及参建单位应按规定设立安全生产监督管理机构，配备专职安全生产管理人员，建立健全安全生产监督网络，落实基建项目安全生产管理工作，按规定召开安全生产监督会议，并作好会议记录。安全监督网络应每周检查安全生产工作情况，纠正违反安全生产规章制度的行为，发现违章现象时，应及时制止，并跟踪整改。严格安全生产考核，安全管理人员应严格履行安全监管职责，对安全管理重点、危险性较大分部分项工程进行现场监督，并作好安全监督工作记录。

4. 安全生产"四个责任"体系

为实现海上风电工程建设项目的安全生产目标，依据法律法规要求，应建立安全生产四个责任体系，即以项目经理为主要责任人的安全行政管理体系，以总工程师为主要责任人的安全技术支撑体系，以生产经理为主要责任人的安全生产实施体系，以及以安全总监为主要责任人的安全监督管理体系。四个责任体系的组织结构如图3-2所示。

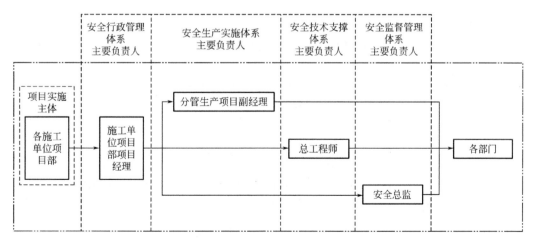

图 3-2 安全生产"四个责任体系"组织结构图

四个责任体系分别具有以下职能。

1）安全行政管理体系

建立以项目经理为主要责任人，各职能部门主任、施工单位负责人、班组长为成员的安全行政管理体系。负责保证安全生产资源配置，正确处理安全生产与质量、成本、效益的关系。

2）安全技术支撑体系

建立以项目技术负责人为主要责任人，技术质量部主任、各施工单位技术负责人和班组技术员为组成成员的安全技术支撑体系。负责强化技术策划、技术实施、工作流程、技术资源组织和安全生产技术保障，强化技术指导、技术研发对安全生产的支撑作用。

3）安全生产实施体系

建立以分管生产的项目副经理为主要责任人，施工部主任、施工单位现场生产负责人、班组长为组成成员的安全生产实施体系。负责强化生产组织管理责任人的安全生产意识，促进按照法律法规、标准、规程规范、项目制度组织生产，确保生产安全。

4）安全监督管理体系

建立以安全总监为主要责任人，安全环保部主任、安全工程师以及各施工单位安全总监、专职安全员为组成成员的安全监督管理体系。负责强化安全生产标准化建设实施，根据生产组织架构建设完整、有效的安全生产管理体系，组织安全监督检查、考核，督促项目部各部门落实安全生产教育培训工作。

5. 责任主体及安全职责

海上风电工程建设项目各责任主体应当按照国家法律法规、上级主管单位要求建立安全生产责任制，明确各责任主体的安全职责。

1）海上风电工程建设项目领导层的主要安全职责

领导层的主要安全职责一般指四个责任体系的主要责任人的安全职责，还包括其他相关负责人的安全职责。具体如表 3-1 所示。

四个责任体系主要负责人及主要安全职责　　　　　　　　　　　　　表 3-1

序号	责任主体	主要安全职责
1	安全行政管理体系负责人(项目经理)	(1)建立、健全并落实项目安全生产责任制。 (2)组织制定项目安全生产规章制度和操作规程。 (3)组织制定并实施项目安全教育和培训计划。 (4)保证项目安全投入费用的有效使用。 (5)督促、检查项目的安全生产工作，及时消除生产安全事故隐患。 (6)组织制定并实施项目的生产安全事故应急救援预案，组织开展应急能力建设。 (7)明确项目安全管理信息报送人员，及时、如实报告生产安全事故，并按"四不放过"原则进行处理。 (8)组织落实项目的安全生产与职业健康、能源节约与生态环境保护("两个标准、一套体系")工作。 (9)组织项目开展 HSE 标准化、规范化和安全生产标准化自查评和达标工作。 (10)贯彻、落实上级文件要求，完成地方主管部门布置的工作。 (11)将分包纳入项目的安全管理体系，并按分包合同或协议书要求进行管理。 (12)按 PDCA(策划、实施、检查、改进)要求对项目的安全管理考核报告与奖惩方案进行确认并兑现

序号	责任主体	主要安全职责
2	安全生产实施体系负责人(分管生产副经理)	(1)组织建立项目安全生产实施体系,贯彻、落实安全生产责任制。 (2)贯彻、落实项目安全生产规章制度和操作规程,参与专项施工方案评审。 (3)合理安排、落实项目安全生产教育和培训计划。 (4)保证项目安全生产费用的有效使用。 (5)组织协调项目的安全生产工作,及时消除生产安全事故隐患。 (6)组织协调项目应急管理和应急能力建设工作。 (7)审阅项目安全管理信息报送内容,及时、如实报告、处理生产安全事故。 (8)组织协调项目的职业健康、环境保护和节能减排(三项业务)工作。 (9)组织协调项目 HSE 标准化、规范化和安全生产标准化自查评和达标工作。 (10)贯彻、落实上级文件要求,完成地方主管部门布置的工作。 (11)组织协调对项目分包方的安全管理。 (12)按 PDCA 要求参与对项目的安全管理进行考核奖惩
3	安全技术支撑体系负责人(总工)	(1)组织建立项目安全技术支撑体系,贯彻、落实安全生产责任制。 (2)主持开展安全技术管理制度、安全技术规程、安全操作规程执行情况检查。 (3)贯彻执行涉及安全技术法律法规、技术标准及项目安全技术制度的规定。 (4)保证项目安全管理技术研发、安全技术方案评审费用的有效使用。 (5)为隐患排查与治理、应急救援等提供技术咨询和服务。 (6)参加生产安全事故的内部调查分析、处理和鉴定。 (7)为职业健康、环境保护和节能减排提供技术咨询。 (8)为项目 HSE 标准化、规范化和安全生产标准化自查评工作提供技术咨询和服务。 (9)负责组织开展项目危险源(危险因素)辨识、评价。 (10)贯彻、落实上级文件要求,完成地方主管部门布置的工作。 (11)负责对分包方安全管理技术能力方面的评审。 (12)按 PDCA 要求对项目的安全管理工作进行考核奖惩
4	安全监督管理体系负责人(安全总监)	(1)组织建立项目安全监督管理体系,督查安全生产责任制落实情况。 (2)负责建立健全项目安全生产规章制度体系,督查项目安全生产规章制度和操作规程的执行情况。 (3)指导并督查项目安全生产教育和培训计划的执行情况。 (4)监督落实安全生产费用投入和资源保障的有效实施。 (5)组织项目专项安全检查,监督落实隐患排查治理、应急管理与应急能力建设等工作。 (6)指导项目信息报送,及时、如实报告生产安全事故,负责生产安全事故调查与处理工作。 (7)指导并督查项目的职业健康、环境保护和节能减排(三项业务)工作。 (8)负责项目安全 HSE 标准化、规范化和安全生产标准化自查评和达标工作。 (9)贯彻、落实上级文件要求,完成地方主管部门布置的工作。 (10)组织开展对分包方和临时用工的管理,并将其纳入项目的安全管理体系。 (11)按 PDCA 要求负责对本项目的安全生产管理进行考核奖惩
5	其他(合同)副经理	(1)协助总承包项目经理做好项目的安全工作。 (2)负责解决分管工作范围内的施工安全技术问题和安全管理问题。 (3)参与制定项目安全生产规章制度和操作规程

2）海上风电工程建设项目各部门负责人及管理人员的安全职责（表3-2）

各部门负责人及管理人员安全职责   表 3-2

序号	责任主体	主要安全职责
1	安全部负责人	(1)编制项目安全生产岗位责任书、规章制度和操作规程。 (2)组织落实项目安全教育和培训工作,如实记录安全生产教育和培训情况。 (3)组织编制项目生产安全事故应急预案(现场处置方案),组织应急培训和演练,开展应急能力建设工作。 (4)组织检查项目的安全管理落实情况,及时排查生产安全事故隐患,提出改进建议。 (5)制止和纠正违章指挥、强令冒险作业、违反操作规程的行为。 (6)督促落实本项目安全管理整改措施。 (7)负责落实本项目职业健康、环境保护和节能减排(三项业务)工作。 (8)组织落实安全管理信息报送及事故报告与处理。 (9)组织落实项目 HSE 标准化、规范化和安全生产标准化自查评及达标工作。 (10)组织落实上级文件要求或地方主管部门布置的安全管理工作。 (11)组织落实本项目对分包方安全管理和临时用工的管理。 (12)按 PDCA 要求负责对项目的安全管理进行考核奖惩
2	专职安全员	(1)配合安全环保部主任和安全总监,落实本项目安全责任,完成 HSE 目标。 (2)落实本项目的安全教育和培训工作,如实记录安全生产教育和培训情况。 (3)编制项目生产安全事故应急预案(现场处置方案),按计划落实应急培训和演练以及应急能力建设工作。 (4)检查项目的安全生产状况,及时排查生产安全事故隐患。 (5)制止和纠正违章指挥、强令冒险作业、违反操作规程的行为。 (6)落实本项目安全生产整改措施。 (7)协助落实项目职业健康、环境保护和能源节约工作。 (8)落实安全管理信息报送及事故报告与处理工作。 (9)落实本项目 HSE 标准化、规范化和安全生产标准化自查评工作,并确保安全生产标准化自查评一级达标。 (10)落实并完成上级文件要求或地方主管部门布置的安全管理工作。 (11)落实本项目对分包方的安全管理工作。 (12)按 PDCA 要求落实对项目的安全管理进行考核,并提出奖惩方案
3	工程管理部负责人	(1)对安全生产实施体系负有部门管理责任。 (2)审查并检查项目施工组织设计、实施规范、安全技术方案等。 (3)负责项目隐患整改,重大危险源监控措施的落实,及时消除生产安全事故隐患。 (4)组织分包方落实安全投入计划。 (5)参加组织有关生产安全事故的调查与处理工作
4	工程管理部成员	(1)参与审查并检查项目施工组织设计、实施规范、安全技术方案等。 (2)落实生产过程中有关安全生产条件、资源保证、隐患排查、安全生产投入、应急救援以及整改纠偏等工作。 (3)参加有关生产安全事故的调查与处理工作
5	其他副经理	(1)协助总承包项目经理做好项目的安全工作。 (2)负责解决分管工作范围内的施工安全技术问题和安全管理问题。 (3)参与制定项目安全生产规章制度和操作规程

续表

序号	责任主体	主要安全职责
6	技术管理部负责人	(1)对项目安全技术支撑体系负有部门管理责任。 (2)负责组织相关方案的编制、评审、交底及执行情况检查等。 (3)参与项目隐患排查与治理。 (4)参加生产安全事故内部调查分析、处理和鉴定,提出技术意见。 (5)负责组织开展危险源(危险因素)辨识、评价
7	技术管理部成员	(1)参与相关方案编制、评审、交底及执行情况检查等。 (2)参与项目隐患排查与治理。 (3)参与有关安全事故的技术剖析工作。 (4)参加或负责有关安全技术规程培训工作。 (5)协助开展危险源(危险因素)辨识、评价工作
8	计划合同部负责人	(1)负责本部门的安全生产工作,并明确各岗位的安全生产职责。 (2)负责合同财务管理范围内的安全工作。 (3)协助对分包单位进行安全评价。 (4)负责安全生产费用提取、支付、审核等工作。 (5)配合安全环保部开展隐患排查和应急演练等活动
9	计划合同部成员	(1)在合同财务管理范围内履行安全职责和义务。 (2)协助对分包单位安全评价。 (3)参加安全环保部开展的隐患排查和应急演练等活动
10	综合办主任	(1)负责本部门的安全生产工作,并明确各岗位的安全生产责任。 (2)执行法律法规和制度,以及上级安全生产工作要求,落实安全文件传递和处理。 (3)负责办公、宿舍、后勤、车辆等安全管理工作。 (4)负责驾驶员、安保人员培训,协助做好新新员工岗前和转岗人员的培训工作。 (5)负责签订合同时职业危害告知、职业健康体检等管理工作。 (6)协助做好本项目相关应急工作,负责事故善后处理等工作。 (7)负责组织协调重大治安事件的处理与上报工作。 (8)配合HSE部开展隐患排查和应急演练等活动

3) 海上风电工程建设项目相关方的安全职责

海上风电工程建设项目的相关方一般指分包方,包括专业工程分包和劳务作业分包。相关的责任主体与安全责任如表3-3所示。

相关方安全职责 表3-3

序号	责任主体	主要安全职责
1	分包单位	(1)负责所实施范围的安全生产工作管理。 (2)组织开展安全检查与隐患排查和治理,及时消除生产安全事故隐患。 (3)负责对班组的施工项目进行安全监督与指导,检查安全技术措施执行情况。 (4)负责作业人员的安全教育培训工作。 (5)确保有效使用安全生产费用。 (6)负责现场交通安全、消防安全等工作。 (7)制定并实施应急预案和现场应急处置方案。 (8)配合或参与生产安全事故调查处理

序号	责任主体	主要安全职责
2	施工作业队队长	(1)对施工队的安全生产工作负直接责任。 (2)负责所承担作业的现场巡查、检查及整改落实工作。 (3)负责作业队人员的安全教育培训。 (4)配合或参与生产安全事故调查处理
3	班组长	(1)对班组的安全生产工作负直接责任。 (2)负责检查本班组现场作业环境,及时消除安全隐患。 (3)负责班组人员安全教育培训。 (4)配合生产安全事故调查处理
4	施工安全员	(1)负责现场安全巡查、检查及隐患排查治理,检查安全技术措施执行情况。 (2)落实作业人员的安全教育培训工作。 (3)确保有效使用安全生产费用。 (4)负责安全生产记录管理工作。 (5)如实报告安全生产事故,配合做好事故调查工作
5	施工作业人员	(1)接受安全教育培训,认真学习和掌握本工种的安全操作规程。 (2)严格按操作规程作业,排查作业场所安全隐患,制止并纠正违规作业行为。 (3)严格执行"四不伤害"原则

3.3 海上风电工程施工安全生产投入

安全生产投入是安全生产的基本保障,是安全活动的一切人力、财力和物力的总和,包括安全设施、措施费用投入、个人防护用品投入、职业病防治费用、职业健康检查费用以及安全生产人力配置的投入等。制度中应明确安全生产费用的提取和使用的职责权限、使用范围、工作程序、管理要求等。应按规定提取安全生产费用,制定安全生产费用预算(或费用计划),严格审批程序。

海上风电工程建设项目应按规定使用安全生产费用,专款专用,并规范建立安全生产费用使用台账;应对安全生产费用使用情况进行监督检查、汇总分析。项目部应在招标文件中对投标单位的资质、安全生产条件、安全生产费用使用、安全生产保障措施等提出明确要求,并单独计列安全生产费用,不得在投标中列入竞争性报价;应及时、足额向分包单位支付安全生产费用。

3.3.1 安全投入保障制度

为保证有效地投入和管理项目安全生产费用,不断改善施工作业环境,强化项目安全生产管理,有效遏制安全事故的发生,确保各单位安全投入满足《安全生产法》及其他要求,应制定相关的管理保障制度。制度要明确提取和使用安全生产费用的职责权限、使用范围、工作程序、管理要求等。对于分包方,要求上报安全生产费用预算;总承包部安全总监负责审核并组织编制总承包项目安全生产费用预算，上报监理单位、建设单位备案。项目安全总监负责审核并组织编制项目年度安全生产费用计划，由项目经理签发。项目安全总监应及时审查分包方上报的安全生产费用使用情况及相关支撑性材料，并要求分包方上报安全生产费用使用台账，汇总建立整个项目的安全生产费用使用台账。项目安全总监通过核查安全生产费用使用台账和检查施工现场安全防护用品使用情况、设施配置情况和标志完善情况，判定安全生产费用是否满足施工生产需求，作为支付安全生产费用的前提和依据。

3.3.2　安全生产费用提取使用

海上风电工程建设项目的安全生产投入一般包括以下几方面。

（1）完善、改造和维护安全防护设施设备支出：主要包括施工现场临时用电系统、洞口、临边、机械设备、高处作业防护、交叉作业防护、防火、防爆、防尘、防毒、防雷、防台风、防地质灾害、通风、防落水、防坠落、临时安全防护等设施设备支出，不含"三同时"要求初期投入的安全设施。

（2）配备、维护、保养应急救援器材、设备支出和应急演练支出：主要包括应急预案编写、评审支出，应急救援设施、设备、物资支出，应急信息、通信系统建设支出，应急医疗器材、药品支出，应急救援培训、演练支出，以及消防器材及系统支出。

（3）开展重大危险源和事故隐患评估、监控和整改支出：主要包括施工现场重大危险源和事故隐患辨识、评估支出，重大危险源、事故隐患监控支出，以及重大危险源和事故隐患整改支出。

（4）安全生产检查、评价、咨询和标准化建设支出：主要包括安全检查用具、器材支出；日常安全检查支出；专项、综合安全检查支出；安全考核支出；专项安全评价支出；安全咨询费用支出以及安全标准化建设支出；不包括新建、改建、扩建项目安全评价的支出。

（5）配备和更新现场作业人员安全防护用品支出：主要包括安全帽、救生衣、救生圈、救生艇、防护服、防护手套、防尘用具、眼防护用具、防护鞋、防暑降温物品的支出以及其他个人防护用具支出。

（6）安全生产宣传、教育、培训支出：主要包括安全生产月等安全活动支出，其他专项安全活动（安全竞赛等）支出，安全宣传标语、书籍、报刊、音像材料、宣传器材支出，安全培训器材支出，安全培训教材支出，安全培训场地费用支出，以及培训人员和受训人员的工资等相关费用支出。

（7）安全生产适用的新技术、新标准、新工艺、新装备的推广应用支出。

（8）安全设施及特种设备检测检验支出：主要包括安全设施检测检验支出和特种设备检测检验支出。

（9）野外应急食品、应急器械、应急药品支出。

（10）购置安装和使用 GPS 装置、卫星电话、电子海图等支出。

（11）其他与安全生产直接相关的支出。

根据国家规定，按照工程类别，电力工程项目的安全生产费用以不低于建筑安装合同总价 2％提取。安全部门应按照之前下达的年度、季度、月份施工计划为依据提取安全生产费用。工程（总承包）项目部本部安全生产费用一般按管理费的 2％进行提取。

3.3.3 监督检查

海上风电工程建设项目应建立安全生产费用提取和使用管理制度。根据管理制度制定满足安全生产需要的安全生产费用计划，严格执行审批程序。在安全生产费用的使用过程中，要严格按照安全管理工作计划合理安排使用安全生产费用，安全管理部门要对使用的每项安全生产费用进行审核，保证安全生产费用的投入，保证专款专用，并建立安全生产费用使用台账，严禁乱用、挪用费用。施工分包单位安全生产费用投入由分包单位负责，总承包项目部应对其使用情况进行跟踪监督。项目部应定期组织有关部门对费用投入情况进行监督检查和考核。

3.4 海上风电工程施工制度化管理

制度化管理是以制度规范为基本手段协调海上风电工程建设项目组织集体协作行为的管理方式。制度化管理的实质在于以科学确定的制度规范为组织协作行为的基本机制，主要依靠制度的科学合理性、权威性实行管理。

在法规标准的识别与获取方面，识别获取制度应明确主管部门，确定获取的渠道、方式。应及时识别和获取适用、有效的安全生产与职业健康法律法规、标准规范，建立清单和文本数据库，并及时发布更新的内容。应将安全生产与职业健康法律法规、标准规范和有关要求及时传达给相关从业人员。

在规章制度方面，应依据安全生产与职业健康法律法规、标准规范及上级相关要求，及时建立健全覆盖全业务范围的安全生产与职业健康规章制度，发布实施并及时传达给相关从业人员。规章制度应按规定履行编审批手续，发布实施前，应征询工会及相关从业人员的意见和建议，由安全生产第一责任人签发。责任制、安全生产费用投入、分包管理、教育培训、隐患排查、检查考核、事故处理等重要制度应经安委会或办公会审议。具体的规章制度及解读可参见第 2 章内容。

在操作规程方面，海上风电工程建设项目应结合作业任务特点及岗位作业安全风险与职业病防护要求，编制齐全的岗位安全生产操作规程，发放到相关岗位，由员工严格执行。应确保从业人员参与岗位安全生产操作规程的编制和修订工作。在新技术、新材料、新工艺、新设备设施投入使用前，应组织制定或修订相应的安全生产和职业卫生操作规程，确保其适宜性和有效性。

此处不详细列举常见的安全操作规程清单（表3-4），典型施工过程中涉及的安全操作要求可参考第4章相关内容，下面介绍海上风电工程建设项目的施工基本条件及作业人员管理。

海上风电施工过程典型的安全作业规程清单 表 3-4

序号	安全作业规程名称	序号	安全作业规程名称
1	挖掘机安全操作规程	28	船舶水上打桩操作规程
2	推土机操作规程	29	船舶水下抓泥操作规程
3	装载机操作规程	30	起重船（各类船载起重机械）操作规程
4	混凝土泵车操作规程	31	抓泥、旋转起重船旋转操作规程
5	钢筋调直机操作规程	32	桩船舶倒、立架操作规程
6	钢筋切断机安全操作规程	33	桩船舶二次倒、立架操作规程
7	钢筋弯曲机安全操作规程	34	方驳、泥（石）驳操作规程
8	对焊机安全操作规程	35	铺排船操作规程
9	潜水泵安全操作规程	36	海上平台操作规程
10	泥浆泵安全操作规程	37	双体插板船操作规程
11	气焊设备安全操作规程	38	抛石船操作规程
12	电焊机安全操作规程	39	混凝土搅拌船操作规程
13	砂浆搅拌机安全操作规程	40	船舶柴油机操作规程
14	插入式振动器安全操作规程	41	船舶专用设备操作规程
15	附着式、平板式振动器安全操作规程	42	液压打桩锤操作规程
16	注浆泵安全操作规程	43	高压水泵操作规程
17	回转式钻机安全操作规程	44	船舶辅机操作规程
18	混凝土罐车安全操作规程	45	船舶电气操作规程
19	焊、割设备安全操作规程	46	电气安装操作规程
20	发电机安全操作规程	47	电气安装作业安全技术操作规程
21	钢板桩插拔机安全操作规程	48	钢筋工安全操作规程
22	气焊工安全操作规程	49	架子工安全操作规程
23	泥浆泵操作规程与维护保养	50	木工（模板工）安全操作规程
24	电动/液压锚机安全操作规程	51	泥水工安全操作规程
25	空气压缩机安全操作规程	52	电工操作规程
26	吊车安全技术操作规程	53	机工操作规程
27	船舶操作规程		

3.4.1 海上风电工程施工基本条件

海上风电工程施工的基本安全条件主要从以下几个方面进行安全管理。

1. 施工条件

海上施工应取得相应的施工许可，在施工组织方案中编制安全施工措施。施工前，应进行安全技术交底，并按审定的施工组织设计进行施工。施工前，应收集施工海域的地形地貌、地质及海洋水文气象等海洋环境资料，根据气候条件等情况编制有关专项施工方案和事故应急预案。

2. 施工人员

施工船舶应该按照标准定额以及船舶配员证书要求，配备足以保证船舶安全的合格船员，相应证书应当真实有效。上、下船舶的人员要实行实名登记制度。施工船舶应配备掌握避碰、信号、通信、消防、救生等专业技能的人员。特种作业人员应持证上岗。作业人员必须进行岗前安全救生培训，包括海上求生、救生艇筏操纵、海上急救和应急逃生等，提高施工人员安全意识，保障安全生产。

3. 施工船舶

施工船舶必须持有船舶国籍证书、船舶登记证书或船舶执照。施工船舶和船上有关航行安全的重要设备必须具有船舶检验部门签发的有效技术证书，并需要通过船舶适用性分析，配备安全设施。施工船舶必须通过风电场所属海事部门取得水上水下活动许可证，才能开始施工。施工船舶应配备良好的通信设备，必须全天候开启 AIS，提高航行的安全性和效率。

4. 运输

应根据专用海图制定航线，确定航线和运输时段，规避大风、大浪、大雾、暴雪等恶劣天气和时段，选定规避线路及避风港，海上运输时，应遵守运输安全操作规程和各分隔航道的通航制度；应按照规定显示号灯或号型，不得超载和装载危险物品；在运输作业前，应做好安全技术交底，物件设备海绑、解绑要做好检查工作，严格按照运输规范进行作业。

3.4.2　作业人员安全管理

1. 作业人员的基本要求

施工作业人员应没有妨碍工作的病症。患有高血压、恐高症、癫痫、晕厥、心脏病、梅尼埃病、四肢骨关节及运动功能障碍等病症的人员，不应从事高处作业。工作人员应具备必要的机械、电气、安装知识，熟悉风电输变电设备、风电机组的工作原理和基本结构，掌握判断一般故障产生的原因及处理方法，掌握监控系统的使用方法。施工作业人员应掌握安全带、防坠器、安全帽、防护服和工作鞋等个人防护设备的正确使用方法，具备高处作业、高处逃生及高处救援相关知识和技能，特殊作业人员应取得相应特殊作业操作证。施工作业人员应熟练掌握触电、窒息急救法，熟悉有关烧伤、烫伤、外伤、气体中毒等急救常识，学会正确使用消防器材、安全工器具和检修工器具，并具备相应的海上应急救生能力。相关方作业人员应持有相应的职业资格证书，了解和掌握工作范围内的危险因素和防范措施，并经过考核合格后方可开展工作。临时用工人员应进行现场安全教育和培训，应被告知其作业现场和工作岗位存在的危险因素、防范措施及事故紧急处理措施后，方可参加指定的工作。

2. 特种设备作业人员安全管理

特种设备作业人员应符合国家规定的从业条件，为年龄在 18 周岁以上，身体健康，并满足申请从事的作业种类对身体的特殊要求，经考核取得资格证书的人员。项目部应建立作业人员档案，为作业人员的取证和复审提供客观真实的证明材料；同时对作业人员进行安全教育和安排培训，保证特种设备作业人员具备必要的特种设备安全作业知识和作业技能，并及时进行知识更新。

3. 特种作业人员安全管理

特种作业人员应符合国家相关文件规定，为年满 18 周岁，且不超过国家法定退休年龄，经考核取得资格证书的人员。如压力容器操作、电工、起重机械、金属焊接（气割）、建筑登高架设和海上风电工程建设项目内的机动车辆驾驶等作业人员，应由指定的单位考核发证，通常由市级安监部门指定的培训机构考核发证。

4. 海上作业人员安全管理

海上作业人员应具备基本的身体条件及心理素质，了解海上施工作业场所和工作岗位存在的危险、有害因素及相应的防范措施和事故应急措施。海上作业人员出海前及在船期间，不得饮酒；不得在无监护的情况下单独作业，不得在出海期间下海游泳、捞物。海上作业期间，作业人员应正确佩戴个人防护用品和使用劳动防护用品、用具。在船施工人员非作业时间，不得进入危险区域。海上作业人员应持"四小证"上岗，作业时，应严格遵守操作规范。

3.4.3　海上风电工程建设项目档案管理

档案管理主要包含档案的记录、评估和修订三部分。

1. 档案的记录管理

文件和记录管理制度应明确安全生产与职业健康规章制度、操作规程的编制、评审、发布、使用、修订、作废以及文件和记录管理的职责、程序和要求。

海上风电工程建设项目应建立健全安全生产与职业健康计划、事件、活动、检查等过程与结果的记录，如生产日志、设计通知、函件、巡检和隐患排查记录、设备设施验收检修记录、事故调查报告、生产通报、会议记录、安全检查记录等，并建立和保存有关记录的电子档案，支持查询和检索，便于自身管理使用和行业主管部门及上级单位调取检查。

2. 档案的评估管理

海上风电工程建设项目每年至少评估一次安全生产与职业健康法律法规、标准规范、规章制度和操作规程的适用性、有效性和执行情况，并形成评估记录。

3. 档案的修订管理

海上风电工程建设项目应根据评估结果、安全检查情况、自评结果、评审情况、事故情况等，及时修订安全生产与职业健康规章制度、操作规程；修订的规章制度、操作规程应履行相应的审批手续，并及时发布更新现行有效清单。若发生重大变更，项目部应及时修订档案。

3.5　海上风电工程施工教育培训

海上风电工程建设项目安全教育培训是根据项目安全生产状况、岗位特点、人员结构组成，有针对性、有目的地对项目负责人、部门负责人、班组长、专（兼）职安全生产管理人员、操作岗位人员（特种作业人员）以及其他从业人员（外来施工人员等），通过安全知识教育、劳动纪律教育、技能知识讲解等各方面教育及培训，提高海上风电工程建设项目的安全管理水平和安全生产条件，减少各类事故的发生概率，保障项目安全生产。海上风电工程建设项目的教育培训主要包括主要负责人与安全管理人员培训教育、操作岗位人员教育培训和相关方人员培训教育。

安全教育培训管理应明确归口管理部门、培训的对象与内容、组织与管理、检查和考核等要求。应定期识别安全教育培训需求，结合安全生产、职业健康、应急管理有关法律法规规定、上级单位要求等制定安全教育培训计划。应按计划组织安全培训工作，培训大纲、内容、时间应满足有关标准的规定。应如实记录全体从业人员的安全教育和培训情况，建立安全教育培训档案和从业人员个人安全教育培训档案，并对培训效果进行评估和改进。

1. 主要负责人与安全管理人员培训教育

海上风电工程建设项目各参建单位项目部主要负责人和安全生产管理人员应按照政府主管部门及上级单位要求参加安全教育培训，取得培训合格证书，初次安全培训时间不得少于32学时，每年再培训时间不得少于12学时。各参建单位按责任主体对各级管理人员进行教育培训，确保其具备正确履行岗位安全生产、职业健康和应急管理职责的知识与能力。涉及海上风电工程施工及管理的参建单位主要负责人和安全生产管理人员必须具备与海上风电工程施工作业相应的安全生产知识和管理能力。培训内容如表3-5所示。

主要负责人与安全管理人员教育培训内容　　　　　　　　表 3-5

培训对象	培训内容	培训时间
主要负责人	(1)国家安全生产方针、政策和有关安全生产的法律、法规、规章及标准。 (2)安全生产管理基本知识、安全生产技术、安全生产专业知识。 (3)重大危险源管理、重大事故防范、应急管理和救援组织以及事故调查处理的有关规定。 (4)职业危害及其预防措施。 (5)国内外先进的安全生产管理经验。 (6)典型事故和应急救援案例分析。 (7)其他需要培训的内容	初次培训不得少于32学时，再培训不得少于12学时

培训对象	培训内容	培训时间
安全管理人员	(1)国家安全生产方针、政策和有关安全生产的法律、法规、规章及标准。 (2)安全生产管理、安全生产技术、职业卫生、安全文化等知识。 (3)伤亡事故统计、报告及职业危害的调查处理方法。 (4)应急管理、应急预案编制以及应急处置的内容和要求。 (5)国内外先进的安全生产管理经验。 (6)典型事故和应急救援案例分析。 (7)其他需要培训的内容	初次培训不得少于32学时,再培训不得少于12学时

2. 岗位作业人员培训教育

岗位作业人员应具备必要的安全知识和业务技能,且按工作性质熟悉相关安全工作规程和操作规程,并接受生产技能培训和安全教育,同时特种(设备)作业人员需参加专门安全技术培训,并持证上岗。

应对岗位作业人员进行安全生产、职业健康和应急技能教育培训,考试合格方可上岗作业。岗位作业人员每年应接受再教育,再教育学时和内容应符合法律法规和有关标准要求。

岗位作业人员安全教育包括入场"三级"安全教育、转场教育、复工安全教育、变换工种教育、特种作业人员教育、经常性安全教育、现场安全活动、班前安全讲话、违章行为安全教育等。各项安全教育由综合管理部门统一组织、指导,安全管理部和施工单位及有关人员配合完成,并留存教育记录。具体的培训项目与内容可以参考表3-6。

岗位作业人员安全教育培训项目与内容　　表3-6

培训项目	培训对象	培训内容	培训时间
入场"三级"安全教育	新员工	(1)公司安全教育: ①有关安全生产法律法规。 ②安全生产基本知识。 ③公司安全生产情况及安全生产规章制度和劳动纪律。 ④员工安全生产权利和义务。 ⑤有关事故案例。 ⑥其他需要培训的内容。	15学时
		(2)项目部安全教育: ①国家、行业、地方及当前的安全生产形势。 ②根据本项目现场施工特点,介绍施工安全技术基础知识,安全生产制度、规定。 ③高处作业、机械设备、电气安全基本知识。 ④防火、消毒、防尘、防暴知识及紧急情况安全处置和安全疏散知识。 ⑤防护用品发放标准及使用基本知识。 ⑥安全生产和文明生产制度。 ⑦发生的事故及应吸取的教训,以及安全防范要求案例分析。 ⑧本项目发生事故时的一般救护知识和事故报告和处理程序。	15学时

续表

培训项目	培训对象	培训内容	培训时间
入场"三级"安全教育	新员工	(3)班组安全教育： ①爱护和正确使用安全防护装置(设施)及个人劳动防护用品。 ②本岗位易发生事故的不安全因素及防范对策。 ③本岗位作业及使用的机械设备、工具的安全要求。 ④防护用品发放标准及使用基本知识	20学时
转场安全教育	从其他工程转入新工程的人员	新工程项目安全生产状况及施工条件；施工现场中危险部位的防护措施及典型事故案例；新工程项目的安全管理体系、规定及制度	不少于20学时
复工安全教育	因各种原因离岗90天以上的人员	(1)工伤后的复工安全教育： ①全面分析事故，找出事故主要原因，并指出预防对策。 ②对复工者进行安全意识教育。 ③对复工者进行岗位安全操作技能教育及预防措施和安全对策教育等。 (2)休假后复工安全教育： ①针对休假的类别(节、婚、丧或产、病假等)，进行员工心理分析。 ②进行复工"收心"教育，针对不同的心理特点，结合复工者的具体情况消除其思想上的余波，有的放矢地进行教育。 (3)对休假不足3个月的复工者，一般由班组长或班组安全员对其进行复工教育	不少于8学时
变换工种安全教育	改变工种或调换工作岗位的工人	新工作岗位或生产班组安全生产概况、工作性质和职责；新工作岗位必要的安全知识，各种机具设备及安全防护设施的性能和作用；新工作岗位个人防护用品的使用和保管	不少于8学时
特种作业安全教育	从事特种作业的人员	培训按照《特种作业人员安全技术培训考核管理规定》(安监总局令第30号)和建筑行业《建筑施工特种作业人员管理规定》(建质〔2008〕75号)等法规要求进行。 (1)特种作业人员所在岗位的工作特点，可能存在的危险、隐患和安全注意事项。 (2)特种作业岗位的安全技术要领及个人防护用品的正确使用方法。 (3)本岗位曾经发生的事故案例及经验教训	首次培训不少于72学时，每年复培不少于20学时
经常性安全教育	项目从业人员	(1)各项目主要责任人负责组织所属人员学习、传达、贯彻落实国家、上级单位有关安全生产文件。各项目应保存安全生产纸质文件，并按规定进行签阅、流转。 (2)各项目根据自然条件和季节性气候变化对安全生产的影响结合危险因素变化，对机动车驾驶员、作业人员进行安全培训和安全技术交底	不少于2学时
班前安全讲话	班组成员	本班组安全生产须知；本班工作中的危险点和应采取的对策；本班工作中的安全技术措施内容；上一班工作中存在的安全问题和应采取的对策	不少于5分钟
违章行为安全教育	违章行为人员	(1)有关安全生产法律法规(根据违章可能导致的事故后果)。 (2)项目部有关安全生产管理规定、违章处罚实施细则。 (3)安全操作规程(根据违章事实)。 (4)有关事故案例(根据教育需要)	不少于0.5学时

此外，海上设施工作人员应按照《中华人民共和国海上设施工作人员海上交通安全技能培训管理办法》的要求进行教育培训。学员经培训考核合格后获得证书，海上设施所有人、经营人或者管理人应确保其雇用的海上设施工作人员按照要求接受海上交通安全技能

培训，持有海上设施工作人员海上交通安全技能培训合格证明或者相应等效的培训合格证。从事水上水下特殊施工作业（水面或潜水作业等）的人员，应在接受专项安全技术交底后，方可参加相应施工作业。

3. 相关方人员培训教育

海上风电工程建设项目应按照合同条款对相关方人员进行安全教育培训；外来作业人员进入作业现场前，由作业现场所在单位对其进行现场有关安全知识的教育培训，使其了解工程现场主要危险源及应采取的措施或安全注意事项，并经有关部门考试合格；对参观、学习等外来人员，海上风电工程建设项目需进行安全告知，并做好监护工作。

3.6　海上风电工程施工项目双重预防机制建设

《国务院安委会办公室关于印发标本兼治遏制重特大事故工作指南的通知》中明确指出，双重预防机制就是安全风险分级管控和隐患排查治理。2021 年，双重预防机制被正式写入修改后的《安全生产法》，其中多项法条就双重预防机制建设提出具体要求。

安全风险分级管控，是指日常工作的风险管理，包括危险源辨识、风险评价分级、风险管控，即辨识风险点存在的危险物质及能量以及触发其失控的条件，全面排查风险点的现有管控措施是否完好，运用风险评价准则对风险点的风险进行评价分级，然后由不同层级的人员对风险进行管控，保证风险点的安全管控措施完好。隐患排查治理就是对风险点的管控措施通过隐患排查等方式进行全面管控，及时发现风险管控措施潜在的隐患，及时对隐患进行治理。安全风险分级管控与隐患排查治理都是安全生产标准化建设与管理的重要环节。

3.6.1　海上风电工程施工项目事故分类

根据《企业职工伤亡事故分类》GB 6441—1986，结合海上风电工程施工特点，其事故主要包含以下几个类别：物体打击、车辆伤害、机械伤害、起重伤害、触电、淹溺、灼烫、火灾、高处坠落、压力容器爆炸、其他爆炸、中毒和窒息、其他伤害。

根据《交通运输部关于修改〈水上交通事故统计办法〉的决定》，水上交通事故按照下列分类进行统计：碰撞事故、搁浅事故、触礁事故、浪损事故、火灾、爆炸事故、风灾事故、自沉事故、操作性污染事故、其他引起人员伤亡、直接经济损失或者水域环境污染的水上交通事故。

3.6.2　海上风电工程施工项目安全风险分级管控

安全风险分级管控就是指通过识别生产经营活动中存在的危险、有害因素，并运用定性或定量的统计分析方法确定其风险严重程度，进而确定风险控制的优先顺序和风险控制措施，以达到改善安全生产环境以及减少和杜绝安全生产事故的目标而采取的措施和规定。风险分级管控的基本原则是风险越大，管控级别越高；上级负责管控的风险，下级必须负责管控，并逐级落实具体措施。风险分为蓝色风险、黄色风险、橙色风险和红色风险四个等级（红色最高）。

从风险分级管控的定义可以看出，实施风险管控主要包括三方面内容：安全风险辨识、安全风险评估和安全风险控制。

1. 安全风险辨识

进行安全风险辨识，要求海上风电工程建设项目建立安全风险管理制度，明确安全风险辨识、评估、控制的职责。安全风险辨识应包含辨识范围、方法、工作要求等内容。安全风险评估应包含评估的目的、范围、频次、准则和工作程序等内容。安全风险控制应明确控制程序。项目部应及时组织开展安全风险辨识，安全风险辨识应全方位、全过程辨识作业环境、人员行为、管理体系、设备设施和生产工艺等方面存在的安全风险，做到系统、全面、无遗漏，并持续更新完善，并考虑正常、异常和紧急三种状态及过去、现在和将来三种时态。安全风险辨识应采用适宜的方法和程序，且与现场实际相符，当作业条件等发生变化时，应进行动态风险辨识，并应对安全风险辨识资料进行统计、分析、整理和归档。典型的海上风电施工潜在风险如表3-7所示。

海上风电施工潜在风险 表 3-7

风险类别		存在的风险
管理		(1)安全培训不到位；(2)职责分配不明确；(3)作业规程不规范；(4)监督检查制度不健全；(5)应急管理有缺陷
设备	船舶及平台	(1)船舶与船舶、船舶与风机碰撞；(2)搁浅；(3)物体坠落；(4)火灾、爆炸；(5)浪损；(6)倾覆和自沉；(7)触礁
	施工设备	(1)起重伤害；(2)物体打击；(3)高处坠落；(4)淹溺；(5)触电；(6)火灾、爆炸
	物料	(1)泄漏；(2)火灾、爆炸；(3)中毒和窒息
	环境	(1)海浪；(2)风暴潮；(3)台风；(4)地震；(5)海冰；(6)极端高温；(7)极端低温；(8)雷电；(9)海雾
人员	安全风险	(1)物体打击；(2)机械伤害；(3)起重伤害；(4)触电；(5)淹溺；(6)灼烫；(7)火灾；(8)高处坠落；(9)压力容器爆炸；(10)中毒和窒息；(11)其他风险
	失误风险	导致各类事故的发生

2. 安全风险评估

海上风电工程建设项目应选择适用的风险评估方法，定期对所辨识出的存在安全风险的作业活动、设备设施、物料等进行评估。在进行安全风险评估时，至少应从影响人、财产和环境三个方面的可能性和严重程度进行分析。对不同类别的安全风险，应采用相应的风险评估方法确定安全风险等级。安全风险等级从高到低划分为重大风险、较大风险、一般风险和低风险，分别用红、橙、黄、蓝四种颜色标示。当项目工期发生变化时，应对安全影响进行论证和评估，论证和评估时，应当提出相应的施工组织措施和安全保障措施。

工程施工中常用的风险评估方法有风险矩阵法（L·S）和作业条件危险性评价方法（LEC）。

1）风险矩阵法

风险矩阵方法出现于 20 世纪 90 年代中后期，最先由美国空军电子系统中心提出，并在美国军方武器系统研制项目风险管理中得到广泛的推广应用。其主要思想是通过定性分析和定量分析综合考虑风险影响和风险概率两方面的因素，对风险因素对项目的影响进行评估的方法。风险大小表达式如下：

$$风险（R）＝可能性（L）×后果严重性（S）$$

（1）风险可能性的取值见表 3-8。

风险可能性取值表　　　　　　　表 3-8

风险可能性（数值）	风险判断描述
非常高（5）	(1)事件极有可能发生。 (2)发生概率为 80% 以上。 (3)记录或经验显示在本行业内每月都会发生
高（4）	(1)事件很可能发生。 (2)发生概率为 50%～80%。 (3)记录或经验显示在本行业内每季度都会发生
中（3）	(1)事件有可能发生。 (2)发生概率为 20%～50%。 (3)记录或经验显示在本行业内每年都会发生
低（2）	(1)事件有可能不发生。 (2)发生概率为 5%～20%。 (3)记录或经验显示在本行业内 1～5 年内曾发生
非常低（1）	(1)事件几乎不会发生。 (2)发生概率为 5% 以下。 (3)记录或经验显示在本行业内 5 年以上未发生

（2）风险后果取值见表 3-9。

风险后果取值表　　　　　　　表 3-9

项目 后果	人员伤亡	财产损失	声誉损失	环境污染
轻微（1）	未遂	0.1 万以下	公众可能会知道该事件，但没有引起公众的关注	公众可能知道该事件，但没有引起公众的关注，造成微不足道的经济损失；在项目范围内造成一定的环境影响
一般（2）	医学处置事件	0.1 万～1.0 万	当地（县/市）影响，引起当地公众的关注	造成环境污染（并超出项目范围）；出现一次超过法定或规定的环境排放限额的情况；遭到过投诉；对环境没有造成持续影响

后果\项目	人员伤亡	财产损失	声誉损失	环境污染
较大(3)	轻伤	1万~10万	区域（如省级）影响,引起区域性公众的关注	多次超过法定或规定的环境排放限额或项目要求的排放量
重大(4)	重伤	10万~100万	国内影响,引起国内公众的关注	造成多种环境破坏;需要采取大量的措施来修复造成的环境污染,以恢复其原始状态;大幅超过法定或规定的环境排放限额
特大(5)	死亡	>100万	国际影响,引起国际媒体的关注	造成多种持续的环境破坏,或损害范围扩散面极大;由于商业或修复工作或生态保护,需要进行重大经济赔偿;出现大幅且持续的超过法定或规定的环境排放限额

（3）确定了 S 和 L 的值后，根据 $R=LS$ 计算出风险度 R 的值，依据表 3-10 的风险矩阵进行风险评价分级。风险评价分级标准应综合考虑安全目标、项目特点、施工能力等因素。如某项目风险（R）大于 16 定位 I 级危险源，风险（R）小于 16 定位 II 级危险源。对识别出来的 I 类危险源，应根据风险制定相关控制措施、控制目标以及对应的应急处置。

风险矩阵图　　　　　　　　　　　　表 3-10

特大(5)	5	10	15	20	25
重大(4)	4	8	12	16	20
较大(3)	3	6	9	12	15
一般(2)	2	4	6	8	10
轻微(1)	1	2	3	4	5
后果\可能性	非常低(1)	低(2)	中(3)	高(4)	非常高(5)

2）作业条件危险性评价方法

作业条件危险性评价方法由美国的 K. J. Graham 和 G. F. Kinnety 首先提出，所以又称为 Graham-Kinnety（格雷厄姆-金尼）方法，又因为此方法的数学表达式中的三个随机自变量分别用 L、E、C 表示，故称为 LEC 方法。

LEC 方法是一种用于简易评价操作人员在具有潜在的危险性环境中作业时危险性的半定量评价方法。作业条件与危险性评价方法用与系统风险有关的三种因素指标值之积来评价操作人员伤亡风险大小，这三种因素分别是 L（事故发生的可能性）、E（人员暴露于危险环境中的频繁程度）和 C（事故后果）。这三项指标都是随机变量，一般的应该是需要有较大样本，计算出客观概率。这些因素不单成本很大，而且受到很多客观条件的限制，使得获得客观概率的困难很大。因此，在实际操作中，常用经验统计的方法，由有经验的专家判断打分，得到主观概率，以此值来替代客观概率。由于概率值一般都介于0~1之间，这样使得分值之间间距太小，分辨率低，给人的判断区分造成困难。为了有利于专家判断，格雷厄姆和金尼提出了把评分值间距拉大的方法，使得评分的区分度增加，所得数值更加有效合理。

危险性的表达式为

$$S = L \times E \times C$$

（1）事故发生的可能性（L）。

事故发生的可能性用概率来表示时，绝对不可能发生的事故概率为0，而必然发生的事故概率为1。然而，从系统安全的角度考虑，绝对不发生的事故是不可能的。在本方法中，将事故发生可能性极小的分值定为0.1，而必然发生的事故的分值定为10，其余的按不同情况介于两者之间，如表3-11所示。

事故发生的可能性（L）　　　　　　　　　　　表3-11

分值	事故发生的可能性	分值	事故发生的可能性
10	必然发生的	0.5	很不可能、可以设想
6	相当可能	0.2	极不可能
3	可能、但不经常	0.1	实际不可能
1	可能性极小、完全意外		

"事故发生的可能性"一栏中只有定性的概念，没有定量的标准。评价时的取值很可能因人而异，进而影响评价结果的准确性。因此，在应用时，可以给定取值的定量标准。例如，"必然发生"可以用"每天发生一次"量化，"相当可能"可以用"每周发生一次"量化，而"实际不可能"可以用"百年一遇"量化等。

（2）危险性作业频率（E）。

人员暴露于危险环境中的时间越长，受到伤害的可能性越大，相应的危险性也越大。规定人员连续出现于危险环境的情况为10分，每年极少出现于危险环境的情况为0.5分，其余按不同情况定于两者之间，其分值和意义如表3-12所示。

暴露于危险环境的频繁程度（E）　　　　　　　表3-12

分值	人员暴露于危险环境的频繁程度	分值	人员暴露于危险环境的频繁程度
10	连续暴露	2	每月一次暴露
6	每天工作时间内暴露	1	每年几次暴露
3	每周一次	0.5	非常罕见的暴露

（3）发生事故可能造成的后果（C）。

事故造成的人员伤害和财产损失的范围变化很大，所以规定分数值为1~100，轻微伤害为1分，特大事故为100分，处于两者之间的情况分别规定中间值。其大小划分见表3-13。

发生事故产生的后果（C） 表 3-13

分值	事故发生造成的后果	分值	事故发生造成的后果
100	大灾难，多人死亡	7	严重致残
40	灾难，数人死亡	3	较大，受伤较重
15	非常严重，一人死亡	1	引人注目，轻伤

对表 3-13 中的"事故发生造成的后果"一栏，可以按照国家有关规定，划分为特大事故（死亡 10 人以上）、重大事故（死亡 3 人以上）、大事故等。

（4）危险性等级划分标准。

根据本方法的分值标准和经验统计数据，如果危险性 S 的评分值在 20 分以下，为可以接受的，或者说是安全的；如果危险性分值在 70～160 之间，就会有显著的危险性，需要采取控制措施；如果危险性分值在 160～320 之间，则会有很高的危险性，必须采取措施降低风险或回避；当危险性分值大于 320 的时候，就是极度危险，应立即停止作业，坚决放弃。相应的等级划分如表 3-14 所示。

LEC 方法危险等级划分表 表 3-14

危险性分值	危险程度	危险等级
$D \geqslant 320$	极度危险，应立即停止作业	A 级
$160 \leqslant D < 320$	高度危险，需要立即整改	B 级
$70 \leqslant D < 160$	显著危险，需要整改	C 级
$20 \leqslant D < 70$	比较危险，需要注意	D 级
$D < 20$	稍有危险，可以接受	E 级

3. 安全风险控制

海上风电工程建设项目应根据风险辨识结果建立安全风险清单。清单应包含风险因素名称、风险类型、风险可能导致的事故（事件）类型、风险等级、控制措施等信息。在此基础上，对辨识出的风险从组织、制度、技术、应急等方面进行有效管控，应选择工程技术措施、管理控制措施、个体防护措施等，制定风险管控措施。海上风电工程建设项目应将安全风险评估结果及所采取的控制措施告知相关从业人员，使其熟悉工作岗位和作业环境中存在的安全风险，掌握、落实应采取的控制措施。告知内容包括主要安全风险、可能引发事故类别、事故后果、管控措施、应急措施及报告方式等。

3.6.3 海上风电工程施工项目隐患排查治理

安全事故隐患（以下简称"事故隐患"）是指生产经营单位违反安全生产法律、法规、规章、标准、规程和安全生产管理制度的规定，或者因其他因素在生产经营活动中存在的可能导致事故发生的物的危险状态、人的不安全行为和管理上的缺陷。

事故隐患分为一般事故隐患和重大事故隐患。一般事故隐患是指危害和整改难度较小,发现后能够立即整改排除的隐患。重大事故隐患是指危害和整改难度较大,应当全部或者局部停产停业,并经过一定时间整改治理方能排除的隐患,或者因外部因素影响致使生产经营单位自身难以排除的隐患。

电力行业的安全隐患分级分类标准参照见表 3-15。

电力行业安全隐患分级分类标准　　　　　　　　　　表 3-15

类别＼级别	一般隐患	重大隐患（可能造成一般以上人身伤亡事故、电力安全事故,直接经济损失 100 万元以上的电力设备事故和其他对社会造成较大影响事故的隐患）	
		Ⅱ级重大隐患	Ⅰ级重大隐患
人身安全隐患	可能导致人身轻伤事故的隐患	可能导致 1 人以上、10 人以下死亡,或者 1 人以上、50 人以下重伤事故的隐患	可能导致 10 人以上死亡,或者 50 人以上重伤事故的隐患
电力安全事故隐患	可能造成电力安全事件的隐患	可能导致发生《电力安全事故应急处置和调查处理条例》规定的一般电力安全事故的隐患	可能导致发生《电力安全事故应急处置和调查处理条例》规定的较大以上电力安全事故的隐患
设备设施事故隐患	可能造成直接经济损失 10 万元以上、100 万元以下的设备事故的隐患	可能造成直接经济损失 100 万元以上、5000 万元以下的设备事故的隐患	可能造成直接经济损失 5000 万元以上设备事故的隐患
安全管理隐患		安全监督管理机构未成立,安全责任制未建立,安全管理制度、应急预案严重缺失,安全培训不到位,发电机组(风电场)并网安全性评价未定期开展,水电站大坝未开展安全注册和定期检查,燃煤发电厂贮灰场大坝未开展安全评估等隐患	
其他事故隐患	可能导致其他对社会造成影响事故的隐患	可能导致发生《火灾事故调查规定》和《公安部关于修改〈火灾事故调查规定〉的决定》规定的火灾事故隐患;可能导致发生《国家突发环境事件应急预案》规定的一般和较大等级的环境污染事故的隐患	可能导致发生《国家突发环境事件应急预案》规定的重大以上环境污染事故的隐患

注:分级分类标准根据《电力安全隐患监督管理暂行规定》(电监安全〔2013〕05 号)制定。

事故隐患排查治理是指按照规定的工作程序,由专门的技术、管理人员对特定的环境、设备设施和作业行为进行检查,对事故隐患进行确认,并按规定制定整改措施、落实整改的过程。安全生产检查是用于排查隐患的一种有效方式。

海上风电工程建设项目应按照"统一领导、分级负责、重点监管"的要求,建立从上到下一整套事故隐患排查治理工作机制。按照隐患排查治理的程序,可以将该项工作主要分为隐患排查、隐患治理、验收与评估、信息记录、通报和报送、监督检查。

1. 隐患排查

隐患排查治理制度应明确责任部门、主要负责人、各级管理人员到从业人员的责任、隐患分级、分类标准、排查方法、范围、记录、监控、治理、报告、销账、举报奖励等内容，实现隐患排查、登记、整改、评价、销账、报告的闭环管理。

海上风电工程建设项目应逐级建立并落实从主要负责人到每位从业人员的隐患排查治理和防控责任制；应制定隐患排查方案，明确隐患排查的时限、范围、内容、频次和要求，经主要负责人签发后组织实施。排查隐患的范围应包括所有与生存经营相关的场所、人员、设备设施和活动，包括承包商、供应商等相关服务范围；应定期组织安全生产管理人员、工程技术人员和其他相关人员排查本单位的事故隐患。项目应按要求组织开展地质灾害隐患排查；应结合安全生产的需要和特点，采用综合检查、专项检查、季节性检查、节假日检查、日常检查等不同方式排查隐患；对排查出的隐患，按照隐患的等级进行登记，建立隐患信息档案，并按照职责分工实施监控治理；组织有关专业技术人员认定本单位可能存在的重大隐患，并按照有关规定进行管理。

海上风电工程建设项目应监督相关方开展隐患排查工作，将相关方排查出的隐患统一纳入本单位隐患管理。

2. 隐患治理

海上风电工程建设项目应根据隐患排查的结果，制定隐患治理方案，对隐患及时进行治理。对于危害和整改难度较小的一般隐患，应立即整改排除。对于短期内无法消除的一般隐患，应制定整改措施，确定责任人，落实资金，明确时限，编制预案（或应急措施），做到"五到位"。

对于重大事故隐患，主要负责人应组织制定并实施重大隐患治理方案，治理方案应包括目标和任务、方法和措施、经费和物资、机构和人员、时限和要求、应急预案。

事故隐患存在单位在事故隐患治理过程中，应采取相应的监控防范措施。事故隐患排除前或者排除过程中无法保证安全的，应从危险区域内撤出作业人员，并疏散可能危及的其他人员，设置警戒标志，暂时停产停业，或停止使用相关设备、设施；对暂时难以停产或者停止使用的相关生产储存装置、设施、设备，应当加强维护和保养，防止发生事故。

3. 验收与评估

海上风电工程建设项目应按照有关规定对治理情况进行评估、验收。

重大隐患治理工作结束后，应组织本单位的安全管理人员和有关技术人员进行验收，或委托依法设立的为安全生产提供技术、管理服务的机构进行评估。

4. 信息记录、通报和报送

海上风电工程建设项目应建立安全隐患排查治理信息台账，每月对安全隐患排查治理情况进行统计分析，及时将隐患排查治理情况向从业人员通报。对于事故隐患无法及时消除并可能危及公共安全的，非本单位原因造成，或者可能造成事故隐患的或重大事故隐患的，应当及时向所在地负有安全生产监督管理职责的部门报告，报告的内容应当包括事故隐患的现状、形成原因、危害后果和影响范围等情况。

5. 监督检查

项目部要把分包单位的安全体系纳入总承包单位的安全管理体系中，通过分包单位的安全管理体系加强整个工程项目的安全管控。海上风电工程施工环境特殊，海洋气候复杂，海上交通不便利、船舶设备多样、危险因素不确定，给安全管理工作带来很多困难。所以，要加强全方位的安全管控，就要调动所有参与项目单位的安全意识和安全理念。

3.6.4　海上风电工程施工预测预警

安全生产预测预警管理办法应明确突发事件信息的汇集、分析、传输与共享要求，明确信息报送渠道和程序；明确预警分级、预警发布、预警响应、预警反馈、预警调整和结束机制。

海上风电工程建设项目应组织参建单位根据项目地域特点及自然环境情况，建立自然灾害及事故隐患预测预警管理机制或办法，明确突发事件信息的汇集、分析、传输与共享要求，明确信息报送渠道和程序；明确预警分级、预警发布、预警响应、预警反馈、预警调整和结束机制。建立分级负责的常态监测网络，明确各级、各专业部门的监测职责，明确监测范围，对可能发生的危险事件进行预报。

对于因自然灾害可能导致事故灾难的隐患，海上风电工程建设项目部及参建单位应按照有关法律法规、规范标准的要求进行排查治理，采取可靠预防措施，制定相应的应急预案；应根据上级主管部门、政府有关部门和气象、水利、地震等部门提供的自然灾害、事故灾难预警信息进行预警，在接到有关预警预报时，应及时向下属部门及人员发出预警通知，并确定预防控制措施，及时跟踪预警措施落实情况。

海上风电工程建设项目应根据事态发展情况和预警等级，启动应急预案，安排应急值班，并采取相应措施；及时按照信息报告流程报告信息；应急领导机构成员、应急队伍和相关人员应根据预警等级，按照预警通知要求进入待命状态；应及时向预警发布部门反馈措施执行情况，实现闭环管理；根据事态发展，应适时调整预警级别，并重新发布信息；有事实证明突发事件不可能发生，或者危险已经解除，应立即发布预警解除信息，终止已采取的有关措施。

海上风电工程建设项目应根据项目建设状况、安全风险管理及隐患排查治理、事故等情况，运用定量或定性的安全生产预测预警技术，建立体现本单位安全生产状况及发展趋势的安全生产预测预警体系。

海上风电工程建设项目较成熟的监测预警主要体现在气象灾害预警。一般的监控预警机制包括风险监测、预警分级、预警信息发布、预警行动和预警结束。

1. 风险监测

海上风电工程建设项目各部门应做好气象灾害风险监测工作，建立气象灾害预警机制，通过 12379 气象预警信息网或信息化平台及时了解预警信息。

2. 预警分级

根据气象灾害可能造成的损失，预警级别可分为四级：一般（Ⅳ级）、较大（Ⅲ级）、重大（Ⅱ级）、特别重大（Ⅰ级），并依次采用蓝色、黄色、橙色、红色加以标示。主要气象灾害预警分级如表 3-16 所示。

气象灾害预警分级　　　　表 3-16

序号	风险来源	红色预警	橙色预警	黄色预警	蓝色预警
1	大风	6h 内可能受大风影响，平均风力可达 12 级以上，或者阵风 13 级以上；或者已经受大风影响，平均风力为 12 级以上，或者阵风 13 级以上并可能持续	6h 内可能受大风影响，平均风力可达 10 级以上，或者阵风 11 级以上；或者已经受大风影响，平均风力为 10 级或 11 级，或者阵风 11 级或 12 级并可能持续	12h 内可能受大风影响，平均风力可达 8 级以上，或者阵风 9 级以上；或者已经受大风影响，平均风力为 8 级或 9 级，或者阵风 9 级或 10 级并可能持续	24h 内可能受大风影响，平均风力可达 6 级以上，或者阵风 7 级以上；或者已经受大风影响，平均风力为 6 级或 7 级，或者阵风 7 级或 8 级并可能持续
2	台风	6h 内可能或者已经受热带气旋影响，沿海或者陆地平均风力达 12 级以上，或者阵风达 14 级以上并可能持续	12h 内可能或者已经受热带气旋影响，沿海或者陆地平均风力达 10 级以上，或者阵风 12 级以上并可能持续	24h 内可能或已经受热带气旋影响，沿海或者陆地平均风力达 8 级以上，或者阵风 10 级以上并可能持续	24h 内可能或者已经受热带气旋影响，沿海或者陆地平均风力达 6 级以上，或者阵风 8 级以上并可能持续
3	雷电	2h 内发生雷电活动的可能性非常大，或者已经有强烈的雷电活动发生，且可能持续，出现雷电灾害事故的可能性非常大	2h 内发生雷电活动的可能性很大，或者已经受雷电活动影响，且可能持续，出现雷电灾害事故的可能性比较大	6h 内可能发生雷电活动，可能会造成雷电灾害事故	
4	暴雨	3h 内降雨量将达到 100mm 以上，或者已达到 100mm 以上，可能或已经造成严重影响且降雨可能持续	3h 内降雨量将达到 50mm 以上，或者已达到 50mm 以上，可能或已经造成较大影响且降雨可能持续	6h 内降雨量将达到 50mm 以上，或已达到 50mm 以上，可能或已经造成影响且降雨可能持续	12h 内降雨量将达到 50mm 以上，或已达到 50mm 以上，可能或已经造成影响，且降雨可能持续
5	高温	24h 内最高气温将升至 40℃以上	24h 内最高气温将升至 37℃以上	连续 3 天日最高气温将在 35℃以上	

3. 预警信息发布

气象灾害预警一般由各地气象主管机构按照发布权限、业务流程发布，指明气象灾害预警的区域。项目专项应急办公室（安全环保部）接到预警信息后，研判可能造成的后果，确定预警级别，经报公司应急领导小组同意，采用信息化平台、电话、短信等方式发布。预警信息包括事件可能发生的时间、地点，可能影响的范围以及应采取的措施等。

4. 预警行动

预警行动基本原则如表 3-17 所示。

预警行动原则　　　　　　　　　　　　　　　　　　　表 3-17

序号	预警等级	预警行动原则
1	蓝色预警	加强值守,随时关注预警信息变化,作好防御准备
2	黄色预警	(1)应急领导小组、各救援小组人员待命; (2)加强巡视、监测,将必要的人员、设备设施转移到安全地带; (3)根据需要准备必要的应急物资(车辆、生活用品、防御物资等)
3	橙色预警	(1)应急领导小组、各救援小组人员就位; (2)应急物资准备就绪; (3)根据风险情况,将现场人员、设备设施撤离到安全地带,设立警戒区域,或停止户外相关作业; (4)根据风险情况,加固、拆除相关设备设施
4	红色预警	(1)现场停工避险; (2)所有人员撤离到安全地带; (3)随时准备启动应急响应

5. 预警结束

根据现场气象灾害的变化情况,公司安全环保部报请公司应急领导小组同意后,发布解除预警信息通知。

3.7　海上风电工程施工职业卫生健康管理

3.7.1　职业卫生健康管理体系

职业安全健康管理体系(Occupation Health Safety Management System,OHSMS):组织总的管理体系的一个部分,便于组织对与其业务相关的职业健康安全风险进行管理。它包括为制定、实施、实现、评审和保护职业安全健康方针所需的组织结构、策划活动、职责、惯例、程序、过程的资源。

该体系主要包括下列主要内容:

(1)制定安全卫生方针及设定安全卫生目标。

(2)建立推动体系的组织架构,划分责任与授权。

(3)建立安全卫生手册及相关的程序文件。

(4)实施人员培训及演练。

(5)执行体系运作及记录。

(6)实施内部审核及纠正预防措施。

(7)实施管理阶层评审,并进行必要的体系调整。

3.7.2　职业病危害的控制与管理

1. 基本要求

职业健康管理制度应包括防治责任、监测评价及劳动防护用品采购、验收、发放等内容，并督查劳动者正确使用安全防护用品或职业病防护用品。

海上风电工程建设项目应建立职业病危害因素目录、工种目录、接触人员岗位及名单，进行动态管理。应为从业人员提供符合职业健康要求的工作环境和条件，组织接触职业病危害因素的员工上岗前、在岗期间、特殊情况应急后和离岗时的职业健康检查，并将检查结果书面如实告知劳动者，建立职业健康档案和劳动者健康监护档案。不应安排未经职业健康检查的从业人员从事接触职业病危害的作业，不应安排有职业禁忌的从业人员从事禁忌作业。应保障职业病防治所需的资金投入，不得挤占、挪用，定期对费用落实情况进行检查、考核。

海上风电工程施工作业场所一般存在粉尘、噪声、化学伤害、有害气体、高低温伤害、辐射伤害等，应采取有效的职业病防护设施，并配备职业病防护用品；对可能发生急性职业危害的工作场所，设置报警装置，制定应急预案，设置应急撤离通道和必要的避险区，并配置急救用品与设备。各种防护用品、防护器具应定点存放在安全、便于取用的地方，建立台账，专人负责保管，定期校验、维护和更换。不应损坏或随意挪动作业现场职业病防护设施。

2. 职业病危害告知

海上风电工程建设项目在与劳动者订立劳动合同时，应将工作过程中可能产生的职业病危害及其后果和防护措施如实告知劳动者，并在劳动合同中写明。应在办公区域设置公告栏，主要公布本单位的职业健康组织机构、管理制度等。

施工现场的公告栏主要公布操作规程、存在的职业病危害因素及岗位、健康危害、接触限值、应急救援措施、应急救援电话号码，以及工作场所职业病危害因素检测结果、检测日期、检测机构名称等。高毒物品作业岗位职业病危害告知应符合《高毒物品作业岗位职业病危害告知规范》GBZ/T 203—2007 的规定。应采用有效的方式对劳动者及相关方进行职业危害宣传和警示教育，使其了解生产过程中的职业危害、预防措施、应急准备和响应要求、偏离规定程序的潜在后果，以降低或消除职业健康危害。

3. 职业健康防护

1）噪声防护

工业噪声是指在生产建设过程中由于机械振动、摩擦撞击及气流扰动产生的噪声。噪声防护是指通过采用防护用品、设施、技术手段来降低噪声对劳动者身体的损害。

当接触噪声的劳动者，暴露于 80dB≤（LEX，8h）＜85dB 的工作场所时，海上风电工程建设项目应当根据劳动者需求为其配备适用的护听器；当暴露于（LEX，8h）≥85dB 的工作场所时，海上风电工程建设项目必须为劳动者配备适用的护听器，并指导劳动者正确佩戴和使用。

根据《工作场所职业病危害警示标识》规定，海上风电工程建设项目应在风电机组塔筒内、机舱等噪声工作场所设置"噪声有害"警告标识和"戴护耳器"指令标识。

2）振动防护

振动防护是指为了保护在强烈振动环境里工作的人免受危害而采取的防护措施。

根据《手持式机械作业防振要求》GB/T 17958—2000 规定，海上风电工程建设项目可为劳动者配备防振手套或减振手柄套，减少手持式电动工具振动的传递；采用轮换工作的方式，减少劳动者与工具手柄、机械的控制部分或其他振动表面的接触时间。对于风力发电海上风电工程建设项目来讲，劳动者受到的振动伤害主要来自日常检修维保时使用的手持式电动工具，长期使用手持式电动工具，其运作时产生的振动会对使用者产生振动危害。

3）防毒、防化学伤害

防毒、防化学伤害是指通过采取相关防护用品、措施对接触有毒有害的危险化学品的劳动者进行保护，避免或减少因接触有毒有害物质而造成身体的损害。

海上风电工程建设项目所涉及化学性有害物质较少，仅在 GIS 设备室（35kV 开关柜室）、蓄电池室涉及部分化学性物质。其中，GIS 设备室（35kV 开关柜室）内使用的纯净 SF_6 本身是无毒的，但是 SF_6 的高压电器在过滤装置失效或含水量过高的情况下，会分解产生 SF、SF_4、S_2F_{10} 等毒性气体。因此，风力发电海上风电工程建设项目应做好操作、巡视、作业、事故时防止 SF_6 泄漏的安全措施。

根据《危险化学品安全管理条例》规定，应设置相应的监测、监控、报警、通风、防泄漏等安全设施，并按照国家标准、行业标准或者国家有关规定对安全设施、设备进行经常性维护、保养，保证安全设施、设备的正常使用。并在作业场所、安全设施、设备上设置"当心中毒"或者"当心有毒气体"警告标识，以及"戴防毒面具""穿防护服""注意通风"等指令标识和"紧急出口""救援电话"等提示标识。根据《使用有毒物品作业场所劳动保护条例》要求，应在作业现场设置应急撤离通道。需要进入现场进行紧急处理时，相关人员必须佩戴防毒面具或正压式空气呼吸器，否则不得进入现场，以防造成人员窒息或中毒。

4）高、低温伤害防护

高、低温伤害防护是指通过采取技术措施、劳动防护用品等防护措施保护劳动者免于在高、低温作业条件下的伤害。

在低温室外作业条件下，应该为劳动者配发防寒服、防寒安全帽、防寒鞋、防寒手套等防低温伤害劳动防护用品；在低温室内作业条件下，应该为劳动者配置空调、暖气、加热器等取暖设备，以提高室内温度。

在高温作业条件下，海上风电工程建设项目应根据《防暑降温措施管理办法》要求，通过采用良好的隔热、通风、降温措施保证工作场所符合国家职业卫生标准要求，采取合理安排工作时间、轮换作业、适当增加高温工作环境下劳动者的休息时间和减轻劳动强度、减少高温时段室外作业等措施。同时，为劳动者提供防暑降温药品、清凉饮料等降温物品。

5）心理健康防护

海上作业会受到噪声、振动、摇晃、温湿度等环境因素影响。比如，噪声会令人感到烦躁、听力降低、头昏乏力，进而影响反应能力和工作效率；船舶平台摇晃、设备振动将不同程度地使人感到头晕，注意力不稳定，进而造成肢体协调性变差。此外，长期离岸工作，加上员工角色单一，会逐步引起作业人员的情绪变化，产生急躁易怒、焦虑、睡眠质量差等症状，影响施工作业的效率与安全。因此，有必要适时地对员工进行心理疏导和调节。

4. 职业病危害项目申报

施工作业场所存在职业病目录所列职业病的危害因素的，应当及时、如实向所在地有关部门申报危害项目，接受监督。

（1）根据《职业病防治法》规定，国家建立职业病危害项目申报制度。用人单位工作场所存在职业病目录所列职业病的危害因素的，应当及时、如实向所在地安全生产监督管理部门申报危害项目，接受监督。

（2）根据《职业病危害项目申报办法》规定，职业病危害项目申报工作实行属地分级管理的原则。中央、省属海上风电工程建设项目及其所属用人单位的职业病危害项目，向其所在地设区的市级人民政府安全生产监督管理部门申报。其他海上风电工程建设项目的职业病危害项目，应向其所在地县级人民政府安全生产监督管理部门申报。

5. 职业病危害检测与评价

海上风电工程建设项目应对工作场所职业病危害因素进行日常监测，并保存监测记录。存在职业病危害的，应委托具有相应资质的技术服务机构进行定期检测，如职业病危害严重的，应委托有相应资质的技术服务机构进行职业病危害现状评价。将检测、评价结果存入用人单位职业健康档案，定期向所在地有关部门报告，并向劳动者公布。定期检测结果中职业病危害因素浓度或强度超过职业接触限值的，应制定切实有效的整改方案，立即进行整改。应将整改落实情况存入职业健康档案备查。

6. 职业健康警示标志

施工现场应按照有关规定和工作场所的安全风险特点，在有受限空间、边坡临边、高处作业区域、不良地质危险区域、施工平台区域、临近带电体区域、交叉作业区域和存在严重职业病危害因素的工作场所、重大危险源、较大危险因素等工作场所，设置明显符合有关规定要求的安全警示标志。警示标志的安全色和安全标志应分别符合现行国家标准 GB/T 2893.1～GB/T 2893.5 的规定，道路交通标志和标线应符合现行国家标准 GB 5768.1～GB 5768.8 的规定，工业管道安全标识应符合《工业管道的基本识别色、识别符号和安全标识》GB 7231—2003 的规定，消防安全标志应符合《消防安全标志 第 1 部分：标志》GB 13495.1—2015 的规定，工作场所职业病危害警示标识应符合《工作场所职业病危害警示标识》GBZ 158—2003 的规定。安全警示标志应标明安全风险内容、危险程度、安全距离、防控办法、应急措施等内容。

对产生严重职业病危害的作业岗位，应当在其醒目位置设置警示标识和中文警示说明。警示说明应当载明产生职业病危害的种类、后果、预防以及应急救治措施等内容。使用有毒物品作业的场所，应设置黄色区域警示线、警示标识和中文警示说明。高毒作业场所应设置红色区域警示线、警示标识和中文警示说明，并设置通信报警设备。应定期对安全警示标识进行检查维护，确保其完好有效。

3.8　绩效评定与持续改进

海上风电工程建设项目每年应对安全生产标准化管理体系的运行情况进行一次自评，验证各项安全生产制度措施的适宜性、充分性和有效性，检查安全生产与职业卫生管理目标、指标的完成情况。

项目各单位主要负责人应全面组织自评工作，制定自评工作方案，成立安全生产标准化评价组织，明确评价的目标、评价时间、进度安排、整改等相关要求。

自评结果应形成正式文件，向本项目所有部门、单位和从业人员通报，并作为年度安全绩效考评的重要依据。

海上风电工程建设项目发生安全生产责任死亡事故时，应重新进行安全绩效评定，全面查找安全生产标准化管理体系中存在的缺陷。

3.8.1　绩效评定

海上风电工程建设项目（部）每年至少应开展一次安全生产标准化的实施情况评定，验证各项安全生产制度的适宜性、充分性和有效性，检查安全生产工作目标、指标的完成情况，完成安全生产标准化的评定报告。

适宜性、充分性和有效性的具体含义如下所示。

1. 适宜性

（1）所制定的各项安全生产制度和措施是否适合于海上风电工程建设项目的实际情况，包括规模、性质和安全健康管理的特点。

（2）所制定的安全生产和职业卫生管理目标、指标及其在海上风电工程建设项目得以落实的方式是否合理并具备可操作性。

（3）与海上风电工程建设项目原有的管理制度相融合的情况，包括与原有的其他管理系统是否兼容。

（4）有关制度措施是否适合海上风电工程建设项目员工使用，是否与其能力、素质等相配套。

2. 充分性

（1）各项安全管理的制度措施是否满足《企业安全生产标准化基本规范》GB/T 33000—2016 的全部管理要求。

（2）所有的管理措施、管理制度能否确保 PDCA 管理模式的有效运行。

（3）与相关制度措施相配套的资源，包括人、财、物等是否充分。

（4）对相关方的安全管理是否有效。

3. 有效性

（1）能否保证实现海上风电工程建设项目的安全工作目标、指标；是否以隐患排查治理为基础，对所有排查出的隐患实施了有效治理与控制。

（2）通过制度、措施的建立，海上风电工程建设项目的安全管理工作是否符合有关法律法规及标准的要求。

（3）通过安全标准化相关制度、措施的实施，海上风电工程建设项目是否形成了一套自我发现、自我纠正、自我完善的管理机制。

（4）项目员工通过安全标准化工作的推进与建立，是否提高了安全意识，并能够自觉地遵守与本岗位相关的程序或作业指导书的规定等。

海上风电工程建设项目负责人应全面负责组织自评工作，并将自评结果向所有相关人员通报，使其清楚海上风电工程建设项目一段时期内安全管理的基本情况，了解安全生产标准化工作推行的主要作用、亮点及存在的主要问题，自评结果应形成正式文件，并作为年度安全绩效考评的重要依据。海上风电工程建设项目发生生产安全责任死亡事故时，应重新进行安全绩效评定，全面查找安全生产标准化体系中存在的缺陷。

3.8.2 绩效改进

海上风电工程建设项目应根据安全生产标准化评定结果，对安全生产目标与指标、规章制度、操作规程等进行修改完善，制定、完善安全生产标准化的工作计划和措施，实施PDCA循环，不断提高安全绩效。对责任履行、系统运行、检查监控、隐患整改、考评考核等方面评估和分析出的问题，由安全生产委员会或安全生产领导机构讨论提出纠正、预防管理方案，并纳入下一周期的安全工作实施计划当中。对绩效评价提出的改进措施，应认真进行落实，保证绩效改进落实到位。应根据绩效评价结果对有关单位和岗位兑现奖惩。

3.9 海上风电工程安全生产信息化

海上风电工程建设项目应根据自身实际情况，利用信息手段加强安全生产管理工作，开展安全生产电子台账管理、重大危险源监控、职业病危害防治、应急管理、安全风险管控和隐患自查自报、安全生产预测预警等信息系统建设。聚焦海洋气象预警、视频监控、出海人员与船舶等动态管控手段，以先进的科技支撑海上风电项目施工安全。

1. 海上风电工程建设项目信息化建设的基本要求

进行海上风电工程建设项目信息化建设前，项目管理者需要在观念上树立信息化的意识，在管理观念上也要有所转变，在不全盘否定传统管理观念的前提下，对海上风电工程建设项目信息化进行更广、更深层面地探讨。

信息化工作制度是海上风电工程建设项目信息化建设的保障,一是观念上改变的结果;二是要求进一步解放思想,从而在制度上创新。建立现代海上风电工程建设项目制度、制定信息化办公的各种规章制度、建立信息化统一管理机构等。

海上风电工程建设项目信息化建设过程中,对信息化方面的人才要求很高,需要将信息技术应用到具体的海上风电工程建设项目管理工作中。在海上风电工程建设项目内部建设信息化建设中,应坚持"以人为本"的原则,将管理人员与计算机进行有效的人机结合,做好信息化融合过程中的海上风电工程建设项目,注重信息化建设的重要性,例如将信息化运用能力纳入绩效考核过程中。

信息化建设是项目信息化建设的物质要求。在信息竞争激烈化的今天,要想实现海上风电工程建设项目信息化建设的先进性,应依靠先进的信息化技术,信息化建设的先进性需要与时俱进,不定时地更新和升级信息化系统。

2. 安全生产信息化如何建设

(1) 请专家人员对本部门安全生产信息化管理展开调查研究,通过调查研究结果设计出一个切实可行的建设方案、规划以及实施方案,并报请本部门领导批准。

(2) 按照规划和方案有步骤地准备硬件部分,包括建设必要的信息化管理场所,办公地点建设;招聘和培训相关管理应用于人员,成立管理机构,人员配备;采购必要的硬件设备配置等。保证有人做、有空间做、有设备可用。

(3) 准备软件部分。采购适合本部门的信息管理软件。

(4) 全力安装调试硬件和软件,演练相关工作人员,最后全面投入使用。

3. 海上风电安全生产信息化建设方案示例

目前国内海上风电工程建设项目都逐步推行"智能风电场""智慧风电场"等信息化建设。智慧风电是以数字化、信息化、标准化为基础,以管控一体化、大数据、云平台、物联网为平台,以数字技术为辅助,以管理智能化、生产智能化和设备智能化为模块,通过构建"人机网物"跨界融合的全层次开放架构、提升风电智能感知、智能控制、智能决策能力。通过信息化建设来不断提高海上风电项目的管理能力与安全生产管理水平。

海上风电安全生产信息化建设涵盖了相应的软、硬件建设,以达到通信与控制基本功能。首先,为了传输数据、信号,必须搭建通信系统。建设一套覆盖海上风电场区的无线通信系统,实现对基建过程信息的数字化和网络化的管理。该系统主要包含近岸区基站、风电场区基站、集控中心通信站。

此外,还应建设信息化主体系统,通过三维时空展示,实现海上风电场人员、船只、进度等的可视化管理,搭建可视化工程建设指挥中心。通过实现海上风电场场级的逐时小气候气象服务,更加精确地规划施工组织设计及资源安排,更好地保障项目质量、进度、安全。

系统功能模块包含三维数字化风场模型、工程项目管理系统、人员安全和风场安防管理系统、海洋气象辅助支撑系统。具体功能如下。

（1）三维数字化风场模型：搭建完善的风场全专业数字化模型，把物理风场完全以数字化形态呈现。同时，利用 VR（Virtual Reality，虚拟现实）技术建立一个虚拟海上风电场 3D 演示系统。

（2）工程项目管理系统：该模块包含项目管理所涉及的费用管控、进度管控、质量管控、合同管理、HSE 管理和信息管理等管理内容；建立移动办公、管控云平台应用；接入业主方、设计方、采购方、施工方等项目参建单位，实现项目参与各方的业务协同。

（3）人员安全和风场安防管理系统：安全管控采用多种监管手段确保施工船舶和人员的安全，在施工过程中，可在主要工作面上配置摄像头，主要可以采集可见光视频数据和红外数据。

（4）海洋气象辅助支撑系统：系统实现实时监控海上风电场升压站和风机所在位置的海洋和气象信息、风电场附近海域的强天气过程，并对风电场未来 7 天的近海面气象要素、天气现象和风资源变化进行预报，提出不同时段适宜出海的指标。

第 4 章 海上风电工程施工工艺过程安全管理

海上风电工程施工是一个复杂的系统工程，涉及风机基础施工、风电机组海上安装、海上升压站施工、海底电缆敷设等多个分项工程施工。海上风电工程施工作业构件的体积及质量大，安装作业技术复杂，作业难度大，涉及的施工船舶类型复杂，作业人员素质参差不齐，还受到大风、大雾、潮汐、波浪等恶劣气象、水文及复杂地质环境因素的制约，因此作业危险程度高，易引发安全事故。近年来，海上风电工程施工中发生了多起安全事故，表明海上风电工程施工安全管理过程中存在缺陷，因此需要对其各个施工环节、施工部分风险源进行识别、分析和管控，避免造成人员伤亡和财产损失。

4.1 海上风电工程施工作业前安全准备

4.1.1 开工手续要求

海上风电工程施工需满足以下手续要求：建设单位按有关规定办理海域使用权证书、施工单位应按有关规定办理水上水下施工许可证、安全生产许可证、环境影响报告等。海上风电场设计阶段，海事管理机构对有关专用助航标志、防撞设计、船舶交通监控系统等进行审查、把关。施工期需要配备专用航标，需将航标设计方案报海事审查。海事管理机构按照施工通航安全保障方案和有关批复，对施工现场实施监管，主要是核查船舶适航、船员适任和施工作业是否落实安全保障措施。

1. 建设项目取得海域使用权证书

在规划片区海上风电场选址时，需要征求海事管理机构的专业意见，避免海上风电场的场址与海上交通航路、航线、锚地等通航功能水域或习惯交通流产生冲突。《海上风电开发建设管理办法》第二十一条要求："项目单位向省级及以下能源主管部门申请核准前，应向海洋行政主管部门提出用海预审申请，按规定程序和要求审查后，由海洋行政主管部门出具项目用海预审意见。"第二十二条要求："海上风电项目核准后，项目单位应按照程序及时向海洋行政主管部门提出海域使用申请，依法取得海域使用权后方可开工建设。"

2. 水上水下施工许可证

水上水下施工许可证是海事部门对水上水下施工作业的一种行政许可，是对航道通航安全的一种监管。建筑行业的施工许可证是住房城乡建设部门颁发的，主要用于陆地上的工业民用建筑以及市政工程。桩基础施工、风机安装、海上升压站施工、海缆敷设都属于海上作业，根据《水上水下作业和活动通航安全管理规定》，应向当地海事部门申请办理水上水下施工许可证。因涉及水上水下作业许可和专用航标设置许可，施工单位需要编制施工通航安全保障方案和专用航标设计方案，并报海事管理机构审查和配合。

2017年8月16日，国家海洋局发布公告，为贯彻落实国务院全面深化"放管服"改革要求，推进减证便民，提高行政审批效率，国家海洋局及所属北海、东海、南海分局负责审批的海底电缆管道铺设施工事项，经批准后，仅下达海底电缆管道铺设施工批复文件，不再发放海底电缆管道铺设施工许可证，海上作业者持批复文件可开展铺设施工作业。

陆上集控中心为房屋建筑工程，《建筑工程施工许可管理办法》第二条要求："在中华人民共和国境内从事各类房屋建筑及其附属设施的建造、装修装饰和与其配套的线路、管道、设备的安装，以及城镇市政基础设施工程的施工，建设单位在开工前应当依照本办法的规定，向工程所在地的县级以上地方人民政府住房城乡建设主管部门申请领取施工许可证。"

3. 安全生产许可证

《建筑施工企业安全生产许可证管理规定》第二条要求："建筑施工企业未取得安全生产许可证的，不得从事建筑施工活动。"海上风电工程施工作业安全生产许可证的申请、有效期限、使用要符合相关法律法规的规定。

4. 环境影响报告书

《海上风电开发建设管理办法》第二十四条要求："项目单位在提出海域使用权申请前，应当按照《海洋环境保护法》《防治海洋工程建设项目污染损害海洋环境管理条例》以及地方海洋环境保护相关法规和相关技术标准要求，委托有相应资质的机构编制海上风电项目环境影响报告书，报海洋行政主管部门审查批准。"第二十五条要求："海上风电项目核准后，项目单位应按环境影响报告书及批准意见的要求，加强环境保护设计，落实环境保护措施；项目核准后，如建设条件发生变化，应在开工前按《海洋工程环境影响评价管理规定》办理。"

5. 施工通告

《水上水下作业和活动通航安全管理规定》第十九条要求："从事按规定需要发布航行警告、航行通告的水上水下作业或者活动，应当在作业或者活动开始前办妥相关手续。"

4.1.2 技术准备工作

海上风电工程施工多涉及离岸水上作业，作业条件易受到海域恶劣自然条件、施工作业装备及安全管理等因素的影响，可施工作业时间偏短，为海上作业提出了严峻考验。海上风电工程施工开工前，应进行现场勘查，根据工程区域海洋环境特点进行危险源辨识，合理选择施工设备，确定施工窗口期，合理编制施工组织设计、施工方案和安全技术措施。危大工程应编制专项施工方案，对超过一定规模的危大工程，施工单位应当组织招开专家论证会对专项施工方案进行论证，从而更安全、高效地开展海上风电工程施工建设。

1. 自然环境及施工条件

（1）充分收集现场自然条件资料，主要包括气象条件风、气温、降水量、雷电、雾等，海洋水文潮汐、波浪、海流、泥沙、水深、平均海平面等，以及工程地形与地质地形图、海底形状、物理力学性能、地震等历年资料和实际测量资料，分析统计影响施工作业的时间段、可施工的窗口期、作业天数。根据统计和实测资料，分析影响施工的自然条件因素。根据统计资料和现场施工计划，有针对性地布置现场自然条件观测仪器，以便对自然环境的现场变化进行预测和指导施工安排。

（2）施工区及附近地区的施工条件，主要包括港口、航道、避风与锚地设施情况。障碍物如水下设施、海底文物、海底沉船、暗礁、渔具等。

（3）其他相关资料，主要包括风电场的设施设备运输、安装等施工有关的技术参数和资料，分包商和供应商的技术能力和生产工艺装备参数等。

2. 施工组织设计

施工前，应编制海上风电施工组织设计，并获得批准。施工组织设计主要包括项目概况、内外部环境及条件、施工组织与项目管理体系、总体施工方案布置、施工方案、施工进度计划、技术质量管理及保证措施、安全生产与文明施工措施、环境保护、应急预案等。参建单位应建立组织机构，并制定各项管理制度。

3. 图纸等有关设计资料的会审

建设单位主持设计资料的会审，承包、设计、施工单位参加，提出图纸疑问和建议，作好记录，形成图纸会审纪要。施工图发放给各施工班组，由技术负责人、施工员和各班组负责检查图纸是否齐全，图纸本身有无错误，设计内容与施工条件能否一致，同时熟悉有关设计数据。

4. 施工方案

《海上风电开发建设管理办法》第二十七条要求："海上风电项目经核准后，项目单位应制定施工方案，办理相关施工手续，施工企业应具备海洋工程施工资质。项目单位和施工企业应制定应急预案。"海上风电施工前应根据调查的资料、设计文件、技术标准和规范等制定施工方案。

5. 专项安全技术方案

安全技术方案是施工方案的重要组成部分，《建设工程安全生产管理条例》第二十六条规定："施工单位应当在施工组织设计中编制安全技术措施和施工现场临时用电方案，对下列达到一定规模的危险性较大的分部分项工程编制专项施工方案，并附具安全验算结果，经施工单位技术负责人、总监理工程师签字后实施，由专职安全生产管理人员进行现场监督。危险性较大的分部分项工程主要包括以下内容：①基坑支护与降水工程；②土方开挖工程；③模板工程；④起重吊装工程；⑤脚手架工程；⑥拆除、爆破工程；⑦国务院建设行政主管部门或者其他有关部门规定的其他危险性较大的工程。对涉及深基坑、高大模板工程的专项施工方案，施工单位还应当组织专家进行论证、审查。"《电力建设工程施工安全管理导则》中规定了电力行业危大工程以及超过一定规模的危大工程。海上风电施工涉及多项危大工程，需按相应的规章制度制定专项安全技术措施（方案），按照相关流程进行审批（或评审），交底率要达到100%。海上风电工程施工危大工程的管理流程如图 4-1 所示。海上风电施工建设工程危险性较大以及超过一定规模的危大工程清单如表 4-1 所示。

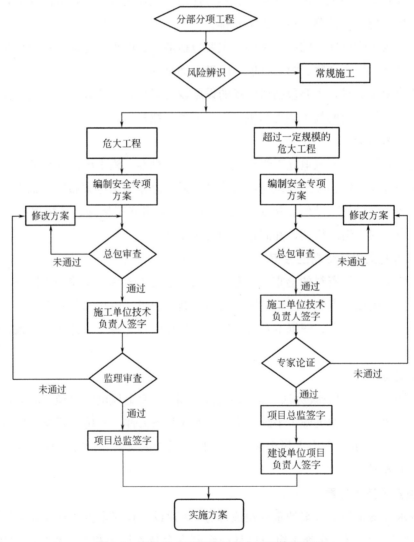

图 4-1　海上风电工程施工危大工程管理流程

海上风电施工建设工程危险性较大以及超过一定规模的危大工程清单　　表 4-1

总承包项目部名称			内容						
序号	危大工程目录	危大工程名称	施工单位名称	计划施工时间	执行情况:已完成打√、未完成打×并在备注栏说明				
					方案编制	方案审核	方案交底	执行检查	备注
一		危大工程							
1	起重吊装	主变压器本体安装							
2	起重吊装	220kV/35kV 配电装置安装、封闭式组合电器安装							
3	临时用电	集控中心施工用电工程							
4	基坑开挖	集控中心事故油池\GIS 电缆沟开挖							
5	支模架	GIS/SVG 楼支模架							
……									
二		超过一定规模的危大工程							
1	海上起重吊装	风机基础钢管桩沉桩							
2	海上起重吊装	风机安装专项方案							
3	海上起重吊装	海上升压站基础导架运输及专项施工方案							
4	海上运输及起重吊装	海上升压站运输及安装工程上部组块专项施工方案							
5	海上施工	220kV/35kV 海缆敷设施工							
……									

注:不限于表 4-1 所列项目。

海上风电工程施工应编制的专项施工方案包括装船、运输、桩基础沉桩施工、风机吊装安装、海缆敷设工程、海上升压站安装等,经审批后实施。制定专项方案时,应根据施工规划及组织设计,考虑施工机具的施工能力和作业程序、作业海域的水文气象情况、施工方及相关作业人员的经验等。专项方案应包括工程概况、编制依据、施工计划、施工工艺技术、危险源辨识以及可能导致的事故、施工安全保证措施、施工管理及作业人员配备及分工、计算书及相关施工图纸、验收要求及应急处置措施等内容。

6. 安全技术交底

《建设工程安全生产管理条例》第二十七条规定:"建设工程施工前,施工单位负责项目管理的技术人员应当对有关安全施工的技术要求向施工作业班组、作业人员作出详细说明,并由双方签字确认。"安全技术交底是建设工程中常用的安全管理制度,是实现事前控制的重要手段。涉及技术的基础内容要依据一部分工程施工给操作工作人员造成的危害要素来写。检查施工技术工作时,应检查安全技术的底部执行情况。施工人员在检查施工生产工作时,应检查安全技术的基础执行情况。

分部分项工程在施工前，项目部应按批准的施工组织设计或专项安全技术措施方案向有关人员进行安全技术交底。安全技术交底主要包括两方面内容：一是在施工方案的基础上按照施工的要求，对施工方案进行细化和补充；二是要将操作者的安全注意事项讲清楚，保证作业人员的人身安全。安全技术交底工作完毕后，所有参加交底的人员必须履行签字手续，班组、交底人、安全员三方各留执一份，并记录存档。海上风电工程施工安全技术交底包括出海前登乘交通船安全交底、桩基础沉桩施工、风机吊装安装、海缆敷设、海上升压站安装等安全技术交底和相关职业健康交底等。

4.1.3 人员、设备、物资准备工作

1. 作业人员的准备工作

《海上交通安全法》第十三条规定："中国籍船员和海上设施上的工作人员应当接受海上交通安全以及相应岗位的专业教育、培训。中国籍船员应当依照有关船员管理的法律、行政法规的规定向海事管理机构申请取得船员适任证书，并取得健康证明。外国籍船员在中国籍船舶上工作的，按照有关船员管理的法律、行政法规的规定执行。船员在船舶上工作，应当符合船员适任证书载明的船舶、航区、职务的范围。"海上打桩船、起重船、驳船、交通船、运输船等应按规定具备船检部门签发的有效适航证书。施工船舶应按《中华人民共和国船舶最低安全配员规则》的要求配备足以保证船舶安全的合格船员。船长、轮机长、驾驶员、轮机员和话务员必须持有合格的适任证书。

《安全生产法》第二十八条规定："生产经营单位应当对从业人员进行安全生产教育和培训，保证从业人员具备必要的安全生产知识，熟悉有关的安全生产规章制度和安全操作规程，掌握本岗位的安全操作技能，了解事故应急处理措施，知悉自身在安全生产方面的权利和义务。未经安全生产教育和培训合格的从业人员，不得上岗作业。"作业人员三级教育是指公司、项目部、施工班组三个层次的安全教育，是工人进场上岗前必备的过程，属于施工现场实名制管理的重要一环，也是海上风电工程施工工地管理中的核心部分之一。海上风电工程施工前，应向参加施工的工程船舶人员、海上施工人员进行水上、水下施工三级安全教育。

《安全生产法》第三十条规定："生产经营单位的特种作业人员必须按照国家有关规定经专门的安全作业培训，取得相应资格，方可上岗作业。"在进行海上作业前，作业人员需进行与本岗位相适应的、专门的安全技术理论和实际操作训练，作业人员应进行船舶救生、海上平台消防、救生艇筏操纵、海上急救等相关技能培训，并取得相应培训合格证书。海上风电施工涉及不同类型的特种作业，包括电焊作业、气割作业、高处作业、舷外作业、水下作业等，存在很大危险，进行这些特种作业的人员必须具备相应证书方可上岗作业。特殊工种人员（电工、焊工、起重、机械工、水下作业人员、架子工等）进场前，应按要求进行报审。

2. 施工船机等设备设施的准备

海上风电工程施工应配备所需的船舶、专用施工设备、机具、检验测试设备、仪器仪表等设施设备。结合施工方案，确定所配备的现场船机设备是否满足施工及安全要求，根据不同的海洋地质条件、作业类型等选择合适的船机设备，并进行合理布置。船机设备还必须持有各种有效证书，按规定配齐各类合格船员。船机、通信、消防、救生、防污等各类设备必须安全有效，并通过当地海事局的安全检查。

船舶进场时，需提供船舶检验证书、船舶营运执照、船舶安全检查记录簿、船舶最低安全配员证书（自航）、船员适任证书、船舶有污染应急计划簿、船舶油类记录簿（400t以上）、乘客额定证书（交通船）以及按规定由主管部门核发的其他证书或文件。船舶进场前，应按要求进行现场检验维修，建立船机设备技术性能和维修保养档案，使船机处于良好的状态，保证施工顺利进行。船舶、特种设备进场前，应按要求进行报审和备案。大型施工机械设备进场后，必须经调试、试运转，并经施工现场负责人对设备进行验收合格，在设备明显处挂上"验收合格"牌、"机械性能"牌后，方可投入施工生产运行。

船舶进入施工海域前，应建立船舶台账及档案，档案包括船舶相关证书、船员适任证书、船舶进场验收记录、船舶日常检查记录、船舶退场记录、船舶应急演练记录、租赁合同、船舶油污染垃圾处理等处置协议和记录以及其他需提供的材料。

开工前，由项目部组织安全监督部门、船机设备主管部门等有关人员，对施工海域船舶航行和作业的水上、水下、空中及障碍物等进行实地勘查，制定防护性安全技术措施。施工相关单位应制定防台、防碰撞、防走锚、防高处坠落、防溺水、防火等安全防范措施，确保船舶设备和水上作业人员的安全。

3. 物资准备

施工前，应制定原材料、零部件、水、电、燃料等消耗性物资供应和使用计划，通信、海域、材料、办公和生活设备设施等生产、办公及生活必须要素应准备齐全，检验合格，并建立相应的管理制度。

4.2　海上风电工程施工船舶安全管理

4.2.1　船舶概况

海上风电施工作业包括不同工艺环节，海上船舶种类及数量繁多，包括交通船、货物运输船、驳船、定位船、起重船舶、打桩船、警戒船、海缆敷设船、抛石船、锚艇等，专业化施工船舶造价昂贵，目前国内外数量极少，船舶状况参差不齐，船员配备不足、船员素质不高，加大了海上施工船舶安全管理的难度。海上作业船舶主要存在的安全隐患有船舶交通安全、船舶碰撞、倾覆、搁浅、触损、船舶火灾、人员落水、环境污染等。

1. 交通船

交通船是用于接送施工作业人员出海作业或者登陆的小型工作船，应取得乘客定额证书。

2. 货物运输船

驳船本身无自航能力，需拖船或顶推船拖带。其特点为设备简单、吃水浅、载货量大。少数增设了推进装置的驳船具有一定的自航能力。驳船作为海上运输的主要运载工具，主要用于运输海上风电工程施工所需的钢管桩、风机、升压站等大型构件。

3. 起重船

起重船是为海上风电施工建设提供水上起重吊装作业而使用的大型工程船舶，起重船上装有大吨位吊机，一般为非自航，也有自航的。国内可满足海上风电工程施工的设备主要有浮式起重船、自升式支腿平台船、坐底式起重船等。

1）浮式起重船

浮式起重船通常具备自航能力，起重船除在过浅区域需考虑吃水外，其余区域不受水深限制，浮式起重船在不同风机安装位置间的转移速度快、操纵性好、船源充足。但浮式起重船施工依赖天气和波浪条件的影响，不利于控制工期。

2）自升式支腿平台船

自升式平台配备了起重吊机和4～8个桩腿，到达现场后，桩腿插入海底支撑并固定驳船，可以通过液压升降装置调整驳船完全或部分露出水面，形成不受波浪影响的稳定平台。当前国内海上风电安装平台主要是自升式海上风电安装平台。

3）坐底式起重船

坐底式起重船主要依靠退潮的低水位及船身自带的压载系统将船体"坐"在近海的海床上，然后通过锚泊系统对船身位置进行固定，可以使安装过程中船只如同在陆地上一样稳定。坐底式起重船主要由上壳体、立柱、下壳体和起重机基座组成，能够完成风机基础、塔筒、机舱及叶片等安装，抗风能力强、作业效率高，在强风下可依靠坐底自存，但因受作业水深的限制，移动速度慢，不利于处理突发情况。

4）打桩船

打桩船是指用于水上打桩作业的船只，船艏正中设有坚固的三角桁架式桩架机构和打桩锤。打桩船为非自航船，用推（拖）轮牵引就位。

5）海缆敷设船

海缆敷设船是为敷设和修理海底动力电缆或通信电缆而设计的专用船舶，常见的是以驳船或DP动力定位船作为工作母船，在母船上设置电缆舱或托盘，通过退扭架、张紧器、门形起重机、水下埋设犁等专用设备，将海底电缆直接敷设海床上或埋设到海底里。

6）抛石船

抛石船是一种载运石块到指定区域后，借横倾或其他方法自动抛石块于水底的船。借助压载水舱水量的调节，改变船舶重心与浮心的横向位置，使船舶横倾，自动卸下装于甲板上的石块，然后压载水舱的阀门自行排水使船扶正。压载水舱的进排水阀由拖船遥控。

7）混凝土搅拌船

混凝土搅拌船即具有船载混凝土搅拌站的工程驳船。

8）锚艇

锚艇也叫起锚艇或抛锚艇，主要用于大型工程船舶的起、抛锚。

9）定位船

定位船，一种是用导航仪表确定船在地球表面的坐标点，或不参考原先任何位置基准独立确定船的精确位置；另一种是使船舶或浮动平台保持在设定位置或方位上的一种定位。动力定位就是通过自动控制系统，使船舶或浮动平台利用其自身的动力抵御海上风、波浪和海流的影响，自动保持在设定位置或方位上的一种定位方法。

4.2.2　船舶风险源辨识与评价

船舶作业过程中的危险源及可能导致的事故如表 4-2 所示。

船舶作业过程中的危险源辨识 表 4-2

序号	作业活动	危险源	可能导致的事故
1	船舶进场	设备进场未组织入场验收	船舶碰撞 船舶倾覆 船舶搁浅 起重伤害 淹溺
		设备无年检合格证书未及时检查发现	
		设备棱角部位未做好衬垫防护起吊	
2	船舶适用性检查	起吊船/平台：起吊能力、定位（动态定位、锚泊、插桩）、航行限制	船舶倾覆 船舶碰撞 船舶搁浅 起重伤害 淹溺
		拖船：设备输出能力、工作半径、定位条件（动态定位、锚泊）、航行限制	
		锚艇：静态和动态拖带能力、航行限制	
		驳船：尺寸、承载力、吃水、压载能力限制	
3	运输、安装区域天气、海况和洋流的数据获取	预报数据准度低，与运输和安装阶段实际天气情况不符	船舶碰撞 船舶倾覆 船舶搁浅 淹溺
		天气条件超过施工限制	
		没有正规天气数据的可靠来源	
4	交通船	乘船不听指挥随意走动	船舶碰撞 船舶倾覆 淹溺
		船舶超载	
		交通船锚或缆有缺陷（裂纹、断丝），带桩或抛锚过程中断裂	
		缆绳紧绷或断裂伤人	
		交通船靠岸未停稳，人员上、下交通船而落水	
		人员从交通船转移到其他船舶时不慎落水或受到碰撞、挤压	
		人员上下交通船或在交通船甲板上行走未穿救生衣，人员落水	
		船员操作失误，交通船偏离预定航线而发生触礁、搁浅或与其他船舶碰撞	
		交通船颠簸或湿滑，人员在船上行走时不慎跌倒受伤	
		交通船维护保养或检查不到位，带"病"航行而发生故障或险情	

序号	作业活动	危险源	可能导致的事故
5	运输船	运输过程中,遇到大风大浪等恶劣天气,操作不当,导致船舶倾覆	船舶碰撞 机械伤害 高处坠落 淹溺
		船舶超载运输	
		船舶未按海上交通要求航行作业和停泊	
		底座焊接不牢固,或运输构件材料未采取加固措施,造成运输设备滚动	
		施工船舶未按规定悬挂避碰标志和信号灯	
6	起重船	浮式起重船受天气和波浪条件的影响,操作不当	船舶碰撞 船舶搁浅
		自升式支腿平台在插桩时对地质条件复杂、风险估算精度不高; 作业人员安全操作技术、知识、意识低; 预压载过程未保留足够的静候时间,未采取循序渐进的程序; 涌浪较小的天气下实施预压载,不能保持船体与水面最小距离	船舶倾覆 (穿刺)
		力矩限制器安全连锁、钩头限位开关和编码器失灵、俯仰限位失灵	起重伤害 船舶倾覆
		制动器动作异常、制动盘与制动片间隙过大、制动片磨损过大	
		机械无限位保护装置或限位保护装置失灵	
		钢丝绳锈蚀、断丝超标、扭曲、变形、断裂	
		吊钩危险断面和颈部产生塑性变形或吊钩的开口度、扭转变形达报废标准仍使用	
7	拖轮	气象、海况、地质条件不良	船舶碰撞 触礁 淹溺
		拖船双方之间连接不合理使得连接系统断缆,拖船不均匀受力,使得船舶失稳	
		险要航道、夜间航行操作不当,存在触礁、自沉、人员伤亡	
		船机电气设备、主机故障、舵机故障等机械故障	
8	打桩船	没有进行安全技术交底	船舶碰撞 船舶倾覆 物体打击 起重伤害
		没有有效的安全防护措施	
		没有安全警示标志	
		围堰内有其他船只进入	
		没有特种作业岗位培训及资格证书	
		未按照操作规程进行作业	
		起重设备不符合安全规定	
		夜间施工照明设备不符合规定	
9	海缆敷设船	夜间施工现场照明不足	机械伤害 起重伤害 淹溺 触电
		气象、海况条件差	淹溺 船舶倾覆 船舶碰撞

序号	作业活动	危险源	可能导致的事故
9	海缆敷设船	舷边(外)作业人员未穿戴防护用具	淹溺
		锚机、卷扬机作业,人员站钢缆绳旁	机械伤害 淹溺
		上埋设机作业人员未系安全带	高处坠落 淹溺
		抛锚艇作业人员未穿戴救生衣	淹溺
10	抛石船	船舶未配备相应的救生设备	淹溺
		抛石船超载、偏载,船与船之间未保持安全距离	船舶碰撞 船舶倾覆 淹溺
		进入潜水作业区域抛石时,未待船舶系泊稳定,未与潜水员联系便抛石作业	物体打击
		冬季在甲板上作业时,未采取防滑措施	淹溺
11	混凝土搅拌船	配载混凝土和料前,未对装船过程的船体浮态变化进行监控,船体未达到规定横倾角度	船舶倾覆 高处坠落
		搅拌机操作人员未按安全操作规程作业	
12	锚艇	未与其他船舶保持安全距离	船舶碰撞 机械伤害 淹溺
		恶劣气象条件、海况影响	
		抛锚、起锚、移锚作业未按规定悬挂或显示相应的作业信号	
		抛锚失误、抛错	
		抛锚时锚机前方有人	

4.2.3　船舶主要风险分析与管控措施

海上风电施工建设参与施工的工程船舶种类和数量多,运输物件质量及体积大、作业强度大、联合作业多、风险高,受海洋恶劣天气影响,施工船舶相互之间的安全风险较大,容易发生碰撞、搁浅、倾覆、火灾、平台浸水、走锚、人员落水、环境污染等事故,因此应严格执行海上船舶适航和施工作业的规则,避免出现重大安全事故。海上风电设备运输安全管理流程如图 4-2 所示。

1. 船舶碰撞风险

船舶在离泊、航行、作业、海上锚泊等过程中,都可能与其他船舶、风机等发生碰撞,极易导致船舶及平台结构受损、船舶倾覆、环境污染、人员落水等严重后果。

1) 风险分析

(1) 人员未按规定瞭望、汇报;

(2) 对作业海域海况不熟悉,未按规定的航道行驶,操作失误,转向时机不当,没有适时进行定位;

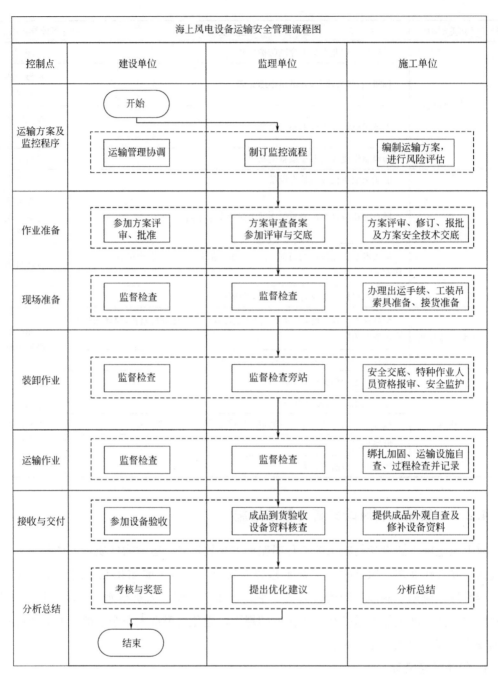

海上风电设备运输安全管理流程图			
控制点	建设单位	监理单位	施工单位
运输方案及监控程序	运输管理协调	制订监控流程	编制运输方案，进行风险评估
作业准备	参加方案评审、批准	方案审查备案参加评审与交底	方案评审、修订、报批及方案安全技术交底
现场准备	监督检查	监督检查	办理出运手续、工装吊索具准备、接货准备
装卸作业	监督检查	监督检查旁站	安全交底、特种作业人员资格报审、安全监护
运输作业	监督检查	监督检查	绑扎加固、运输设施自查、过程检查并记录
接收与交付	参加设备验收	成品到货验收设备资料核查	提供成品外观自查及修补设备资料
分析总结	考核与奖惩	提出优化建议	分析总结

图 4-2　海上风电设备运输安全管理流程图

（3）航速控制不当、船舶溜锚，船上导航失灵；

（4）作业时未按规定悬挂信号灯、信号球；

（5）海上通行船舶，如渔船、货船、客船等较多，增加了船舶碰撞的概率；

（6）与其他船只间的安全距离保持不当；

（7）受风、浪、潮、雾、水深等恶劣天气和海况的影响；

（8）海上通信比较困难，极易发生通信不畅、指挥配合不到位的相关情况。

2）风险防控措施

（1）船舶航行中，应严格遵守海洋安全《国际海上避碰规则》，遵守进出港报告等制度，及时报告船舶动态。施工期间，按有关规定安装号灯、号球等信号标志，白天施工船舶必须按照规定悬挂施工作业旗帜，晚上船舶要显示相应的灯号，提醒来往船舶加强注意。派专人值守瞭望，保持通信畅通。

（2）船员应当持有符合《中华人民共和国船员条例》所要求的相应证书。

（3）认真研究航海资料，制定进出港操作预案。船长应认真查阅进港指南等航海资料，要认真仔细地研读海图，了解本港口的潮汐等水文资料、航道及助航标志、各转向点距离、航向及航行时间、转向点固定物标的方位距离、灯塔串视线、开关门等。及时关注风电场及其附近水域气象、水文、航行通告等情况，任何时候对船位、航向做到心中有数。

（4）派专人负责收取海洋气象预报台发布的3～7天海洋水文、气象资料，并按紧急程度及时发送至施工现场和作业船舶，以便对灾害性天气预先或及时作出反应。

（5）船舶安全设施配备齐全，包括GPS定位导航仪、海事高频对讲通信设备、作业区域海图资料、照明信号灯、求救信号灯、灭火器、救生筏、救生圈、医用急救箱等。且对船舶灯光、锚缆、信号、消防等进行安全检查，建立一船一档。

（6）制定突发恶劣天气、海况应急预案，并加强演练。大风浪后或冰冻季节，航道浮筒有可能丢失，避免认错浮筒走错航道。

（7）施工时，向过往船舶做好宣传工作，尽可能早地令过往船舶改航，要坚决避免出现紧张危险的局面。在工程部设警戒联络员，负责现场施工与警戒船艇的联络和协调，通报工程情况，适时调整警戒船的布置，及时处置警戒时发生的异常情况。

（8）拖航作业与平台要经过船检部门的拖航检验，确保拖船及操作人员的能力满足拖带平台的要求，并向海事部门申请发布航行警告。拖航过程中机舱和控制室24h人员值班，在航道急弯处要提前减速并鸣笛，按照港章的具体规定，运用良好的船艺操纵船舶。

（9）平台就位、定位应选择白天且能见度好、平潮状态，能见度小于1海里时，禁止船舶航行。

（10）起重船、安装平台、敷设船等非自航船舶应配备具有一定风电施工和应急经验的持证船员。

2. 船舶倾覆风险

全球统计的船舶倾覆事故中，气象原因占33%，其中绝大多数是因为货物移动、严重横倾、船舶进水，以及海上风电平台插拔桩桩腿发生穿刺、溜桩失稳而引起的倾覆。倾覆通常就几分钟，容易造成群死群伤事故，严重威胁海上作业人员生命健康。

1）风险分析

（1）平台上运输的设备设施等固定不牢，拖航过程中运输船晃动，导致设备设施滑动，平台失稳甚至倾覆，致使设备设施损坏、人员伤害；

（2）船体老旧、碰撞、触礁、搁浅、造船缺陷以及大风、大浪袭击等，都可能使船体破损进水，在外力、自由液面综合作用下单向逐步横倾，最终丧失稳性而倾覆；

（3）大风浪中，主机、供电、舵机失灵，会使船舶失去航向控制能力而呈横风横浪状态，进而发生斜摆、货移、横倾、进水而翻沉；

（4）平台插桩时，发生沉桩、滑桩、穿刺，拔桩时桩腿结构损坏失稳；

（5）拖航过程中遇到恶劣天气或海流流速和流向突然改变，使得环境载荷和拖拉力产生夹角，容易导致平台振动和倾斜，严重时导致平台倾覆。

2）风险防控措施

（1）正确估量航行中天气、海浪等环境影响以及船舶自身的抵御能力，及时预报天气和海况，采取相应措施，禁止船舶超载、超抗风等级航行；

（2）遵守并严格按照规范对货物系牢固，重视甲板货物的积载，避免货物发生移动；

（3）规范船员及其他相关人员操作，消除不安全行为，对船上相关作业人员的技术素养、身心素养和能力素养进行安全教育培训，规范船员操作，消除不安全行为，船长必须正确、周密地分析和估计航程中天气动态对本船的影响，及早采取防范措施；

（4）拒绝操作性水密失效，船舶开航时，应密封货舱盖，密闭水密门窗关闭装置；

（5）避免主机停车后船舶横浪谐摇，在水深较浅水域考虑抛锚，在深水海域可用缆绳和建议海锚减缓船舶的横浪及横摇状况；

（6）避免小面积触礁、搁浅、破损而导致倾覆；

（7）自升式平台插桩前，应采用先进技术对风场进行地质勘查，查明海底以下一定深度范围内的土层分布、土质类型、强度以及工程物理力学特性，并对平台的插桩深度进行分析，评价桩腿穿刺可能性，插桩深度分析主要便于平台操作者确定平台桩腿是否有足够长度来支撑平台安全作业，以及硬土层进入软土层引起的单桩突然贯入的可能性，考虑在特殊工况和极端载荷状态下，不发生穿刺和滑桩的情况；

（8）对于存在穿刺风险较大的区域，作业人员应提前做好预案，及时调整压载程序，逐步进行压载，保证插桩过程中平稳安全；

（9）对相关作业人员进行培训教育，提高其作业技术水平、安全意识；

（10）若发生倾覆情况，注意及时评估现场情况，及时启动相应的应急预案。

3. 船舶搁浅风险

1）风险分析

（1）风机、升压站等构件的质量大，运输船舶吨位大、吃水深，对船舶状况评估监测不到位，吃水超过限值；

（2）未能全面掌握附近水域深度、海底地貌、潮汐变化情况，停泊作业期间船舶艏艉向长时间与潮流流向之间存在一定夹角；

（3）值班人员未按规定瞭望、汇报舱室液面测量、平台吃水检测等，导致未及时发现险情；

（4）船员素质低、技术水平低、责任心不强、注意力不集中等；

（5）恶劣天气应对措施不当，大风、大浪等造成平台失稳、漂移等。

2）风险防控措施

（1）提前做好航行相关准备工作，加强对船舶开航前检查，熟悉掌握航区海图，严格按照航行路线航行，严禁偏航；

（2）利用先进仪器全面准确掌握航行或施工区域水深、潮汐、波浪、暗礁、浅滩、水下设施等水文地质环境，以及大风、大雾等天气情况，及时更新航行数据，严格遵守航行规定，杜绝因船舶航行设备等不良因素和开行前准备不充分因素而造成的搁浅事故；

（3）谨慎驾驶，开启测探仪，并选择适当量程，不间断观测实际水深，特别是风、浪、流较大的作用时，要加大测定频率；

（4）加强驾驶员和引航员技术、心理培训，进行有效指导和监督；

（5）加强应急演练，提高应对搁浅事故的突发应急处置能力。

4. 船舶火灾风险

据全球统计，船舶火灾事故约占事故总数的11％，一旦失火，燃烧将会非常剧烈，火势蔓延十分迅速，同时又得不到外界的及时施救，仅能依靠船上现有的人和设备进行自救，增加了扑救难度。

1）风险分析

（1）明火或暗火引起的火灾：明火指动火作业、厨房用火等；暗火指烟头等。

（2）热表面引起的火灾：船上及其排气管、蒸汽管、锅炉外壳等都是热表面。

（3）自燃引起的火灾：沾了油的棉纱、破布等易燃物，如果暴露在空气中再加上通风不良，时间长了就会氧化发热而起火。

（4）电气设备引起的火灾：船上大量的电气设备，如有线路短路、超负荷运转、安装错误、电线老化、绝缘失效以及乱拉电线等现象，会导致线路过流而发热起火。

（5）临时用电作业现场及周围存在易燃物品，临时用电作业产生电火花引燃可燃物。

（6）不办理手续，擅自动火，使用火、用电许可管理失控，发生火灾爆炸事故。

（7）施工人员不遵守操作规程和船上用火的要求，严重违反生活规范和工艺流程。

（8）监护人员不履行职责，监护失职。

2）风险防控措施

（1）施工船上应建立船舶防火安全体系，建立公司、项目部、班组三级防火责任制，明确职责。明确每位船员在发生火灾时的防火职责。

（2）施工现场用电应严格执行有关规定，加强电源管理，防止发生电气火灾。

（3）施工船舶按照规定配备相应的消防器材。重点部位仓库配置相应的消防器材，如机舱、油舱要配置泡沫灭火器和二氧化碳灭火器。一般部位职工宿舍、食堂等处设常规消防器材，如黄沙箱、消防水龙箱等。

（4）施工船舶动用明火，必须办理"船舶动用明火审批"手续，经审核批准后方可动火。动火时，应有专人看护火源，配备相应的灭火器，当发现有火灾苗子时，第一时间采取灭火措施。

（5）焊、割作业与氧气瓶、乙炔瓶等危险物品的距离不得少于10m，与易燃易爆物品的距离不得少于30m。

（6）施工船上油舱、机舱等危险部位，严禁动用一切明火。

（7）定期进行火灾事故模拟演习，提高船员在发生意外事故时的应急反应和战斗力。

5. 人员上、下船落水风险

人员在登离船舶时，海上作业经常进行舷外作业，人员落水风险大。

1）风险分析

（1）人员在登离船舶时，安全意识淡薄，未按登离船舶管理规定上、下船，或船舶未按规定固定踏板和安全防护网；

（2）大风、大浪等恶劣天气导致人员失衡落水；

（3）舷外作业安全保护设施欠缺或失效；

（4）人员未按规定安全操作进行作业。

2）风险防控措施

（1）登乘人员出海前，应在项目部做好登记工作，详细记录姓名、单位、联系方式和出海原因等，登陆时必须做好登记，对于不配合做好登记的人员，项目部有权禁止登乘并向所在单位通报；

（2）出海人员必须保证自身身体情况处于健康状态，无高血压、心脏病等疾病，出海人员在出海前24h禁止饮酒，禁止携带酒水上船；

（3）出海人员第一次登船前，必须接受安全培训教育，包括但不限于外海施工安全防护知识和落水救护知识；

（4）出海前，应关注气象和海况信息，遇到大风、大浪、雷雨、风暴等恶劣天气，在不允许的出航环境下禁止出行；

（5）登船前，应检查船舶停靠状态是否稳固，禁止在船舶未停靠稳定前上、下船；

（6）登船前，应检查个人劳动防护用品是否齐全，不齐全时不允许上船，应按规定穿好救生衣物，戴好安全帽；

（7）出海人员登船时，必须服从船长指挥，不得擅自行动，得到上船指令后方可上船，并派专人进行监护和管理；

（8）人员在靠船桩或乘坐吊篮登离设备设施过程中，要严格遵守各项规定，落实穿戴救生衣，配备稳固可靠的爬梯、跳板等，下面设置安全网，保障人员通行安全；采用吊笼上、下船时，人员须双手抱紧吊笼护栏绳索；

（9）登船后，应到船舱内或甲板上等指定集合地点等待，禁止站在船头、船尾或坐在船舷两旁的栏杆上或带缆桩上，晕船呕吐时，不得依靠船舷，以防落水；夜间不在甲板、船舷等处停留，应回到指定的地点休息，以防发生意外事故；

（10）登带电风机必须按规定开具工作票，并有现场负责人监护。

6. 台风风险

我国濒海区域基本处于台风影响区域，海上施工受天气影响大，难免会遭台风袭击，台风通常伴随着大风、暴潮、暴雨等，其突发性及随机性强、破坏力极大。海上风电工程施工涉及的船舶种类和数量多，台风来临前，进行船舶疏散和撤离有极大的风险，台风易造成船舶碰撞、倾翻、人员落水、物体打击等伤害，易带来重大人员伤亡及财产损失。近年来我国发生的多起重大安全事故都与台风有关。因此，防台是海上风电工程施工安全管理的重点。

1）风险分析

（1）缺少防台应急预案，应急预案执行不到位；

（2）人员抱有侥幸心理，未及时安全驶入避风港；

（3）避台方式不当，抛锚防台方式选择不当；

（4）海上作业人员防台、抗台应急能力不足，对台风突发事件的处理能力较低；

（5）安全管理不到位。

2）防台控制措施

（1）提前制定详细的防台方案，包括防台组织机构、防台组织岗位职责、防台工作程序、防台通信网络、防台值班制度等，适时进行防台应急演练，加强与当地海事部门联系，及时收听台风气象信息，随时掌握台风实时动态，严格按照要求启动应急响应；

（2）施工前，审查保证台风等恶劣天气施工安全的专项组织措施计划；

（3）台风受袭前 8h，开始进入防风执行阶段，在风力小于等于 6 至 7 级时，利用钢桩抗风，当风浪较大时，利用防风锚抗风，要根据风力方向、大小及时调整抛锚方式、抛锚数量和抛出锚链的长度；在将受到台风严重威胁时，提早撤离到安全避风锚地抛锚防台；

（4）为确保船舶安全，台风季节前，应组织人员检查船机设备，航行设备，航行仪表，系泊设备，通信、救生、防火、水密装置、堵漏应急和排水设备，确保设备处于良好状态；组织全体船员学习防台知识，在思想、组织上认真做好防台准备；

（5）保持通信正常，船舶与船舶间的通信、船舶与项目部间的通信、船舶与海事部门的通信，都要做到实时畅通；

（6）船舶在航行中或停泊于开敞或港湾中，遇有台风威胁时，应根据台风威胁情况、该船性能，与避风港距离以及驶往避风港的航行条件等，制定防御措施，并应在台风严重威胁前，及时安全驶入避风港；

（7）已在"台风威胁中"的船舶，应注意收听临时性的气象报告，加强现场气象观察，不分昼夜，至少每两小时记录一次，并应比较气象变化；

（8）已在"台风威胁中"的船舶，应根据气象报告和现场气象进行观察，将台风中心位置、移动方向及与船相互位置的变化记入海图中，以确知船舶和台风的相互关系；

（9）"台风威胁中"调度部门发出命令指示，如与实际情况有出入或形势紧急，船长应根据具体情况，采取紧急措施，并立即将情况和措施上报。

4.3 海上风电桩基础施工安全管理

4.3.1 桩基础施工工艺概述

1. 桩基础结构形式

海上风电的风机基础是风机的主要承载构件，是风机的重要支撑，海上风电基础施工受海上风电场的选址、海洋地质及气象条件、装机容量、海上安装资源等因素影响而各有不同。根据结构形式，海上风电桩基础可分为桩承式基础、重力式基础、负压桶式基础及浮式基础等。由于单桩基础结构简单、加工便捷、运输快速、施工快捷、造价相对较低，在国内外的应用最多，目前全球75％以上海上风电基础采用了单桩基础形式。由于我国特殊的海洋地质，以及船机资源紧缺情况，海上风电多以单桩基础应用为主。

1）桩承式基础

桩承式基础按照结构形式可分为单桩基础、群桩承台基础、导管架基础。

（1）单桩基础。

单桩式结构形式结构简单，是应用最早且最广泛的基础形式（图4-3），一般适用于水

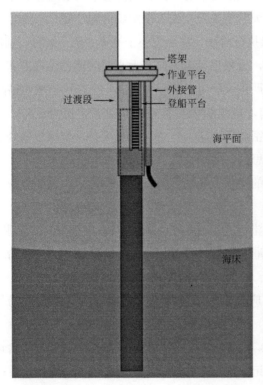
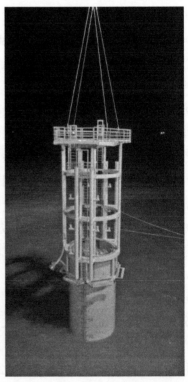

图 4-3 单桩基础

深小于 30m 的近海水域。单桩基础为底部开口钢筒体结构，通过深埋土体，借助土体的
竖向阻力和水平反力抵抗风电机组荷载和环境荷载。根据有无过渡段的设计，可分为有过
渡段单桩和无过渡段单桩，无过渡段单桩基础为国内潮间带或近海风电机组最常用结构形
式，单桩上部通过法兰及螺栓与塔筒连接，单桩桩径一般为 6～10m，由于单桩基础的长
细比数值较大，其整体的刚度较小，抵抗弯矩荷载的能力较差，若应用在深水海域，可能
会出现稳定性、安全性不足的问题，易受海床冲刷影响，大直径单桩对冲刷敏感性较为明
显。因此，在打桩完成后，需对桩基础周边海域进行冲刷防护。

单桩基础海上运输一般通过驳船运输，也可通过专用风电安装船或浮拖法运输，钢桩
运输至目的地后，一般采用大型海上浮吊船翻桩就位，并吊装至专用抱桩器内，校对桩身
垂直度后，使用打桩锤锤击入泥。

按照施工方法不同，桩身入泥有打桩锤、钻孔灌浆两种施工方式。对于水深较浅且打
桩深度范围内无坚硬岩层的情况，一般使用打桩锤施工安装，常用的打桩锤有液压打桩锤
和振动打桩锤两种。

（2）群桩承台基础。

群桩承台基础也称为多桩承台基础（图 4-4），由钢筋混凝土承台和一组钢管桩构成，
根据地质条件和风电机组荷载量级，可采用不同数量的钢管桩，钢管桩可设计为斜桩或直
桩。适用于 0～30m 以内的海域。其优点是基础防撞性能好，软土地基适应性好。缺点是
海上施工时间长，程序复杂。

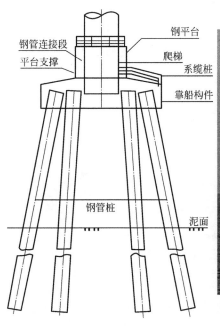

图 4-4　群桩承台基础

图 4-5　导管架式基础

（3）导管架式基础。

导管架式基础（图 4-5）通常有 3 个或 4 个桩腿，导管架的负荷由打入地基的桩承担，桩腿之间用撑杆相互连接，形成具有足够强度和稳定性的空间桁架结构，适用于大型风机、深海领域及水深 20～50m 的海域。其优点是导管架结构主要采用小杆件，降低了波浪和水流的载荷作用，基础强度高、安装技术成熟、工序少、综合风险低；缺点是结构受力复杂，导管架节点数量多、疲劳损伤大、制造时间较长、成本相对较高，安装时易受天气影响，不适用于海床存在大面积岩石的情况。导管架式基础是深海海域风电场未来的发展趋势之一。

2）重力式基础

重力式基础是依靠基础自重来抵抗风电机组荷载和环境荷载，通过增加基础底部重量提高基础的抗倾覆、抗滑移稳定性（图 4-6）。重力式基础分为钢筋混凝土沉箱结构和钢沉箱结构，内部需要填充压舱材料，如砂、碎石或矿渣及混凝土等，并可通过调整基底的宽度以适应地质条件。重力式基础结构对海洋地基础要求比较高，施工安装时，需要对海床进行处理，而且具备抗冲刷能力。重力式基础适用于天然地基较好、水深 0～30m 以内海域的风电场建设，不适合软土地基及冲刷海床海域风电场内的建设。重力式基础多为陆上预制，不需海上打桩作业，具有节省施工时间和费用的优点，在施工便利性和工程成本控制方面也表现出较大的优越性。

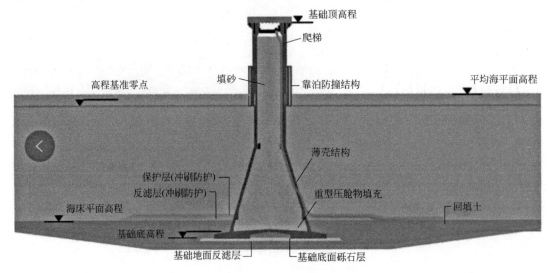

图 4-6　重力式基础

3）吸力筒式基础

吸力筒式基础作为一种新型海上风电桩基础，多为底端开口、顶端封闭的倒扣大直径圆筒，分为单筒基础和多筒基础（图 4-7）。吸力筒式基础利用自身重力下沉到一定位置，然后通过吸泵把吸力筒内部的水抽出而产生吸力，利用内外压力差将其压入海底。吸力筒式基础具有以下优点：（1）不需要专门的打桩锤和打桩船，吸力贯入安装对周围海洋生物无噪声污染；（2）便于回收退役后的钢铁材料，避免资源的浪费；（3）用钢量比单桩少大约 25%，几乎不需要对海底地基进行处理，成本低；（4）适用水深 30～60m 的海域；（5）能快速安装，节约时间，无须等待作业窗口期。

图 4-7　吸力筒式基础

4）浮式基础

浮式基础为了适应深远海风电场而提出的一种基础形式，为海上风电向着更深水域的建设提供了可能（图 4-8）。浮式基础依靠海水浮力和基础底部的反向作用，抵抗风电机组荷载和环境荷载，可分为张力腿（TLP）、柱形浮筒（Spar）、半潜式（Semi-Sub）。目前国内漂浮式基础大多处于研发阶段。

图 4-8　浮式基础结构形式

（1）TLP 式基础控制平台的浮力大于自重，通过锚固在海底的拉索保持稳定。目前TLP 式基础的水深能达到 1500m。由于 TLP 式基础的稳定性良好且造价相对低廉，目前已经出现很多 TLP 式风电机组概念，国际上已有多台样机采用 TLP 式方案，比如

BLUEH 项目。

（2）Semi-Sub 式也称为浮力稳定式，依靠自身的浮力保持平衡，位置保持依赖锚链系统；目前自升式平台水深能达 3000m 以上。漂浮式海上风电场中出现很多采用 Semi-Sub 式基础的设计概念，并有多台样机建成试验，比如 WindFloat 项目、福岛未来项目。

（3）Spar 式也称为压载稳定式，其平台总体线形呈圆柱形，控制压载使重心低于浮心，继而达到稳定，位置保持依赖锚链系统；该平台主要适用于深水域，目前最大水深能达到 3000m 以上。漂浮式海上风电场中出现很多采用 Spar 式基础的设计概念（主要在深水区），并有多台样机建成试验，比如 Hywind 项目、川岛项目。

浮式基础适合于水深大于 50m 的海域内，相对于固定式基础，浮式基础作为安装风电机组的平台，用锚泊系统锚定于海床上，其成本相对较低，运输方便，但稳定性差，受海风、海浪、海流等环境影响很大。平台与锚固系统的设计有一定的难度，基础必须有足够的浮力支撑上部风电机组的重量；并且在可接受的限度内能够抑制倾斜、摇晃和反向移动，以保证风电机组的正常工作，制约了浮式基础大规模地投入使用。

2. 单桩基础施工工艺

单桩基础施工工艺流程如下：施工准备→起重船、运输船舶定位→稳桩平台驻位、安装→运桩船靠泊→钢管桩起吊翻身→吊装入龙口→自沉及压锤→内平台安装→高应变检测及无损检测→拆除稳桩平台→基础防护→附属件安装→移位至下一机位。施工过程中主要涉及的作业船机设备有起重船、打桩船、稳桩平台、锚艇、拖轮、搅拌船、驳船、交通船等。

当前单桩沉桩常采用双起重船抬吊，辅起重船辅助翻身，稳桩平台抱桩稳桩施工方式的沉桩施工工艺流程见图 4-9，其中沉桩作业为最主要工序，在沉桩过程中，还要对液压锤锤击、桩体垂直度参数等进行设定和控制。

1）施工准备

根据提供的设计图纸，组织施工技术人员进行图纸复核，进行相关运输工装制作的技术准备工作，编排实施计划，及时向施工技术人员进行安全技术质量交底。编排船机进场计划，开工前做好相关开工手续的办理。

施工前，需根据现场情况进行扫海形成扫海报告，确定海底是否存在沉船、障碍物、沙坑等影响施工因素，并分析每个机位海底平整度，根据报告指导单桩基础施工作业。每个机位要求"一机一方案"，并进行可打性分析及复核，制定防溜桩应对措施等应急方案。

2）稳桩平台定位、驻位

稳桩技术是保证单桩垂直度的关键，主力船机及稳桩平台通过 GPS 定位系统进行定位。定位后，稳桩平台系统驻位，并完成安装工作。

3）施工船舶、运桩船驻位

稳桩平台定位完成后，起重船由拖轮拖向施工海域，起重船艏部和艉部抛锚，设置抛

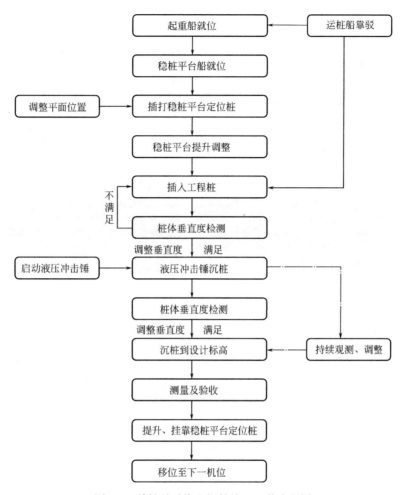

图 4-9　单桩基础海上沉桩施工工艺流程图

锚标志，防止锚缆相互绞缠。起重船定位时，船舶纵向中心轴线应基本与稳桩平台船纵向中心轴线的延长线重合，艉部朝向稳桩平台船，并留有足够的安全距离。

4）钢管桩起吊立桩（图 4-10）

通过起重船吊钢丝缆人员引导挂钩的方法，完成钢管桩起吊翻转钢管桩吊入桩架龙口。待钢丝缆挂吊耳完毕后，人员撤离至安全位置。起重船在统一指挥下，将钢管桩缓缓吊离运桩船。起吊一定高度，试吊一定时间，检查焊点、吊索具是否满足施工安全要求，保障后续安全施工。试吊完成后，运桩船驶离施工区域，钢管桩准备立桩。钢管桩竖直后，通过尼龙绳将立桩吊耳卸扣插销抽出，解除立桩钢丝绳。

5）钢管桩移至抱桩器及自沉

起重船通过绞缆将钢管桩吊运至稳桩平台抱桩器中，在单桩入水和入泥自沉阶段，在抱桩器扶正导向作用下，缓慢下放钢管桩，并要实时监控（图 4-11）。翻桩过程中，桩底与海床面之间应留有一定的安全距离，避免钢管桩突然触底导致脱钩。在沉桩过程中，通过升降钩、扒杆转动及调节千斤顶，一直检测及修正桩的垂直度，垂直度调整至

1‰以内。

图 4-10　钢管桩起吊立桩　　　　　　　　图 4-11　单桩入抱桩器

6）锤击沉桩阶段（图 4-12）

钢管桩自沉至稳定后，吊送测量人员至桩顶，利用水准仪测量桩法兰连水平度，满足小于 1‰后方允许摘钩，进行锤击沉桩施工，法兰的水平度与钢管桩垂直度误差应控制在0.5‰以内。开始沉桩时，前三锤实施最小能量单击，每次停锤后进行垂直度监测。然后以最小能量连击，并根据打桩分析、钢管桩实际贯入度情况并结合地勘情况调节夯击能，每沉桩 2～3m 即停锤检查垂直度，以防钢管桩发生较大倾斜，确定无误后，再持续进行锤击。

图 4-12　锤击沉桩

7）复测

终锤时，通过 GPS 测量稳桩平台下层平台标高，采用反光贴做好标高标记。当桩顶沉桩至标记标高 1m 左右时，控制锤击贯入度和打击能量，每 250mm 停锤观测一次垂直度。待桩顶逐步接近标记标高位置时，采用全站仪三角高程方法测量并记录桩顶高程。锤击结束后，测量人员通过临时作业平台复测桩顶高程，看其是否满足偏差 50mm 的要求（图 4-13）。

图 4-13　桩顶高程校核

8）内平台安装

沉桩完成后，起重船吊机将内平台及相关物料（螺栓、密封胶等）吊至桩顶并进行安装，施工人员通过爬梯进入内平台，拧紧内平台螺栓，涂抹密封胶。

9）抱桩器拆除

钢管桩沉桩到位并经检验合格后，即拆除抱桩器。抱桩器拆除顺序如下：配合施工的浮吊吊起抱桩器，在吊钩收紧的初始状态，解除抄塞钢楔块，拆除支撑桩桩顶悬挂系统。然后将抱桩器整体下放至船舶甲板支承座上，支撑钢桩采用配合施工的浮吊携振动锤拔出。

10）抛石防护

基础防冲刷常采用抛石防护形式，采用抛石起重船，经现场抛锚定位后，使用钢丝网包装抛填块石，完成抛石防护施工。

11）附属件安装

沉桩完成后，对沉桩质量进行检查，并及时对施工过程中造成桩体防腐涂层破损的地方进行修复。按设计要求完成外套笼平台、电缆管、救生舱等附属构件安装。

4.3.2 桩基础施工风险源辨识与评价

1. 桩基础施工特点

1) 受自然环境影响大

一方面，拖船就位、船舶运输航行中受气象、海况等自然条件的影响较大；另一方面，恶劣的自然环境、地质条件对海上桩基础吊装、沉桩作业等造成极大影响，因海洋环境的影响，作业难度增加，事故发生概率骤增。

2) 船机装配要求高

桩基础的长度大，构件重量大，起重作业高度高，沉桩精度控制要求高，船机设备的起重能力、沉桩能力、作业时抵抗波浪的能力均是需综合考虑的施工因素，但目前国内、外专业化施工船舶都较为紧缺。

3) 作业技术难度大、精度要求高

(1) 桩基础采用的钢管桩直径相对于常规水上工程来说较大，其使用载荷大（直径高达 10m，质量超过 1000t），大直径单桩施工过程中翻桩动作难度大，沉桩难度大，对船机配置、起吊方式等要求高，技术难度大；

(2) 沉桩过程中控制精度要求高，垂直度需控制在 1‰以内，作业专业性强，受设施、技术等自身条件和操作水平等多方面因素的限制；难以全面预测海底地层情况，一旦地层出现异常，即存在"溜桩"带来的风险，可引发严重后果；

(3) 大能量液压打桩锤沉桩易出现桩顶损坏情况；

(4) 人员专业性要求高，作业船舶定位、吊装、沉桩操作等专业性水平高。

4) 作业风险大

桩基础施工过程涉及大件运输、沉桩作业、附属件安装、基础防护等，现场施工作业船舶多、起重作业多，涉及高空作业、水上作业、电气焊接等作业，特种作业多，安全风险大。

2. 桩基础施工作业风险源分析

海上风电桩基础施工作业过程中危险源及可能导致的风险如表 4-3 所示。

桩基础施工作业危险源及可能导致的风险　　　　　　表 4-3

序号	作业活动		危险源	可能导致的事故
1	施工船舶起、抛锚	施工船抛锚就位	人员与锚缆距离过近,锚缆打击伤人	物体打击
2			抛锚人员操作不当,缆机将人员手卷入挤伤	机械伤害
3			雨天或受涌浪影响,人员滑倒落水	淹溺
4			船舶走锚	船舶碰撞 船舶倾覆

续表

序号	作业活动		危险源	可能导致的事故
5	钢管桩运输		钢管桩未紧固,或底座焊接不牢固造成滚动	船舶倾覆 机械伤害 淹溺
6			钢管桩运输船运时,风浪较大	
7	稳桩平台搭设	稳桩平台吊装	稳桩平台挂钩,人员高处坠落	高处坠落
8			稳桩平台挂钩,风、涌浪影响下,挂钩人员被吊索挤伤	起重伤害
9			稳桩平台挂钩完成后,相关人员未及时撤离,起吊后平台摆动伤人	起重伤害
10			稳桩平台挂钩完成后,涌浪影响下,平台突然抬升后下落,挤伤人员	起重伤害
11			吊索具选择错误,钢丝绳断裂,平台掉落伤人伤船机设备	起重伤害
12			吊机故障,造成稳桩平台掉落伤人伤设备	起重伤害
13			起重臂和重物下方有人停留、工作或通过	起重伤害
14		辅助桩沉桩	风、涌浪影响下,挂钩人员手被吊索挤伤	起重伤害
15			挂钩完成后,相关人员未及时撤离,起吊后桩体摆动伤人	起重伤害
16			挂钩完成后,涌浪影响下,桩体突然抬升后下落,挤伤人员	起重伤害
17			振动锤油管破裂,伤害周围人员	物体打击
18			吊机故障,造成辅助桩掉落	起重伤害
19			起重臂下方人停留、工作、通过	起重伤害
20		平台焊接连接板固定	动火作业人员操作不当	灼烫 火灾 爆炸
21			未持有明火作业操作证作业	
22			动火作业无人监护	
23			动火作业劳防用品欠缺	
24			动火区未放置灭火器	
25			气瓶未安装保护帽/减震圈	
26			气瓶倒放、未进行防倾倒措施	
27			氧气、乙炔瓶及动火点间距不足	
28			气瓶未检验、无标识或标识不清	
29			氧气瓶、乙炔瓶曝晒	
30			氧气、乙炔气管混用、老化	
31			乙炔瓶无回火装置	
32			氧气压力表损坏	
33			电焊机线路裸露,造成人员触电	触电
34			稳桩平台湿滑,发生人员滑倒、落水	淹溺

序号	作业活动		危险源	可能导致的事故
35	基础桩翻桩、沉桩	运输船靠泊主吊船	抛锚人员操作不当,缆机将人员手卷入挤伤	机械伤害
36			涌浪或雨天甲板作业,造成人员滑倒	淹溺
37			运输船靠泊主吊船受涌浪影响大	碰撞
38		基础桩翻桩吊装、沉桩	起重指挥或吊车司机操作不当,违章指挥、造成桩体伤人伤物	起重伤害
39			安全技术方案不健全、安全技术交底不到位	起重伤害船舶倾覆
40			吊索具选择错误,超载运行,吊机折臂事故,或掉落伤人伤船机设备	起重伤害船舶倾覆
41			起重机吊装设备的安全设计缺陷、附属安全装置缺陷或失效(如力矩限制器安全连锁失灵、钩头未加挂安全索、卸扣未加保险销)	起重伤害船舶倾覆
42			设备配件等存在缺陷或失灵(如制动器动作异常、俯仰限位失灵、钩头限位开关和编码器失效、钢丝绳断丝断股或锈蚀等)	起重伤害船舶倾覆
43			起桩过程中,运输船失稳,与起重船发生碰撞	船舶碰撞
44			作业人员安全意识低,起重臂和重物下方有人停留、工作或通过	起重伤害
45		测量法兰平面度及安装替代法兰	吊机故障,钢丝绳脱落造成测量掉落	起重伤害
46			涌浪影响下,挂钩人员手被吊索挤伤	起重伤害
47			测量平台作业,人员从高处坠落	高处坠落淹溺
48		吊装液压锤	涌浪影响下挂钩人员手被钢丝绳挤伤	起重伤害
49			吊梁挂钩完成后,相关人员未及时撤离,起吊后吊梁摆动伤人	起重伤害
50			吊机故障,液压锤掉落伤人伤设备	起重伤害
51			起重臂下方有人停留、工作或通过	起重伤害
52		锤击沉桩	锤子的液压管线挂到船上其他设备	物体打击
53			噪声造成附近人员听力损失	其他伤害
54			液压锤油管破裂	物体打击
55			液压锤吊索具、钢丝绳破损	起重伤害
56			溜桩	物体打击
57		高应变检测	人员检测过程中,滑倒落水	淹溺
58		法兰平面度、标高测量	测量平台作业,人员从高处坠落	高处坠落
59			测量平台起吊,物体坠落	起重伤害

续表

序号	作业活动		危险源	可能导致的事故
60	稳桩平台 拆除移位	连接板割除	动火作业人员操作不当	灼烫 火灾 爆炸
61			动火人未持有明火作业操作证	
62			动火作业无人监护	
63			动火作业劳防用品欠缺	灼烫
64			动火区未放置灭火器	灼烫 火灾 爆炸 机械伤害
65			气瓶未安装保护帽/减震圈	
66			氧气、乙炔瓶及动火点间距不足	
67			气瓶倒放、未落实防倾倒措施	
68			气瓶未检验、无标识或标识不清	
69			乙炔、油(漆)库存点未配置灭火器	
70			氧气瓶、乙炔瓶曝晒	
71			氧气、乙炔气管混用、老化	
72			乙炔瓶无回火装置	
73			氧气压力表损坏	
74			电焊机线路裸露,造成人员触电	触电
75			平台未焊接牢固	坍塌
76			稳桩平台湿滑,人员滑倒、落水	淹溺
77		振动锤拔 辅助桩	振动锤油管破裂,伤害到周围人员	物体打击
78			吊机故障造成振动锤掉落	起重伤害
79			起重臂有人停留、工作或通过	起重伤害
80			稳桩平台挂钩,人员高处坠落	高处坠落
81		平台起吊 吊离机位	稳桩平台挂钩完成后,相关人员未及时撤离,起吊后平台摆动伤人	起重伤害
82			吊索具选择错误,钢丝绳断裂	
83			吊机故障,造成稳桩平台掉落	
84			起重臂下方有人停留、工作或通过	物体打击
85	套笼吊装		吊索具、机械存在缺陷不满足要求	起重伤害
86			挂钩过程中滑落,吊钩来回摆动	物体打击
87			船体上下起伏较大,吊物与周围设施发生碰撞	起重伤害

4.3.3 桩基础施工主要风险分析与管控措施

桩基础施工作业是海上风电安装最为重要的阶段,由于海上作业环境恶劣(风、浪、潮、雾等)、海底地质复杂、打桩沉桩作业技术要求高等,桩基础施工是事故的高发作业阶段,其事故风险主要有沉桩过程中溜桩及拒锤、自升式平台穿刺事故、起重吊物坠落、起重机折臂、船舶倾翻、触电等风险,可能导致重特大人员伤亡和财产损失,因此需要重点防范和控制相关风险。

1. 溜桩风险

在海上风电施工沉桩过程中,溜桩是主要风险之一,溜桩事故一般产生于上部为坚硬土层、下部有软土层的情况,发生溜桩的主要原因是在桩自重或桩锤组合自重作用下,钢管桩重力大于桩身摩擦阻力,桩基加速下沉,发生溜桩完成瞬间的反弹会产生很大的桩身拉应力,也会造成桩体破坏。溜桩可能造成钢丝绳断裂、机身受损、打桩锤损坏等,容易产生质量事故和安全事故,事先应有针对溜桩的预案,能减少及消除其影响。

1) 溜桩风险影响因素

(1) 海域不良地质影响:在沉桩过程中上层存在硬土层,在土层中间存在容易产生溜桩的不良土层,在沉桩过程中产生溜桩就无先兆性,难预见。

(2) 恶劣天气水文环境影响:如大风大浪天气、水流速大、潮差大等。

(3) 作业水平:沉桩施工前,未对所有施工人员进行安全技术交底,起重班组、液压锤操作班组、测量班组等沉桩施工主要人员不熟悉桩位的地质情况和操作注意事项。

(4) 操作不当:人员指挥不当、操作失误,沉桩过程中参数设置不合理,沉桩力度控制不当;桩锤选择不当,比如桩锤选择过大;沉桩作业监测不到位。

2) 溜桩风险防控措施

(1) 提高海底的岩土勘探准确度。将地质勘察坐标与施工机位坐标精确对比,重点查看钻孔柱状图中是否存在土体承载力骤然发生聚变能的土层。此外,设计方案中应充分考虑勘探和施工的不确定性。

(2) 编制专项沉桩施工方案,并组织有关专家审查确定。

(3) 采用先进、专业的大型打桩船。打桩船的桩锤、打桩架高度、起吊能力、抗风浪能力等技术参数应该满足设计和施工要求,尤其是桩锤的选型,力求一步到位。

(4) 沉桩前,需注意气象海况预报,选择对沉桩施工影响小的天气进行施工,提前做好应对措施。

(5) 沉桩前,需对船机设备、吊索具进行安全检查,如发现有断股、磨损严重等现象,应立即汇报主管领导及时更换,排除安全隐患。

(6) 沉桩施工前,对所有施工人员进行安全技术交底,特别是起重班组、液压锤操作班组、测量班组等沉桩施工主要人员需熟悉桩位的地质情况和操作注意事项。

(7) 吊打桩锤的钢丝处于松弛状态,绳幅处于松弛状态。在沉桩全过程中,应始终让吊绳处于松弛状态。在沉桩全过程中,信号员应始终观察吊钩、绳的状态,适当控制机松量,防止出现"溜桩"现象。

(8) 密切关注地质变化,与勘探资料进行对照,当桩底标高接近软弱土层(如淤泥质土层)时,必须减小锤击能量及锤击速率,必要时采用单击或2、3连击,同时适当控制吊机松绳量,防止出现"溜桩"现象。

(9) 合理选择打桩锤及施工工序。对桩基沉桩采取谨慎施工,严格控制液压锤加载速度。开始沉桩时，前三锤必须实施单击，第一锤吊打，采用最低打击能量开锤点击，其后每击一锤后即停锤。观察检查贯入度、桩垂直度变化、桩身与导向轮的接触情况以及变位情况等。在沉桩全过程中，必须进行测量观测，发现桩身贯入度变化较大或贯入度异常，应立即停锤，并分析原因。在沉桩全过程中，应安排专人旁站复核操作室输入的锤击数据，确保操作无误。

（10）沉桩施工期间，应对沉桩施工作业进行全过程监理，对桩的质量、起吊方法、桩位、施打过程桩位变化、桩施打进尺速度、最终沉桩贯入度和停锤标准等进行全面的检查和严格的控制。

（11）沉桩期间，所有船上应安排人员值班，一旦有险情时，可迅速集合、紧急避险。现场至少应有一艘交通船在附近待命，作为应急救援船只。

2. 起重吊装作业伤害

起重作业覆盖海上风电桩基础、风机、升压站、海缆等运输以及各工艺施工过程。起重吊装作业频次高，构件体积及质量大，精度要求高，作业技术复杂和难度大，风电安装专用作业船缺乏，以及受海上大风、大浪、潮汐等恶劣作业环境和狭小作业区域等条件限制，易发生吊物坠落、折臂事故、船机倾覆、人员挤伤、坠海淹溺等安全事故，海上起重作业比陆上起重作业难度和安全风险更高，是海上风电施工作业中最重大的风险之一。

桩基础施工中起吊稳桩平台、钢管桩、液压锤等过程中，容易发生吊物坠物和碰撞伤人事故，起重机超载、操作失误会引起吊机折臂、船机倾覆等事故，易造成重大人身财产损失。因此，应对桩基础施工现场的安全管理提出更高的要求。

1）风险影响因素

（1）特殊构件起吊前，未制定起吊作业安全技术方案，或未按要求进行编制，未进行安全技术交底；

（2）设备设施存在故障，起重设备故障、安全装置失效、钢丝绳老化疲劳断股等；

（3）作业前，未检查起重设备各部件（如钢丝绳、卡环、吊钩、吊点、吊物等）的可靠性和安全性，未进行试吊；

（4）起重吊装相关人员违章指挥、违章作业、违反工艺规程，操作人员操作失误、人员安全意识淡薄，如物件吊运过程中，存在起重指挥信号不明、斜拉歪吊；

（5）吊索具选择错误，或超负荷作业，钢丝绳断裂，平台掉落造成伤人、伤船机设备；

（6）海上作业环境恶劣，受天气因素（风、浪、潮、雾等）影响大，是对其中吊装作业质量和安全构成最大影响和干扰的因素，通常情况下，六级风就会对起重吊装形成非常大的干扰；

（7）夜间施工作业、吊装范围大、视线模糊不清，未开启夜间锚灯。

2）吊装风险防控措施

（1）组织人员编写施工专项施工技术方案，及时进行安全技术交底。

（2）操作人员持有特种作业人员资格证书，熟悉起重设备的操作规程，按规程操作。

（3）进行起吊作业要设专人指挥，在班前会中确认起钩动作、人员配备、岗位职责、应急方案。参加吊装的起重工要掌握作业的安全要求，统一信号，如对讲机要型号一致、频道一致，确保吊装施工安全、顺利进行。

（4）起重设备明确标识安全起重负荷，若为活动吊臂，标识吊臂在不同角度时的安全起重负荷。制订严格的起重计划，对于起重的能力、路径、时间、辅助作业的安排、天气限制、场地限制、通信沟通进行科学的安排。精确计算、合理选择起重设备和吊具，严格执行"十不吊"规范；先进行试吊，待无异常后，再起吊作业。

（5）吊装前，落实人员对钢丝绳、卡环、吊带、吊钩等起重设备、吊具的检查工作。对超载报警器、钢丝绳限位、起重负荷指示、报警等安全装置进行检查，确认无异常后方可起吊。

（6）起重机及吊物附件按规定定期进行检验，并记录在起重设备检验簿上。

（7）起吊时，待钢丝绳垂直后方可起吊，防止吊物晃动伤人。

（8）起重指挥及其他施工人员应随时注意吊装过程，并主动避让吊物。

（9）吊装区域设置安全警戒区，非施工人员禁止入内。

（10）水上吊装作业应根据潮位变化情况合理安排作业时间。

（11）具备可靠的天气预报和海况情况，以保证作业安全进行，作业环境条件要满足施工规定的条件要求。六级以上大风和大雾天气应停止吊装，雨天应注意防滑、防雷措施。

3. 高处及舷外作业风险

凡是高度基准面在 2m 以上（含 2m）、有可能发生坠落的高处进行的作业，称为高处作业。舷外作业属于一种特殊的高处作业，是指在海面以上的平台甲板外部进行工作。海上施工作业人员落水大多与"舷外作业"有关，桩基础施工中的作业类型复杂，操作人员、管理人员等发生落水的概率大，容易造成人员伤残、溺水死亡、落水失踪等事故。

1）风险影响因素

（1）作业前未进行技术交底，或者交底不清，从而造成人员操作存在安全隐患；

（2）对危险有害因素辨识不全面，安全措施制定的不详细，作业人员未培训或培训不到位；

（3）高处坠落事故多发生在大风、大雨、台风、大雾等恶劣天气或夜间作业，影响视觉和听觉，作业面较滑、操作不灵活会导致不可控风险大幅度增加；

（4）高处或舷外作业使用的梯子、个人防滑防坠落保护装备等质量不达标，对人保护措施失效；

（5）作业人员安全作业意识差（不按规定穿戴劳动防护用品等），不遵守作业规程；

（6）在桩口、临边作业，或在作业船上转移作业地点时，因踩空、踩滑等失去平衡而坠落；

（7）无高处及舷外作业操作资格的人员从事高处及舷外作业，患有高血压、心脏病、贫血等其突发疾病的人员易发生高处坠落事故；

（8）高处及舷外作业未办理许可证，擅自进行作业。

2）高处及舷外作业风险防控措施

（1）舷外作业应严格进行作业前风险分析，严格执行作业许可证制度，应由具有特种作业资质的人员进行施工。

（2）高处作业前应检查作业许可证。进行特种作业人员应持有特种作业人员操作证。

（3）严禁有高血压病、心脏病、贫血、癫痫病及恐高心理的人员进行高处作业。

（4）禁止在六级以上的大风、雷电、暴雨、大雾等恶劣天气下进行高处作业，航行时禁止舷外作业。

（5）必须组织员工定期体检，确保施工人员满足高空作业要求，并对项目进行监督检查和落实。高处作业前，必须检查人员精神面貌，严禁疲劳、精神不振和思想情绪低落人员参加高处及舷外作业。

（6）舷外作业时，必须正确穿好救生衣、戴好安全帽、穿软底胶鞋等，系好安全带，并检查跳板绳索是否绑牢，不得将安全带和跳板绳固定在同一处，制定相应的风险控制措施，落实守护船守护等；高处、舷外作业现场必须有专人监护，保持通信畅通。

（7）夜间施工时，应保证有足够的照明设施，能满足夜间施工需要，并准备备用电源。

（8）对于工期较紧的工序及不能中途停止施工的工序，人员不得白夜班连续作业；工人进行夜间操作时，要进一步强化安全教育、安全管理，安排安全员跟班作业；夜间施工时，应挑选年轻力壮的工人，并让他们在白天得到充足休息。

（9）夜间作业施工现场应设置明显的交通标志、安全标牌、警戒灯等标志，标志牌具备夜间荧光功能，所有作业人员必须穿着带有反光条的工作服及救生衣，保证施工机械和施工人员的施工安全。

（10）高处作业时，禁止一手携物，一手扶着梯子上、下，使用的工具、拆装的零部件，应用吊桶、吊袋装妥后用绳索传递，严禁下掷上抛，作业现场下方一定范围内禁止人员停留。

（11）严格检查高处作业应急预案，作业人员要熟知应急预案内容，工程船舶应配备必要的救生设施和消防器材。

4. 动火作业

动火作业是指在禁火区进行焊接与切割作业，以及在易燃易爆场所使用喷灯、电钻、砂轮等可能产生火焰、火花和炽热表面的临时性作业。在危险区域内进行的以下作业均可视为动火作业：①使用焊接、切割工具进行的焊接、切割、加温作业；②对金属进行的打磨、钻孔作业；③利用明火进行的作业；④利用远红外线及其他产生热源导致易燃易爆物品、有毒有害物质产生化学变化的作业；⑤作业中使用遇水或空气中的水蒸气产生爆炸的固体物质。

海上风电工程施工涉及气焊焊接、切割等动火作业，如桩基础施工中动火作业切割卡板、稳桩平台的安装及拆除等，易引发火灾、爆炸、灼烫等事故，一旦发生火灾、爆炸事故，很可能引发海上作业平台灾难性事故，应严格进行安全管理。

1）风险影响因素

（1）危险、有害因素辨识不全面，重大危险、有害因素不明确，安全措施制定得不详细，审查审批把关不严，导致安全措施缺乏全面性和针对性；

（2）作业前，未进行技术交底，或交底不清；

（3）未办理动火作业手续，擅自进行动火作业，使动火作业管理失控，发生火灾爆炸事故；

（4）作业人员未经过安全教育培训，特种人员未持证上岗，辨识和预防风险能力适应不了作业要求；

（5）作业人员不按操作规程和动火作业计划书的要求作业，严重违反工艺流程，监护人员不履行职责，监护失职；现场负责人、监护人职责不清，擅离职守，施工现场管理混乱，影响组织措施的有效进行；

（6）作业现场及周围存在易燃物品，使动火作业产生的电火花引燃可燃物品；

（7）作业过程中出现大风、大雾、雨雪、雷电等特殊天气，作业环境变化。

2）动火作业风险防控制措施

（1）动火人员经过培训，持证上岗作业。

（2）制定动火作业详细方案，认真制定、执行应急预案，并经有关部门人员审批。

（3）按规定正确穿戴和使用劳动防护用品，同时根据不同作业环境有针对性地采取安全措施。

（4）在高处从事电焊、气割作业时，在作业区周围和下方采取隔离和防火措施，并设专人监护。

（5）实施电焊、气割等明火作业前，应对周边环境进行检查，保证 10m 范围内没有存放油类、木材、氧气瓶、乙炔瓶等易燃易爆物品或其他可燃危险物品。

（6）严格管理氧气、乙炔供应，储存、搬运氧气瓶、乙炔瓶时，应采取措施防止撞击、避免水平滚动、剧烈振动、在烈日下暴晒。存放地点远离热源或易产生火花的电气设备。使用氧气瓶和乙炔瓶时，应立放，并采取防倾倒措施，控制氧气瓶和乙炔瓶间的距离大于 5m。作业时，氧气瓶、乙炔瓶与动火点距离不应小于 10m。吊运氧气瓶或乙炔瓶时，应使用专用装具，杜绝使用钢绳、铁链直接捆绑或使用电磁吸盘等进行吊运。

（7）每次作业前、后，应对气瓶、阀门、焊炬、胶管等进行检查，避免沾污油脂。应定期对压力表、安全阀、橡胶软管和回火保护器等进行检查。

（8）遇六级以上的大风、浓雾、暴雨、雷电天气时，应立即停止动火作业。在潮湿地带进行焊接作业时，应为操作人员配置干燥的绝缘物体工作面。

（9）电焊机等电气设备应具有良好的接地装置，安装漏电保护。

（10）高处及舷外作业动火作业使用的安全带、救生索等防护装备应采用防火阻燃材料。高处及舷外作业应采取防止火花溅落措施，并在火花可能溅落的部位安排人员进行监护。有五级以上风时，不得在室外高处、舷外进行动火作业。

5. 水上抛沙、抛石施工风险防控措施

（1）挖掘机、装载机等施工机械安放在驳船上进行作业时，必须制定专项施工方案，并附船舶稳定性和结构强度演算结果，以及确定驳船装载量和挖掘机、装载机等在驳船上的作业条件。

（2）挖掘机、装载机、砂石料等在驳船上进行抛填作业时，应将驳船的纵、横倾角控制在允许范围内，且不得超载。

（3）人员填袋作业时，作业人员应与船舷保持适当距离，并穿好救生衣，谨防人员落水。

（4）夜间作业时，应有足够的照明，及时清理甲板上的散沙、石块等，指定专人进行安全巡视。

（5）进入潜水作业区域前，抛石船应与潜水负责人取得联系，配合潜水员抛石时，应服从其指挥。

（6）船舶如受风浪影响出现走锚时，在保障人身安全的前提下，要尽力采取一切有效措施（如抛下备用防风锚，机动船发生走锚时，要开动主机进行顶风，以防进一步走锚；当非机动船出现走锚、缆绳断裂等而又无法用人力或其他方法进行抢险时，可采取就地搁浅的办法进行抢险等）控制船舶动态，并立即将船舶动态报告项目部，迅速组织拖船或其他动力船舶及时救助，防止事态扩大。

（7）靠在一起的船舶，必要时应分开抛锚，防止相互碰撞。

（8）当有六级以上大风或浪涌过大时，禁止使用交通艇，应用拖轮或者锚艇运送人员。交通艇应躲避在桩或驳船背风面避风。

（9）特殊天气过后，由应急小组组长宣布此次应急结束，工作重心转移至善后及恢复生产。安排专人检查船舶受损情况，评估后果，为后续正常开展工作作好物资准备。安排专人总结、完善本预案，编写总结汇报。

在海上施工过程中，除了上述应急处置要点，施工相关船只还应做到以下几点：

（1）船舶应有足够的稳性。调整压载水，增加吃水，减少船舶的受风面积。

（2）及时接收、分析台风警报。掌握台风发展运动情况，与现场气象观察结果比较，判断本轮是否已受台风影响。船舶在台风进路的什么位置，进而采取相应的海上避台方法。离开台风中心，避开强风区。

（3）仔细研究避台海域的情况。选择水深相对较浅，航海障碍物较少，定位物标好的开阔海域滞航抗台。

（4）保证四机一炉处于正常工作状态。

（5）注意大风大浪中的船舶操纵要点。对航向、航速作适当调整，控制船舶尽量减小横摇的次数和幅度，使船艏与风浪呈 30°角，减小船体的受力，谨防船被风浪打横。在大风浪中调头，一定要遵循船速慢、舵效好的基本操作方法，要选准海面较平静的一段时间开始调头，力争在下一组第一个大浪到来之前渡过横风横浪的危险区段，并调头完毕。

（6）台风过境后，涌浪大增，此时更应该谨慎操船，防止横摇，控制好船位，防止船舶被涌浪推进危险海域。

4.4 海上风电机组安装施工安全管理

4.4.1 风电机组安装施工工艺概述

风电机组安装是风机安装工作中最为重要的内容，组装施工可以采用很多方法。海上风电机组的安装方式主要有分体吊装和整体吊装两种。分体吊装方式是在海上预定机位，采用专用风机安装船依次完成塔筒、机舱、轮毂和叶片的吊装工程。整体吊装方式先在陆地完成风电机组（包含塔筒、机舱、轮毂和叶片）整体预拼装，然后利用专用固定工装将风电机组固定在专用运驳上，并运至预定海域，采用专用风机安装船海上整机吊装，采用FIS 缓冲系统实现整体风电机组的精定位和软着陆，安装至预定机位。

风机分体吊装方式对码头装载能力、运输驳船装载能力、专用风机安装船的起重能力要求较小，但是起吊次数多、施工周期长。风机整体安装工艺具有海上工序少、海上安装作业时间短，作业面可充分利用陆域组装和整体吊装可同时进行的优势，但需要在陆地设置组装场地，同时对码头装载能力、驳船装载能力和起重能力的要求非常高，运输风险也较大。近年来，随着风机向大型化的方向发展，风机单机功率和单位千瓦扫风面积逐渐增大，风机叶轮直径增大、轮毂中心增高，风机吊装难度随之增加。随着设备能的提升及安装工艺的进步，风机分体安装工艺更加成熟，工程应用较为广泛。整体吊装方式因设备要求高，安装难度大，当前在我国应用较少。以下主要介绍分体吊装方式的施工工艺、风险及管控措施。

1. 分体吊装施工工艺

分体吊装施工工艺可分为吊装准备、安装塔筒、安装机舱、安装风轮（轮毂和叶片）、安装电气等工序，其主要施工流程如图 4-14 所示。风轮安装根据轮毂与叶片的组装和吊装顺序，可以分为风轮整体安装和轮毂、叶片分体吊装。风轮整体安装轮毂与叶片，可以在甲板上组装后进行整体式吊装；轮毂、叶片分体吊装，是将轮毂、叶片单独吊装，在空中与机舱完成组装。塔筒安装采用分段式安装，机舱与发电机整体安装。

1）吊装准备

根据预定的安装位置，风机安装船进行定位，并对桩腿完成预压。塔筒运输船靠泊定位驳后，定位驳通过绞锚使塔筒运输船定位至平台附近（图 4-15）。

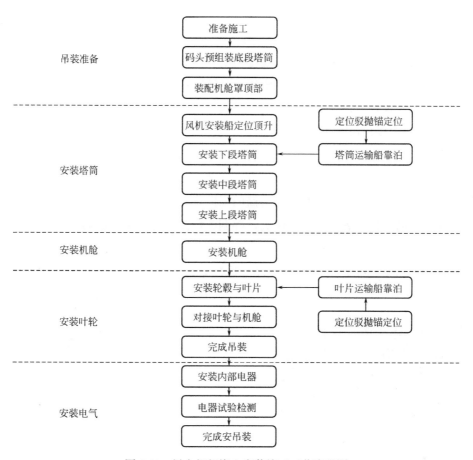

图 4-14　风电机组海上安装施工工艺流程图

图 4-15　作业准备

2）安装底段塔筒

底段塔筒可在码头预拼装，塔筒立运到达吊装位，然后将其吊装至塔筒基础进行对接，缓慢下降塔筒底段，直至安装人员能方便地旋转塔筒，缓慢下降塔筒底段至两法兰面接触良好。初步预紧所有螺母，然后用液压工具按额定力矩分三级对称预紧螺栓，待所有螺栓完成额定扭矩预紧后，才可安装下一段塔筒（图4-16）。

3）安装中段、顶段塔筒

中段塔筒水平运输到达吊装位，吊装前，将第二段塔筒与第一段塔筒之间的连接紧固件以及安装工具等吊放在第一段塔筒上平台，安装塔筒吊具，作好起吊准备。缓慢下降第二段塔筒，初步找正第二段塔筒和底段塔筒的周向位置，拆除牵引绳。继续缓慢下降第二段塔筒与底段塔筒上法兰表面之间的距离，并调整塔筒，对其两段塔筒，穿入螺栓固定塔筒周向位置。缓慢下降第二段塔筒，直至两法兰面接触良好。然后利用电动扳手初步预紧所有螺母，用液压工具按额定力矩分三级对称预紧螺栓。待所有螺栓完成额定扭矩预紧后，才可安装下一段塔筒。顶部塔筒的安装要求与中段塔筒相同（图4-17）。

图4-16　安装底部塔筒

图4-17　安装中段塔筒

4）安装机舱

检查机舱，并准备好吊装用具，将塔筒顶部法兰清理干净，严禁在法兰上涂抹密封胶；将机舱起吊至塔筒顶部，通过机舱导向柱使机舱与塔筒顶部法兰的连接孔对正，完全连接后，先用扳手初步拧紧螺栓，然后用液压工具按额定力矩分级对称预紧（图4-18）。若不能及时安装风轮，应对发电机与轮毂对接口进行防护，防止雨、雪进入。

5）安装风轮

（1）风轮整体安装：先将轮毂固定在的风轮组装支架上，采用两点抬吊方式使叶片与轮毂对接，并完成风轮连接。采用主吊起升风轮，辅吊同时托引辅吊叶片，待风轮呈垂直

图 4-18　机舱吊装

状态卸下护板与吊带；缓缓吊升风轮至主轴法兰面高度，并将风轮安装面正对主轴法兰正前方；通过调整吊钩位置控制风轮轴线和机舱轴线重合，通过控制齿轮箱尾部的盘车装置使主轴转动来对正孔位；风轮继续靠近主轴法兰面，当两根双头螺栓旋入风轮安装孔后继续前进，直至两法兰面完全对齐贴合，并连接螺栓和螺杆。确认风轮与主轴连接螺栓、螺杆全部按额定力矩或拉力完成后，缓慢释放主吊载荷，并拆除风轮吊具（图 4-19）。

图 4-19　安装风轮

（2）单叶片安装：机舱临时接电，以便调整机舱和轮毂角度和位置，并做好安装准备工作；采用专用叶片夹具，将单叶片起吊至正确的安装位置；将叶片轴承旋转至运行位置，通过叶片对孔螺栓与叶片轴承安装孔对齐，继续前进使叶片与叶片轴承紧密贴合，再用套筒扳手拧紧叶片螺栓。螺栓紧固后将叶片起吊装置拆除，并吊离叶片，为下一次吊装作准备；顺时针或逆时针旋转风轮，并锁定转子，使叶片处于下一个位置，再进行下一叶片的吊装工作（图 4-20）。

6）附属构件及电气设备安装

风机吊装完成后，进行风机内零星机械、电气的施工；应严格按照厂家提供的作业指

图 4-20　叶片安装

导书进行消缺自检工作及验收工作。

2. 整体吊装施工工艺

整体吊装方式即为风机设备在陆上或近岸平台完成塔筒、机舱、轮毂、叶片的组装工作，整体运输到风电场场址后，通过大型的起重设备吊装到风机基础平台上的方式。因风电机组整体质量大、重心高，且叶片等受风面积大的构件主要位于机组上部，因此对整体起吊过程的稳定性、安全性控制要求很高。在风电机组整体吊装过程中，上部须有平衡、固定系统，以保证吊装过程中的稳定性。由于风电机组整体质量大、体积大，迎风面积较大，风电机组整体起吊后，在与风电机组基础对接过程中，应采取有效对接措施，避免造成基础的损伤。整体组装后，由于风电机组轮毂高度较高，采用单吊臂系统进行整体组装时，会受到风、浪、流作用影响，如果稳定失控，极易造成风电机组叶片受损，因此不适宜进行大规模、轮毂高度较高的海上风电吊装施工，而双吊臂起重船更适应海上风电场风电机组的大规模建设要求。

海上风电机组整体吊装方式与分体吊装相比，虽然具有吊装过程稳定、安全控制难度大的特点，但风电机组设备在陆上或近岸基地预组装完成，海上施工工序少，施工所需海上施工作业时间较少，因海上施工不可控因素较多，施工风险较小。

4.4.2　风电机组安装施工风险源辨识与评价

1. 风电机组装施工特点

1）海上安装施工受天气影响大

风电机组海上安装施工过程中，易受夏季台风期、冬季季风及寒潮期等天气因素的影响，同时不良的作业天气对于风机设备的装卸、运输、吊装、组装等作业难度有较大影响，易造成事故。

2）船机装备要求高

风电机组装起重高度高、构件重量大，对运驳船、起重船等要求高。

3）组装与安装难度大

随着发电机组的装机功率越来越大，风机尺寸也日益增大，给组装与安装过程带来更高的要求以及更大的困难。另外，主机单件质量大，起升高度高，吊装难度也大。

4）成品保护难度大

风机的主要构件为塔筒、风机机组，所处运行环境为近海海域。在风机运输安装过程中，构件的表面防腐、电气设备、叶片等均容易磕碰破损。

2. 风电机组安装施工风险源

风电机组安装施工作业中的危险源及可能导致的风险如表 4-4 所示。

风电机组安装施工作业主要危险源及可能导致的风险　　　　表 4-4

序号	作业活动	危险源	可能导致的风险
1	塔筒倒驳作业	塔筒倒驳时，人员站在起重机下方或塔筒周边，塔筒脱落	起重伤害
2		在倒驳塔筒时，海浪较大，或出现突风，使倒驳塔筒存在倾覆可能	起重伤害
3		塔筒完成倒驳后，存放在甲板上，因下部支架不稳定，塔筒存在滚动的可能，可能对周边人员产生伤害	物体打击
4	塔筒翻身作业	人员进行塔筒两侧翻身工装紧固时，因操作空间受限，可能需要站在塔筒表面或者临时脚手架上紧固螺栓，可能导致人员坠落	高处坠落
5		因辅助进行塔筒翻身的履带吊未在方案要求的作业半径范围内起吊，造成履带吊倾覆	起重伤害
6	塔筒吊装作业	在进行各节塔筒合龙时，人员站在塔筒内侧平台等待紧固螺栓，塔筒下落过程中左右摇摆，人员避让不及时	起重伤害
7		船舶坐滩施工未考虑环境、水流的影响，船体强度未经过验算和水流影响探测	淹溺、倾覆
8		吊车操作前，未对其所有的起重提升装置进行检查，吊车未经过年检合格，并未能提供年检合格报告	起重伤害
9		人员攀爬风机时，未全程做好防坠落保护，或从风机上向下抛掷物品	物体打击
10		在风轮转子未经锁定的情况下进入轮毂	机械伤害
11		超风速吊装（塔筒最大吊装风速是 10m/s）	起重伤害
12		使用塔筒、机舱及叶片等吊索具时，未按照工艺要求选择吊点	起重伤害
13		起重指挥指令传递不明确，可能会导致起重伤害事故	起重伤害
14		缆风绳挂点不正确，可能会导致吊装的塔筒滑落	起重伤害
15		解除塔筒上的缆风绳时，下方有人员逗留	物体打击
16		人员在塔筒内抽烟	火灾
17		揽风人员处于绳子紧绷状态的危险区域	物体打击
18	轮毂、机舱吊装作业	吊装轮毂、机舱时，吊索具或钢丝绳因选择不当而断裂	起重伤害
19		吊车站位距离机舱近，起吊后，机舱摆动，人员难以扶住，机舱与吊车支腿磕碰	起重伤害
20		超风速吊装（机舱最大吊装风速是 10m/s）	起重伤害

续表

序号	作业活动	危险源	可能导致的风险
21	轮毂机舱对接作业	轮毂和机舱对接螺栓时，因操作空间受限，人员位于机舱内，起吊轮毂对接机舱时可能夹伤人员	起重伤害
22		不系安全带或使用不合格安全带	高空坠落
23	叶片吊装作业	未进行有效预测预防，吊装过程中涌浪大，风速过大或遇突风，夜间照明不足	起重伤害
24		未使用吊运叶片专用吊梁	起重伤害
25		机械缆风因故障失灵	起重伤害
26		人力缆风绳破损断裂，人员处于缆风绳紧绷危险区域	起重伤害
27		在对接过程中，轮毂内人员将身体探出	起重伤害
28		超风速吊装(叶片最大吊装风速是 8m/s)	起重伤害
29	桩顶基座挂钩与对接作业	人员上、下桩内平台挂钩时，未佩戴安全带	高处坠落、淹溺
30		在对接过程中，因涌浪较大，导致桩顶基座晃动较大	起重伤害
31		在起吊过程中，钢丝绳发生断裂，导致人员、机械设备受损	起重伤害
32	整机吊装作业	人员未撤离风机底座时起吊整机，导致发生起重伤害	起重伤害
33		风机底座钢丝绳未受力时起吊整机，因受力不均导致钢丝绳断裂	起重伤害
34		起吊整机前，未拆除风机底座连接螺栓，可能发生起重伤害事故	起重伤害
35		使用电动扳手拆除螺栓时，设备漏电，发生人身触电	触电
36	整机对接作业	人员站立在桩顶基座边缘，导致高处坠落、淹溺	高处坠落、淹溺
37		在对接过程中，人员站在缓冲油缸上，可能发生人员坠落的事故	起重伤害
38		观察精定位油缸时，人员靠扶在液压工装上，可能发生人员坠落，导致起重伤害事故	起重伤害
39		在对接过程中，涌浪起伏较大，整机磕碰工装	起重伤害
40		风机对接结束后，未打开轮毂内的风轮锁	火灾
41	风机基础附件安装	起重设备及吊索具有缺陷	起重伤害
42		气管水下打结、缠绕	淹溺
43		潜水作业时受到水生物伤害	其他伤害
44		未按减压方案执行潜水作业	职业病
45		水下焊接电压不符合要求	触电
46	风机电气安装与测试	风机内电气安装登高作业	高处坠落
47		内部空间限制、路径曲折	机械伤害
48		使用淘汰、老化、超期服役、未经检测的设备	触电、火灾
49		运行温度过高	火灾
50		转动部位无防护装置	机械伤害
51		未连接保护零线	触电
52		未设置漏电保护装置，或已失效	触电

序号	作业活动	危险源	可能导致的风险
53	攀爬风电机组	未按规定使用个人安全防护用品	高处坠落
54		超规定风速、雷雨天气攀爬风电机组	高处坠落 触电事故
55		随身携带工器具掉落	物体打击
56		下塔时使用助爬器	高处坠落
57		未及时关闭平台人孔盖板	高处坠落 物体打击
58		两个及两个以上人员在同一段塔筒内攀爬风电机组	物体打击
59		灯具损坏、照明不足	高处坠落 其他伤害
60		爬梯松动或存在油污	高处坠落
61		安全滑块(防坠锁扣)未锁定安全钢丝绳或导轨	高处坠落
62		作业过程中接、打电话	物体打击
63		在风电机组内吸烟	火灾
64	船舶插拔腿	冲桩系统不能用,造成桩腿在插拔桩过程中出现裂纹	沉船
65		单桩腿穿刺,导致船体倾斜失稳	沉船
66	海上施工作业	海上施工现场焊机、切割机等用电设备防护不符合规范	触电
67		海上施工现场焊机、切割机等用电设备未按规范操作	触电
68		采用气焊切割作业时,乙炔、氧气胶管混用、老化	火灾、爆炸
69		海上施工现场对气瓶的存储、运输、使用不符合规范	火灾、爆炸
70		船舶配备的消防设备、设施不符合要求	火灾、爆炸
71		海上夜间施工照明不足	高处坠落、物体打击、起重伤害、淹溺、触电及其他伤害
72		作业人员临岸作业时,未穿救生衣	淹溺
73		锚机、卷扬机操作时,有无关人员靠近	物体打击
74		风机承台舷外作业时,作业人员未系安全带	淹溺
75		高桩承台施工时,钢套箱上端未加装防护栏杆、安全网等临边防护设施	淹溺、高处坠落
76	施工用电	开关箱内未安装漏电保护器,漏电保护器失灵	触电
77		熔断器内的熔丝不匹配,或者用铜丝代替保险丝	触电
78		手持照明灯具或潮湿作业场所未使用安全电压	触电
79		漏电保护装置参数不匹配	触电
80		施工用电设备未使用专用开关箱,未执行"一机、一闸、一漏、一箱"的规定	触电
81		电线老化、破损未包扎	触电、火灾
82		线路过道无保护	触电

4.4.3 风电机组安装施工风险管控措施

海上风电机组装施工过程中的风险主要体现在风机的组装以及运输两方面。在这两个过程中，起重作业导致的各类起重伤害事故以及作业人员因攀爬导致的高处坠落事故较多。此外，比较典型的风险还有风机安装支腿船桩腿穿刺事故，也会造成比较严重的后果。

目前，一般情况下采取风机分体安装的手段，此种安装手段与陆上风机的安装非常相似。总体而言，可能出现以下主要风险点：

（1）在进行风电机组组装作业的时候，可能会由于操作失误或其他因素而出现意外吊重坠落的情况，进而造成风电机组及船舶船体的结构出现损伤的风险。

（2）在海上吊装设备都就位的时候，潮位、海风以及波浪都可能影响吊装操作。

（3）在进行海上风机吊装的过程中，出现"硬着陆"的情况。对于可能出现的这些风险，需要对在不同的速度和方向下意外坠落给船体结构产生的冲击进行模拟，掌握船舶机舱下落的过程中所造成的船舶船体结构屈服强度以及出现塑性变形和结构出现破损的最小速度。

（4）在风电机组装过程中，自升式风机安装船可能在部分机位出现桩腿穿刺的风险。

与此同时，还需要准确推测出潮位、海风以及波浪出现的实时变化情况，准备好风机出运以及吊装升高所需要的施工窗口。在进行吊装操作的时候，需要设计好一套"软着陆"的系统，能对风机整体吊装时的加速度以及变形的情况进行实时监控。由于风机在进行整体吊装的时候，需要多艘船舶进行海上配合，所以务必要做到联络通信畅通无阻。

1. 桩腿穿刺事故

自升式平台桩腿穿刺是指平台在升船插桩作业过程中，如果遇到上硬下软的层状地基，当平台通过桩靴对土层施加的预压荷载超过层状地基的极限承载时，地基发生冲剪破坏，桩腿会发生迅速沉降，发生穿刺事故。穿刺事故会造成桩腿的损坏，同时平台船体发生倾斜甚至翻沉，造成严重的人员伤亡和财产损失。穿刺事故比例占到平台总事故的50%以上，严重影响平台及人员安全。

1）风险影响因素

（1）地质条件复杂、风险估算精度不高。

（2）前期地质调查不全面，未全面掌握地质条件状况。

（3）作业人员安全缺乏操作技术、知识及意识。不具备较高的插装作业技术、知识，不按相关规范操作等。

（4）预压载过程未保留足够的静候时间，未采取循序渐进的程序。

（5）未在涌浪较小的天气条件下实施预压载，不能保持船体与水面的最小距离。

2）桩腿穿刺风险防控措施

（1）插桩前，采用先进技术对风场进行地质勘查，查明海底以下一定深度范围内的土层分布、土质类型、强度以及工程物理力学特性，并对平台的插桩深度进行分析，评价桩腿穿刺的可能性，插桩深度分析主要便于平台操作者确定平台桩腿是否有足够长度来支撑平台安全作业，以及硬土层进入软土层引起的单桩突然贯入的可能性。

（2）对于存在穿刺风险较大的区域，作业人员应提前做好预案，及时调整压载程序，逐步进行压载，保证插桩过程中平稳安全。

（3）对相关作业人员进行培训教育，提高其作业技术水平和安全意识。

（4）若发生穿刺情况，注意及时评估现场情况，启动应急预案。

（5）采用漂浮压载，漂浮压载是指平台在水中进行压载，借助平台浮力以便减小桩腿载荷，减轻穿刺发生时对平台船体和桩腿桁架、齿轮的影响和损坏程度。

（6）通过降低预压载量，可以减小平台桩脚的入泥深度，降低穿刺风险，提高平台作业的安全性。

（7）减小气隙进行单桩预压载。在发生穿刺时，船体会向穿刺腿倾斜，如果此时气隙较小，平台可以很快倾斜入水而获得部分浮力，这部分浮力将有助于减缓穿刺速度，甚至停止桩腿继续穿刺，降低穿刺停止时的入泥深度，从而减少平台结构的损伤。

2. 风机吊装作业风险

风机吊装主要涉及起重作业，由于风机安装可以分为整体安装与分体安装两种。分体安装由于各设备单件质量比整体吊装要小得多，因此风电机组分体安装各设备重心较整体吊装要低，吊装过程中的迎风面积小，吊装过程中稳定、安全控制难度较整体吊装小。海上风机整体吊装方式与分体吊装相比，虽然具有起吊重心高、质量大、吊装过程稳定、安全控制难度大的特点，但由于风电机组设备在陆上或近岸基地预组装完成，海上一次吊装即可完成全部作业，海上施工工序少，施工所需海上施工作业时间较少，对于海上施工不可控因素较多的情况，施工风险较小。

1）风机吊装风险影响因素

（1）起重作业工机具、索具未经检查就使用，或因偷懒而降低安全系数使用工具，易发生机械、设备事故及人身伤害事故；

（2）起吊带棱角的物体时，会因千斤绳的滑移而导致千斤绳断丝、断裂；

（3）大夹角兜挂重物时，夹角大千斤绳受力大，易断裂，同时千斤绳容易向中部滑移，致使因千斤绳断丝、断股或重物失去平衡而发生重物掉落事故；

（4）钢丝绳锈蚀、断丝；起重索具、吊具作业未检查，以小带大；

（5）两机抬吊同一重物措施不完善或指挥失误，吊机配合不协调，两机吊点受力不均匀；

（6）指挥人员精神状况不好，对所用机械情况不熟悉，指挥不清、信号不明，易发生机械、设备事故及人身事故。

2）分体吊装风险防控措施

（1）吊装塔筒和机舱时，10min 平均风速必须小于 12m/s。安装叶轮时，10min 平均风速必须小于 8m/s。风速大于 12m/s 时，不得在叶轮上工作；风速大于 18m/s 时，不得在机舱内工作。

（2）参加吊装作业的船舶、吊装机械设备均应有相关部门的检验合格证明或认证，吊装作业动、静应力及力矩均在设备工作能力范围之内。

（3）参加吊装的工作人员须经专门培训，进入风电机组安装现场时，应做好安全防护工作。

（4）在雷雨天气，不得在机舱内作业。

（5）在吊装过程中，吊装人员的注意力要集中。对接塔架、机舱叶轮时，不得将头、手伸到塔架、机舱外部。

（6）在吊装过程中，应严格遵守高空作业相关规定和要求，悬吊垂物下方严禁站人、通行和工作。

（7）在安装调试过程中，应注意用电安全。除非特殊需要，不允许带电作业。必须带电作业时，须经批准，且须使用经特殊设计的电气工具。

（8）在叶轮吊装过程中，叶轮低速轴法兰必须处于锁定状态。

（9）船舶上作业人员在风电机组塔筒、轮毂内同时工作时，作业人员应通过对讲机等相互联系，为提高安装工作效率和安装工作质量，在安装之前，必须合理安排工作人员。

3）整体吊装风险防控措施

（1）吊装作业前，应做好气象中（短）期预报预测工作，并在风电场吊装现场做好现场测风工作；吊装作业时，严格遵守施工单位、设备供应商确定的吊装作业合适气象、海洋水文条件。

（2）根据风电场场址区及周边气象、海洋水文、航道等条件，按照风电场施工要求及风电机组设备参数与施工工期安排，作好施工规划，确定合适的施工强度，合理选择运输、吊装船舶机械设备。

（3）吊装前，应根据风电机组整体吊装轨迹进行模拟、反演，核算各工况下吊装船舶及设备、吊绳、吊点及吊具受力稳定，确保其结构在静荷载、动荷载作用下受力、变形、吊装作业的安全系数等均在规范允许的范围内。

（4）由于风电机组整体吊装精度要求极高，为确保吊装安全，应按照正常起吊程序在陆上或近岸进行试吊，试吊并检测成功之后，才可正式起吊。

（5）在风电机组整体装船、吊离运输船舶前，应核算由于装卸重物引起的船舶稳定性的变化，同时要根据装载情况，做好驳船压载水调节，保证船舶的稳定性始终满足要求。

（6）天气是影响海上施工最重要的因素，故吊装风电机组前，应合理评估恶劣天气对海上风电机组吊装、运输的不利影响，确定合适的施工时段，并对可能发生的恶劣天气状况作好应急预案。

（7）风电机组通过运输驳船运输到风电场抛锚就位后，通过起重船安装好风电机组上部支撑平衡系统及下部软着陆液压固定系统，并对风电机组吊点、吊具进行精心布置，作好吊装准备工作。

（8）起重船起吊风机离开运输驳船后，可通过拖轮或绞锚艇逐步调整起重船至设计吊装位置，并抛好锚，确保起重船舶吊装作业时的稳定性满足吊装作业要求。

（9）风电机组整体因体积、重量大，并且机舱、塔筒内部有许多精密设备，在吊装过程中，起吊、卸放更应平缓有序，防止因磕碰及震动对仪器及设备造成损坏。

（10）风电机组整体吊装至基础平台上部一定高度时，基础内部指挥人员需指挥起重设备开始与基础顶部法兰对中，在风电机组缓慢下放时，使引导螺栓进入正确的法兰孔位置，同时依靠液压减震系统完成风电机组下部塔筒与基础上部法兰盘的对接，然后按安装要求逐次拧紧螺栓。

3. 电气焊作业风险

电焊、气割作业在风电机组装工程中是普遍的明火作业过程，其施工作业会涉及乙炔体钢瓶、氧气瓶等危险物质以及承压钢瓶，还有电焊机，容易造成灼烫、火灾、容器爆炸、触电、高处坠落等事故。

1）风险影响因素

（1）现场使用的电焊机未设置防雨、防潮、防晒的机棚，未配备消防器材；

（2）焊接和配合人员在特定情形未采取防止触电、高空坠落、窒息等事故的专项安全措施；

（3）清除焊渣时，无安全防护措施，电焊机无随机开关，无可靠的接地装置；

（4）气瓶间距及与明火间距小于安全距离；

（5）乙炔瓶未装设专用的减压器、回火防止器；

（6）作业前，未对瓶体、瓶阀、焊枪、割枪、皮管、压力表进行检查；

（7）夏季使用氧气、乙炔瓶时，未采取防止暴晒的措施，局部温度超过40℃；

（8）高空焊接或切割时，未系好安全带，焊件周围和下方未采取防火措施，无专人监护。

2）电气焊作业风险防控措施

（1）电气焊作业人员一律持证上岗；除按规定穿戴劳动防护用品外，应根据不同作业环境有针对性地采取防止触电、高处坠落、一氧化碳中毒和火灾事故的安全措施；在高处从事电焊、气割作业时，在作业区周围和下方采取隔离和防火措施，并设专人巡视。

（2）实施电焊、气割等明火作业前，对周边环境进行检查，保证10m范围内没有存放油类、木材、氧气瓶、乙炔瓶等易燃易爆物品或其他可燃危险物品。

（3）严格管理氧气、乙炔供应。储存、搬运氧气瓶、乙炔瓶时，采取措施防止撞击、避免水平滚动、剧烈振动、在烈日下暴晒，存放地点远离热源或易产生火花的电气设备；使用乙炔瓶时，应立放，并采取防倾倒措施，控制氧气瓶和乙炔瓶间的距离大于5m；吊运氧气瓶或乙炔瓶时，应使用专用装具，杜绝使用钢绳、铁链直接捆绑或使用电磁吸盘等进行吊运。

（4）电焊机应安放在干燥、通风的地点，配置防雨、防潮装置；除在开关箱内装设一次侧漏电保护器外，二次侧也安装防触电保护器；移动电焊机时，应切断电源；作业前，应进行全面的检查，保证电焊钳具有良好的绝缘和隔热能力、钳柄与导线连接牢固、接触良好，电缆芯无外露、接地线设置规范、电焊机外壳接地电阻不大于4Ω。

（5）每次作业前后，应对气瓶、阀门、焊炬、胶管等进行检查，避免沾染油脂；定期对压力表、安全阀、橡胶软管和回火保护器等进行校验、标识。

（6）在潮湿地带进行焊接作业时，应为操作人员配置干燥的绝缘物体工作面；杜绝雨天露天电焊作业。

4. 风电机组场内外运输风险

风电机组不论采用何种基础形式和机组组装施工工艺，机组整体或者零部件都必须通过船舶从陆上场地运输至指定海域，通过相关平台设备进行组装。在运输过程中涉及各类交通船、运输驳、拖轮、锚艇等作业船只，在作业船航行、移泊、锚泊过程中，会发生诸如碰撞、搁浅、沉没、走锚等事故。

1）风险影响因素

（1）海上航行遇到恶劣天气及海况，以及可能造成的货物移位和船机故障失控。

（2）船舶失控、断锚、走锚。

（3）运输船靠、离泊时有碰撞、挂定位船锚缆风险。

（4）交通船航行及人员上、下船造成的落水溺亡风险。

（5）通信部不畅、指挥配合不到位。

2）风电机组场内外运输风险防控措施

（1）海上风电机组安装现场对海域地形、机位标高、海域天气等影响船舶行驶安全的因素进行准确摸排，对于潮间带风电机组吊装船，需要针对地形及潮汐规律选择合适的季节，避免发生吊装船搁浅或吊装完成后无法驶出等情况。

（2）在运输的过程中，要对沿途路况进行勘查，了解路、桥、涵洞等的承重与宽度，必要时，请交通部门进行协助通过，海上运输船运输过程需要对设备进行可靠固定，禁止将未做任何改善的陆上使用运输工装使用在海上运输船上，并对伸出运输船的设备（叶片等）标记明显的防碰撞标识。

（3）人员从陆地到达海上作业时，需在安全可靠的码头登船，人员在转移过程中需要穿救生衣，风速大于安全行驶风速时，禁止出海作业。人员在从运输船到达吊装船的过程中，禁止站在两船之间及附近区域，待船停稳后，方可从运输船登吊装船，禁止在船上蹦跳。人员出船舱，需两人同行，禁止单独出舱。

（4）海运大部件时，甲板面需焊接相应锚点，确保运输船舶在海里可以承受浪涌冲击，保证社保安全；大部件防雨措施，需安装相应包装要求，保证设备内部不被雨水、海水侵袭。

（5）运输船舶，针对大部件，如叶片伸出，船体部位需做好相应防护，避免行船时发生剐蹭，运输船舶应与相关安装船保持足够安全距离，避免浪涌拍打，损伤设备。

（6）设备运输至安装船舶，进行转移时，应保证运输船舶的稳定性，及时使用船锚稳定船舶。

5. 有限空间作业风险

在风电机组装过程中，塔筒、机舱以及轮毂的安装施工过程会涉及狭小及有限空间作业，可能导致作业人员发生设备挤压、中毒窒息，高温情况下还可能造成中暑。

1）风险影响因素

（1）有限空间内可能存在有毒有害介质。

（2）有限空间内可能存在可燃性。

（3）有限空间可能属于缺氧环境。

（4）有限空间内温度超过人体耐受极限。

2）有限空间作业风险防控措施

（1）施工前，应对风机机组施工可能存在的有限空间进行辨识，确定有限空间的数量、位置以及危险有害因素等基本情况，并对作业环境进行评估，分析存在的危险有害因素，制定有限空间作业方案，未经许可，任何人禁止入内。

（2）各单位应当按照有限空间作业方案，明确作业现场负责人、监护人员、作业人员及其安全职责；部门安全员应检查确认作业人员安全知识、技能及身体状况是否满足作业要求。

（3）在有限空间内作业的人员必须经过高空作业培训，经考试合格，取得高空作业证件，并且其证件在有效期内。在受限空间内作业的人员必须参加过高空逃生、紧急救援培训并考核合格。在受限空间内作业的人员应具备必要的机械、电气知识和业务技能，掌握风力发电机组检修规程的相关要求，并考试合格。

（4）在有限空间内作业的人员应熟悉风力发电机组的工作原理及基本结构，理解和掌握风力发电机组说明书的技术要求、技术条件，可以判断一般故障的产生原因，并掌握处理方法，掌握计算机监控系统的使用方法，并经过严格培训的专业人员，方可进行风力发电机组受限空间的维护、检修测试等工作。

（5）实施有限空间作业前，应当将有限空间作业方案和作业现场可能存在的危险有害因素、防控措施告知作业人员。现场负责人应当监督作业人员按照方案进行作业准备，包括防暑降温药品、饮用水、通风设施以及应急救援物资等。

（6）在有限空间作业过程中，应当采取通风措施，保持空气流通，禁止采用纯氧通风换气。发现通风设备停止运转，有限空间内氧含量浓度低于或者有毒有害气体浓度高于国家标准或者行业标准规定的限值时，必须立即停止有限空间作业，清点作业人员，撤离作业现场。

（7）在有限空间作业时，应当严格遵守"先通风、后检测、再作业"的原则。检测人员由公司指定的专人负责。检测指标包括氧浓度、易燃易爆物质（可燃性气体）浓度和有毒有害气体浓度。检测应当符合相关国家标准或者行业标准的规定。未经通风和检测合格，任何人员不得进入有限空间作业。检测的时间不得早于作业开始前 30min。

（8）在有限空间内作业的人员进入现场时，必须正确佩戴安全帽，佩戴风电专用防坠全身式安全带、耐磨防滑防冲击安全工作鞋、防冲击护目镜、防滑防切割手套，以及选择佩戴合适的耳部防护用品。

（9）作业时，作业人员和监护人之间的通信联络必须畅通，信号统一。监护人不得擅离岗位，并应掌握受限空间作业人员的人数和身份，对人员、工具、器具进行清点和登记。

（10）在有限空间内作业的人员必须熟悉轮毂内部结构。进轮毂前，必须通过控制柜的控制系统锁紧风轮、拍下急停按钮。作业人员应能熟练、正确地使用风力发电机组逃生装置和紧急救援系统。作业人员不得携带与作业无关的物品进入受限空间，作业时不得抛扔材料、工器具等物品。

（11）在进行难度大、劳动强度高、作业时间长的受限空间内作业时，作业人员应采取轮换作业方法，避免受限空间内作业人员遭受过大的工作压力和精神负担，以确保安全生产。

4.5 海上风电升压站施工安全管理

海上升压站是用于将分布于海上风机发出的电能聚集、升压并供给陆地变电站的电力设施，一般应用于离岸距离大于 10km 的海上风电场。海上升压站一般由上部组块和下部基础组成。与风机基础类似，海上升压站下部基础按照结构形式可分为单桩式、重力式、导管架式、高桩承台式和吸力式等。基础形式不同，运输和安装方式也不尽相同。

2000 年以前的海上风电场规模较小，总装机容量最高到 160MW，离岸距离也较近（最远为 20km）。因此，为节约电力输送损耗，设置专用升压站的经济效益较差，故一般不设置专用海上升压站，电能由海上风机底部或机舱设置一组机组升压变压器通过海底电缆直接输送至陆地。如 2010 年建成的江苏如东潮间带试验风电场直接采用 35kV 海底电缆连接至陆地变电站。自 2010 年之后，新建海上风电场装机容量大多增加到 50MW 以上，单台装机容量也达到（3～6）MW，离岸距离最远已达到 200km，为减少陆地端电力传输损耗，故开始设置加海上升压站。2014 年之后，随着我国海上风电装机容量和离岸距离的增加，几乎全部使用海上升压站。

4.5.1 升压站安装施工工艺概述

1. 海上升压站的布置类型

海上升压站通常主要分为下部基础、上部组块两个组成部分。根据升压站的规模、升压站所在的水深地质条件以及项目特殊需求等方面因素，下部基础也类似于海上机组，可设计成不同形式，如单桩、多桩、导管架、漂浮式等。

目前国内外海上升压站基础大多采用单桩、重力式或导管架基础。当海上升压站的上部结构总质量不大于 1000t 时，通常采用单桩式基础形式；在地质条件许可、水较浅时，多用重力式基础；在水深较大，且上部结构的质量超过 1000t 时，则倾向于采用导管架基础。目前浮式基础和单桩基础在海上风电场升压站上使用较少，主要用于海洋石油开采工程。根据不同的施工方案及环境条件，目前形成了两种主流模式的海上升压站结构，即模块式和整体式。

2. 海上升压站安装施工工艺

海上升压站的施工主要包括基础施工和上部平台施工。海上升压站的总体施工工艺流程如图 4-21 所示。

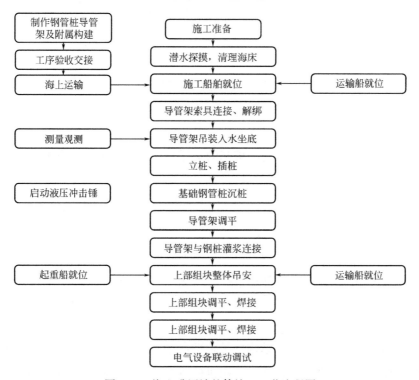

图 4-21　海上升压站整体施工工艺流程图

1）基础施工

基础工程主要包括海上升压站海上的钢管桩加工制作、防腐、运输、沉桩、沉桩后的加固保护，零星金属结构构件的制作及安装，护舷安装、预埋件埋设，上部结构柱安装，灌浆连接施工，防冲刷保护工程等，其工艺流程如图 4-22 所示。

（1）施工准备：采用定位平台精确控制桩位，完成定位平台施工；将钢管桩及上部钢结构由运输驳船运输至施工现场。

（2）钢管桩沉桩：依次进行钢管桩沉桩安装施工船舶驻位、定位平台施工、吊钢管桩、测量定位、插桩、稳桩、振动锤沉桩、液压桩锤沉桩等工序，完成沉桩作业。

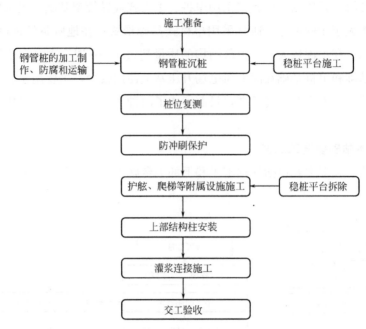

图 4-22　海上升压站基础工程施工工艺流程图

（3）桩位复测：完成沉桩后，复测桩基的坐标与高程；确保桩均应沉至设计高程，若高程存在偏差，可根据设计要求进行割桩处理。

（4）防冲刷保护：根据设计要求，在桩基周围采取抛石防冲刷或其他防冲刷处理施工。

（5）附属设施施工：海上升压站基桩沉桩结束后，分别在不同标高处布置抱箍，作为附属设施的支撑结构，使多桩基础加固连接成整体。再在施工船舶（船名）组装爬梯、电缆管及护舷，组装完毕后，由起重船一次起吊安装完成。海上升压站基础附属设施主要包括护舷、爬梯、电缆管及牺牲阳极块等。

（6）上部结构柱安装：将上部结构柱吊装平台之上，根据设计位置进行焊接固定。

（7）灌浆连接施工：灌浆施工前，采用机械清除在需填充灌浆材料的钢管桩外侧和桩套管内侧刷除锈迹和其他污渍。严格按照批准的灌浆施工工艺和灌浆材料配制比例进行钢管桩灌浆施工。

2）上部平台施工

升压站工程的施工重点和难点在于上部组块的建造与安装，其上部组块结构类同于海上石油类钻井平台上部组块结构，因此，可参考成熟的钻井平台上部组块结构的施工方案进行考虑。

根据类似工程实际的操作模式，为尽量减少现场的安装次数，避免现场焊接所可能造成的质量缺陷，同时减少海上设备安装调试时间，海上升压站上部平台采用陆上总装的方式，将各层结构分层预制拼装，在相应安装层完成后，进行其层面上电气设备的安装工作，最终形成可整体储运的上部组块（包括电气设备）组合体。

上部组块组装工艺可参见如图 4-23 所示。

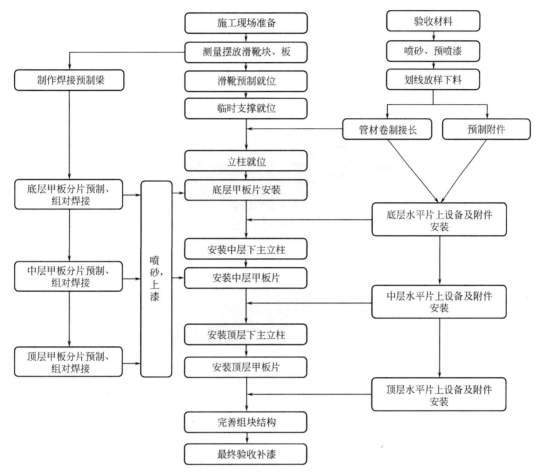

图 4-23　海上升压站上部组块安装工艺流程图

上部平台的施工主要包括上部组块装船、运输，上部组块起吊安装、固定连接等工序。

（1）上部组块装船：升压站上部设施体形庞大，重量多超过 2000t 级，采用滑道滑移装船的方式，滑移装船过程中，需要不断对驳船进行调载，使驳船顶面与滑道处于同一高度上。

（2）上部组块运输：海上运输条件复杂，升压站组块为大尺寸、超重量的构件，运输过程中受天气、海况等的影响较大，船身可能出现横倾晃动的危险，因此需要根据升压站尺寸与重量等条件，对运输船舶增加临时辅助固定装置，以降低运输过程中的风险，增加运输过程中的可靠性。

（3）上部组块起吊安装：起重船主钩下落至上部组块顶部进行挂钩操作，同时进行解绑扎。解绑扎完成后，起重船起升主钩，主钩负荷每增加 100t 报一次负荷，负荷增加 50% 时停止观察 5min，确认无问题再继续增加负荷，负荷增加 75% 时再次停止，观察

5min。在组块基础离开驳船甲板50cm后停止起升，观察5min，确认无任何异响或问题后再进行起吊作业。组块起升至合适高度后，运输驳船远离起重船至指定位置；根据定位系统指示，甲板人员操控船位，将起重船调整至上部组块设计安装位置，并开始下落，下落过程中实时观测组块位置，并适当调整主钩高度，确保组块绝对位置及水平度满足施工技术要求。直至上部组块主支撑柱与导管架上部主腿对接（图4-24）。

（4）上部组块固定连接：部组块主支撑柱与导管架上部主腿对接，对连接处进行焊接固定。

图4-24　上部平台整体吊装图

4.5.2　升压站安装施工风险源辨识与评价

1. 升压站施工特点

1）施工受到天气海况等因素的影响大

不论是升压站基础施工，还是上部结构的运输与安装，都受到海域地势、大风、季风、涌浪、雾等自然环境以及台风和冬季季风期异常气象条件的影响，作业天气窗口较少，导致施工效率降低，且施工风险较大。

2）施工技术要求高，施工难度大

若升压站基础采用先安装导管架，后打桩基础的施工方式，会导致导管架安装后初次调平，钢管桩沉桩后需二次调平且沉桩为水下沉桩，仅依靠打桩顺序调平、吊机调平无法达到设计精度要求。另外，基础施工水下灌浆质量要求高，底部封堵难度大。

上部结构是整个施工中质量最大的部分，其滚装、运输、起吊的要求比一般的海上作业要求更高、难度更大。

3）风险源较多、安全风险管控难度大

施工时涉及大量的起重作业、高空作业和潜水作业，同时存在突风、雷暴、台风等自然灾害风险以及触电、溺水等其他安全风险，风险源较多，安全风险管控难度大。

2. 升压站施工风险源分析

升压站施工作业过程危险源及可能导致的事故如表 4-5 所示。

升压站施工作业过程危险源及可能导致的事故　　　　　　　　表 4-5

序号	作业活动	危险源	可能导致的事故
1	安装导管架	沉桩机械、吊索具存在缺陷	起重伤害
2		违章指挥、多重指挥	起重伤害
3		起重作业违章作业	起重伤害
4		人员高处坠落、物体打击	高处坠落 物体打击
5		大风/大雨/大浪时作业	高处坠落 物体打击
6		潜水作业人员未持证上岗	淹溺
7		潜水作业前未开展技术交底	淹溺
8		气管水下打结、缠绕	淹溺
9		潜水作业未按减压方案执行	减压病
10		水下焊接电压不符合要求	触电
11	灌浆	未进行压力测试	机械伤害 高处坠落
12		未检查灌浆设备	机械伤害 高处坠落
13		灌浆作业人员违章指挥	机械伤害 高处坠落
14		灌浆作业人员违章作业	机械伤害 高处坠落
15	海上升压 站安装	起吊挂钩过程人员高处坠落、挤压碰撞伤害	起重伤害
16		起重作业违章指挥、多重指挥	起重伤害
17		钢管桩脱钩	起重伤害
18		沉桩溜桩	其他伤害
19		起重机械和吊具存在缺陷	起重伤害
20		大风/大雨/大浪时作业	起重伤害
21		潜水作业人员未持证上岗	淹溺
22		潜水作业前未开展技术交底	淹溺
23		潜水应急设备未配备或设备缺陷	淹溺
24		气管水下打结、缠绕	淹溺
25		水下焊接人员未持证上岗	触电
26		水下焊接电压不符合要求	触电
27		水下焊接触电伤害	触电

135

续表

序号	作业活动	危险源	可能导致的事故
28	试验与调试设备	使用淘汰、老化、超期服役、未经检测的设备	触电、火灾
29		运行温度过高	火灾
30		转动部位无防护装置	机械伤害
31		未连接保护零线	触电
32		未设置漏电保护装置或已失效	触电
33		高压试验安全措施不到位	触电
34		被试设备未与相邻设备有效隔离	触电
35		试验接线错误,表计量程不符合试验要求	触电
36		人员未离开被试设备即开始试验	触电
37		大电容放电不充分	触电
38		试验结束后,恢复接线过程中进入测试场所	触电
39		220GIS受电首次带电作业	触电、火灾
40		主变受电首次带电作业	触电、火灾
41		35kV主变间隔受电首次带电作业	触电、火灾
42		35kV母线受电首次带电作业	触电、火灾
43		集电线路开关柜带电首次带电作业	触电、火灾
44	焊接、气割作业	焊工无面罩施焊	灼伤
45		电焊工无手套施焊	触电
46		未清理下方易燃物	火灾爆炸
47		工作场所通风不畅	火灾爆炸
48		人员密集区无挡光屏施焊	人身伤亡
49		在潮湿区域施焊	触电
50		在压力容器、管道中施焊	窒息、火灾爆炸
51		未清理好油脂容器即施焊	火灾爆炸
52		敲击焊渣时不戴防护眼镜	物体打击
53		乙炔瓶放倒使用	火灾爆炸
54		焊枪割枪放在地面上	火灾爆炸
55		气体减压阀有缺陷	火灾爆炸
56		使用火焊工具不戴眼镜	灼伤
57		气体软管鼓包、裂纹、漏气	火灾爆炸
58		气体软管沾有油脂	火灾爆炸
59		气管未扎紧、扎牢	火灾爆炸
60		气瓶与易燃易爆物混放	火灾爆炸
61		气瓶与带电体接触	火灾爆炸、触电
62		作业人员无证上岗	人身伤亡
63		氧气、乙炔瓶混放	火灾爆炸
64		氧气、乙炔瓶间距小于10m	火灾爆炸
65		气体瓶靠近火源热源	火灾爆炸
66		无可靠接地,导线绝缘不良	触电

序号	作业活动	危险源	可能导致的事故
67	起重作业	钢丝绳、卡环、吊钩、吊点、吊物等有关起重吊装的工具设备存在缺陷，作业前未进行验算和检查	起重伤害
68		作业人员随吊物一同起吊，或在起重臂、吊物下面停留和行走	起重伤害
69		钢丝绳出现扭结、变形、断丝、锈蚀等异常现象，未能及时降低使用标准或报废	起重伤害
70		起重吊装作业无专人指挥或多人同时指挥	起重伤害
71		遇有六级及以上的大风或大雾视线不良时，仍然冒险起重作业	起重伤害
72		在风电机组安装过程中，未使用牵引绳，或在高处久留；须暂停作业时，未将构件放置妥当	起重伤害
73	高处作业	高处作业人员未正确佩戴安全带、安全帽等防护用品	高处坠落 物体打击
74		高处作业人员未定期进行体检，患有心脏病、高血压等不适于高处作业的人员从事高处作业	高处坠落
75		遇有风力在 6 级以上、雷电、暴雨、大雾等恶劣天气时，未停止高处作业	高处坠落 触电
76		随意乱拆、挪安全设施	高处坠落
77		与带电体之间的间距不够安全	触电
78		平台、走道、斜道无护栏防护网	高处坠落
79		孔洞、沟道无盖板、安全网	高处坠落
80		没有专人监护	高处坠落
81		沿绳、脚手立杆或栏杆攀爬	高处坠落

4.5.3　升压站安装施工风险管控措施

海上升压站项目通常是指上部组块和下部结构在陆地上的建造工程。上部组块通常由四层钢平台组成。钢平台的建造一般分为小组件预制、单层平台结构拼装、合拢拼装三个阶段。

海上升压站的基础形式一般有单桩、重力式以及导管架等。上部结构总重量约 1kt 及以下时，可采用单桩基础形式。在水深较小（不超过 10m），且海床表面没有淤泥质土或淤泥质土较薄的情况下，可考虑采用重力式基础形式。其他条件宜采用导管架基础形式。升压站基础施工的主要危险与基础施工类似，这里不再赘述。

在上部组块建造过程中，各层平台的平整度控制、平台层间的支撑设置是较大的风险点。过程中应控制好平台的四角水平度，确保后续其他结构构件能够顺利安装。同时，应布置好平台层间的支撑位置、数量以及型号，避免在整体结构组装过程中出现坍塌。

海上升压站上部钢结构的组装方式一般有两种：模块装配式和整体式。目前海上风电场通常采用整体式组装方式。其主要风险在于其运输和安装两个方面。

如上所述，升压站施工过程主要存在的起重吊装、高处作业、船舶运输、电气焊作业等风险分析及控制措施可参考前文相关内容，下面对海上升压站施工过程中涉及的其他相关风险控制措施进行介绍。

1. 防季风（强风）风险防控措施

（1）季风预防是日常安全生产工作的重要组成部分之一，要确保防季风、突风指令的通畅，严禁拒绝执行指令的现象发生。

（2）为及时应对季风、突风的发生，船舶驻位应与其他船只及工程结构保持安全距离，防止因走锚发生船舶及构筑物碰撞的现象。施工船舶作业结束后，应及时离开，转移至安全水域待命。

（3）当天气预报本施工海域风力达到 8 级时，所有施工船舶应立即进入避风状态，做好随时拖带、绞缆或自航至防风锚地等准备工作。

（4）各施工船得知有突发恶劣天气时，船长要确保高频、单边带等通信顺畅，确保发动机、锚缆、导航设备等设备运行良好，并检查消防救生设备，保证其有效性。

（5）强风侵袭前，要加强施工人员的安全防护工作，防止因涌浪过大而引起施工人员摔伤或发生落水事故。

（6）强风来临前，应做好甲板上机械材料的固定工作，防止因其滑动、塌斜而伤及作业人员。

2. 强对流天气风险防控措施

（1）在用大型船舶、机械设备时，要配备防雷设施，雷雨时要停止作业，如遇人员遭受雷击，应迅速采取正确的急救措施，并拨打医院急救电话或就近送医治疗。

（2）定期检查防雷装置是否满足规范要求，保证连接部位连接牢固，电阻值要符合要求。发现防雷装置存在隐患时，应当及时采取措施给予修复。

（3）应防范冰雹对设施设备的影响，对易损部位加强防护。

（4）合理布置设备位置，加强值班力度，避免短时大风的影响。

（5）项目部应及时收听气象预报，及早获知灾害性天气的预警及临近预报。

（6）加强领导带班值班工作，做好应急待命值班工作，一旦接到恶劣气象预报，迅速通知各人员和设备做好防范工作。

（7）及时通知应急指挥中心和应急车辆保持动态值班和通信畅通。

（8）抗风等级不足的船舶、设备应提前到达避风场所。

3. 夜间施工风险防控措施

（1）夜间施工时，须按照国家安全生产管理条例，不准安排体弱、带病、疲劳及一切不适合夜间作业的工人进行施工。

（2）对于工期不紧（非关键线路）的工序，尽量不安排夜间施工。

（3）对于工期较紧及不能中途停止施工的工序，需对施工人员进行日、夜分班，并适当缩短夜间作业班组的作业时间，尽量减轻夜间作业人员的施工强度。

（4）夜间施工地点应安装充足的照明，由值班电工安装巡查。

（5）进行夜间动火作业时，作业人员必须确认动火点周围有没有易燃易爆物；作业结束后，必须确认没有火灾隐患后方可离开。

（6）夜间进入有限空间时，必须安排至少 2 人，1 人负责监护。

（7）夜间进行吊装作业时，驾驶员和起重工需注意各类电线及氧气、乙炔等易燃易爆物，应特别注意吊钩、绳索、物品的安全状态，避免事故的发生。

（8）夜间不能同时安排交叉施工的工序。

（9）夜间施工船舶应设置充足照明和警示标识。

4. 潜水作业风险防控措施

（1）从事潜水作业的人员必须持有有效潜水员资格证书。

（2）潜水最大安全深度和减压方案应符合现行国家标准《空气潜水安全要求》GB 26123—2010、《空气潜水减压技术要求》GB/T 12521—2008 和《甲板减压舱》GB/T 16560—2011 的有关规定。

（3）潜水作业现场应备有急救箱及相应的急救器具。

（4）当施工水域的水温在 5℃以下，流速大于 1.0m/s，或具有噬人海生物、障碍物或污染物等时，在无安全防御措施情况下，潜水员不得进行潜水作业。

（5）潜水员下水作业前，应熟悉现场的水文、气象、水质和地质等情况，掌握作业方法和技术要求，了解施工船舶的锚缆布设及移动范围等情况，并制定安全处置方案。

（6）进行潜水作业时，潜水作业船应按规定显示号灯、号型。

（7）潜水作业应执行潜水员作业时间和替换周期的规定。

（8）为潜水员递送工具、材料和物品时，应使用绳索进行递送，不得直接向水下抛掷。

（9）不得在潜水作业点的水面上进行与潜水作业无关的起吊作业或船只通过；在2000m 半径内不得进行爆破作业，在 200m 半径内不得有抛锚、锤动打桩、电击鱼类等作业。

（10）遇五级以上大风及大浪天气等情况时，应停止潜水作业。

5. 人员作业风险防控措施

（1）从事水上作业人员，应接受安全技术交底，凡未受过安全技术交底的人员，不允许参加施工工作。特种作业人员上岗前，必须进行专业培训和安全教育，考试合格，并持有有关部门核发的有效的特殊工种操作证书后，方可上岗。

（2）上岗前，应配齐劳动保护用品，正确使用劳保用品，配好安全防护措施。

（3）水上作业人员必须严格执行安全操作规程，杜绝违章指挥、违章作业、违反劳动纪律的"三违"现象，保证船舶航行、停泊和作业的安全。

（4）作业人员不得用手接或脚蹬正在运行中的活动物体。应经常清扫工作平台、爬梯等，在雨、雪、霜、冰天气作业时，要有防滑措施。工作人员站位要合理，应特别注意锚缆等可能移动的物体，避免其对人身造成伤害。

（5）用电部位、起重安装、易燃物等处应放置警示标识牌。

（6）水上作业人员必须做到"三必须""五不准""反四违"。"三必须"指进入施工现场必须戴好安全帽，临水作业必须穿戴救生衣，高处作业必须系好安全带。"五不准"指进入工地不准穿拖鞋、不准穿高跟鞋、不准穿裙装，工作前不准饮酒，工作中不准打逗。"反四违"指反对违章指挥，反对违章作业，反对违反操作规程，反对违反劳动纪律。

（7）进行水上作业时，严禁一人单独作业；作业人员不准饮酒，作业区域内严禁游泳、跳水捞取失物或抛投工具。

（8）从事水上特种作业的员工，必须进行身体检查。患有高血压、心脏病、癫痫病等疾病的人不能从事特种作业。

（9）不论交通船是载人或是载物航行时，作业人员及乘员必须穿好救生衣，交通船要限定载人数量，不准超载航行，水上作业人员不准从船与船之间换跳。

6. 运输船靠泊安全控制措施

（1）抵达生产基地生产码头前，船长应参阅有关资料，作好充分准备；

（2）详细了解并严格遵守所去港口的"通信联系制度"和"船位报告制度"；

（3）详细了解并严格遵守所去港口的《分道通航制度》《海上交通安全法》和相关航行法规；

（4）认真仔细审阅海图：了解清楚与进出港航行安全密切相关的海图改正通告，危险障碍物、航道水深、灯塔、灯标、导标、浮筒、潮汐、流向、流速、风向、风速等，并在应用图标上标定航线，注明航向，对本船适航深度作出适当醒目的等深线，对重要转向点、危险区，标出可利用的目标、方位及距离。

（5）及时召开有轮机长参加的驾驶员抵港会议，部署进、出港工作，根据实测潮汐值和气象预报，选择良好的气象情况进港，确保安全。

（6）靠泊前，指派有关人员对系泊设备、应急设备、通信设备、主机、辅机、舵机等进行全面检查或试验，发现问题时，应及时解决，并作好记录。

（7）船舶进港、靠泊时，船长应在驾驶台，轮机长、电机员在机舱亲自指挥或操作。

（8）港内航行时，要使用安全航速，并不得超过港口规定的航速，时刻走在自方航道，不作不必要的追越，避免在弯曲和复杂水道会船。控制船位时，要充分考虑风流的影响，避让措施要及时、明确，留有充分余地。通常情况下，要"多用车让、少用舵让"，防止在避让过程中因走偏航道而发生意外。港内航行要做到淌航稳、制动快、停得住。

（9）进港、靠泊时，若主机发生临时故障，需要减速或停车，必须立即报告驾驶台，由船长根据航道、港区、码头情况，果断决策并告诉机舱，避免引起其他事故。应及早和海事交管中心取得联系，及时了解前方航道的通航情况，取得海事部门的协助。

（10）尽量利用落潮时间进港，进港时，应尽量走在航道中间，根据风力风向水流，及时调整船位，尽量走在上风上流。

（11）及早和进出港航行船舶联系，及早明确会让意图，要求他船早让，确保航行安全。

7. 拖航运输安全控制措施

（1）开航前，应对船舶主机、辅机、舵机、锚机、缆机等设备进行认真检查，并处于可用状态，对消防系统、通导系统、救生系统等设备进行演练和调试。

（2）航行中，应严格遵守有关航行规定，按规定路线行船，保持与各交管指挥中心联系，服从指挥。

（3）航行中，驾引人员应高度集中，提高警惕，保持正规全方位瞭望，谨慎操作，运用良好的船艺，早让宽让，一定要以"车让为主，舵让为辅"为原则，为避让留有充分的余地。

（4）任何时候都应采用安全航速航行（初步拟定：航行中为了保证安全，避免航速过大造成浪损，根据涌浪情况，采取低速航行）。保持 VHF 畅通，及时报告船舶动态。全程备双锚，并派专人瞭望。注意收集航行通告、航道通电情况、航行中水流流量情况、流压及流态的变化情况，控制好船位，选择好转向和会让地点。提前减速，保证足够舵效，并经常核对船位，严防发生困边、搁浅。船经危险地段时，应提前减速，应尽量远离防止浪损。

（5）航行中，应有意识收听船舶航行安全信息联播，注意天气变化。当船舶遇当地风力达到七级以上时，就近找安全锚地抛锚扎风；在能见度达不到安全航行规定要求，或遭遇浓雾、大风等恶劣灾害性天气时，严禁冒险航行。应勤瞭望、勤联系、勤核对船位，必要时，应选择安全水域抛锚。

（6）运输期间，应密切关注气象变化，多途径收集了解气象态势，对掌握的气象参数进行科学分析。根据卫星云图显示的中短期天气形势，预测天气的变化，坚持连续收听和记录本地区和邻近地区的天气预报和沿海海面风浪警报，分析风情走势及变化。

4.6　海上风电海缆敷设施工安全管理

4.6.1　海缆敷设施工工艺概述

海缆敷设是海上风电工程建设中最重要的工程项目之一。海底输电电缆（图 4-25），又名海底电力电缆，主要用于水下传输大功率电能，与地下电力电缆的作用等同，但应用的场合和敷设的方式不同。从环境探测、海洋物理调查，以及电缆的设计、制造和安装，都需要应用较为复杂的工程技术，海底电缆工程被世界各国公认为复杂困难的大型工程。海缆的敷设工艺主要分为抛放和深埋两种方式。其中，抛放是指利用缆线的自身重量将海地输电电缆直接沉入海底，虽然该方式施工简单，但是极易被渔捞、船锚甚至水底生物损坏，无法保证安全性能。深埋是指将海底输电电缆埋设于海床下一定深度，从而有效避免人为或者生物的破坏，可以保证海缆的安全运行。目前以海上风电为代表的海缆敷设主要以深埋为主。海缆敷设主要包括前期准备、海缆敷设、冲埋保护和电缆试验四个阶段。

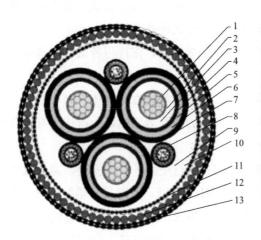

图 4-25　常见 220kV 海缆截面示意图及相关参数

1—阻水铜导体；2—导体屏蔽；3—XLPE 绝缘；4—绝缘屏蔽；5—半导电阻水带；

6—铅套；7—半导电 PE 护套；8—光纤单元；9—填充；10—硅胶棉布带；

11—PP 内垫层；12—镀锌钢丝铠装＋沥青；13—外被

1. 海缆敷设过程

敷设海缆前，首先需要办理施工许可证，发布航行通告，申请施工海域现场维护，接受海事部门的指导和检查。向施工地边防派出所办理出海人员登记手续，向施工海域所辖海洋渔业局申报施工范围的障碍物清理等工作。随后，进行海缆验收、装船和运输工作。与此同时，需要对海缆辐射区域进行敷设扫海、预调查以及海缆穿堤土建相关工程。由于船舶有吃水深度，一般不能直接到达两端登陆点，所以海缆敷设过程可分为首段登陆施工、中间段敷埋施工和终端登陆施工。海缆敷、埋设施工流程图如图 4-26 所示。

1）首段登陆施工

确定好登陆地点，运输装船至指定位置，并对电缆性能进行检查、测试。沿设计的往返电缆路由扫海一次，潜水员到水下清理障碍物。之后，从埋设计划投放点到陆上顶管口位置部分进行浅滩沟槽开挖工作。

将牵引钢丝从船舷边到登陆地点进行敷设，与预先设置于穿堤海缆管两端的牵引绞车连接。牵引绳与海缆头上的牵引网套连接，收绞牵引绳将电缆缓缓从转盘内拉出，由船舷侧入水；绑扎泡沫浮球助浮，通过绞车收绞牵引钢丝绳将海缆牵拉至海陆转换井。海缆登陆完成

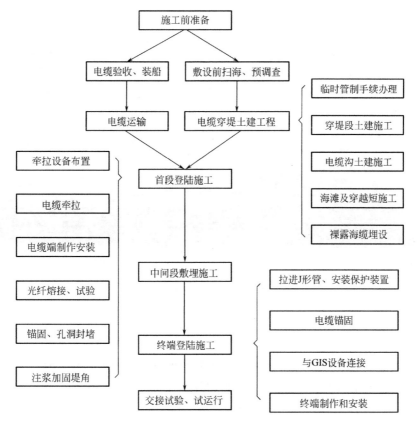

图 4-26 海缆敷埋设施工流程图

后，将海缆沉放至设计路由边，随后将电缆沉放至沟槽中，并进行机械埋深。将海缆端部牵引至海陆转换井。在海陆转换井相应位置安装陆地锚，对海缆进行固定（图 4-27a）。

2）中间段敷埋施工

海缆登陆结束后，即进行埋设机投放作业。选用海底电缆机械埋设机进行埋设作业，其工作方式一般如下：施工船钢丝绳牵引，导缆笼保护海缆，高压水泵吸入海水，输水胶管向埋设机供水，水力喷射切割土体成槽，边敷设、边埋深。埋深数据由设置在埋设机上的传感器通过脐带电缆传输至中央控制室。投放埋设机的过程一般分为海缆置入埋设机腹腔内、埋设机入水、开始埋深以及滩涂段牵引施工四个过程。敷设施工时，施工船依靠收绞抛设在路由前方的牵引钢丝绳前进。牵引钢丝绳由锚艇根据定位系统预先沿设计路由设置，牵引钢丝绳的一端系在海中的牵引锚上，另一端绕在牵引绞车上不间断向前抛设。施工船前进时，拖曳埋设机向前，将海缆边敷设边埋深（图 4-27b）。

3）终端登陆施工

在海缆铺设到达预设剩余长度时，停止海缆敷埋施工，由锚艇配合施工船抛锚固定船位，开始进行回收埋设机的作业：施工船固定船位，起吊埋设机和海缆取出。随后，收绞牵引钢丝移动船体，将海缆沿输缆通道缓缓沉放至海床上。末端电缆头设置小锚、浮漂等标志物，便于后续打捞设施（图 4-27c）。

(a)

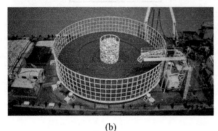

(b)

(c)

图 4-27　海缆敷设施工

（a）首段登陆；（b）中间段敷埋；（c）终端登陆

海上升压站完成后，准确测量电缆登陆距离后，将电缆截断、封头。待电缆头牵引出施工船后，在电缆头上设置活络转头，与 J 形管内的牵引钢丝绳连接，牵引钢丝另一端连接通过平台上门架的滑轮与施工船上的卷扬机连接。启动牵引海缆的绞车，将海缆牵引至施工平台，并留足设计余量。开展海缆在升压站内桥架、支架上的固定，铠装悬挂、锚固装置、接地箱以及弯曲限制器的安装等工作。在登陆点附近，按设计要求沿敷设完成路径边侧，进行电缆终端警示设施的制造与安装。

2. 冲埋保护及电缆试验

受船舶吃水深度、海底地质、海底管线交越等因素影响，部分段的海缆的敷设可能未达到设计要求，后续需要采取一些措施保护好海缆。登陆岸边且海底地质为淤泥质土时，可以采用人工冲埋保护方式（图 4-28）。在海底中段，海缆全部埋设完毕后，潜水员在水下探摸清潮间段水下海缆的实际情况，然后由潜水员利用小型高压水泵按海缆实际敷设轨迹将海缆冲埋至设计要求埋深。

图 4-28　海底电缆人工冲埋保护方式

当海缆敷设及电缆终端头制作完成后，需要对海缆进行完工试验，以检验海缆的各项性能指标，判断其是否在施工过程中受到伤害，能否满足安全运行要求。试验主要包括耐压试验、绝缘试验、泄漏电流试验等项目，海缆试验合格后，方可进行完工验收。

4.6.2 海缆敷设施工风险源辨识与评价

1. 海缆敷设的施工特点

以海上作业为主的海缆敷设施工，一直被公认为是复杂困难的大型工程。海缆的铺设流程包括接缆、扫海、首段登陆施工、中间段敷埋施工、终端登陆施工。其中，首段属于浅滩段作业，中间段施工在深海区，难度最大。海缆敷设整体过程复杂、专业性强，对施工企业及施工人员专业要求较高。而我国海上风电虽发展迅速，体量庞大，但是起步较晚，海上施工实践及管理经验相对欠缺，各大海上风电业主及施工单位都处于积累经验阶段，施工人员相关的经验相对较少，面临的风险较大。

前期接缆工程和首段登陆施工，主要涉及吊装作业、定向钻作业、滩涂作业、临时用电等相关风险作业。扫海和中间段敷埋施工是敷设海缆的主体工程，也是风险较大的工段，其主要涉及船舶航行作业、水上作业（海缆敷设）、水下作业等危险工程。终端登陆施工则主要以受限空间作业和动火作业为主。与此同时，在海底交越段与航道区，则涉及多个海缆与原有管线、光缆等交越的问题，增加了风险管控的难度。

2. 海缆敷设施工作业风险源

海缆敷设施工作业过程危险源及可能导致的风险如表4-6所示。

海缆敷设施工作业过程危险源及可能导致的风险　　　　　表 4-6

序号	作业活动/场所	危险源和有害因素	可能导致的事故
1	受限空间	未按规定佩戴防护用具	中毒
2		作业处通风不良	中毒
3	吊装作业	被吊物件捆扎不牢	起重伤害
4		未按规定佩戴防护用具	物体打击
5		未按规定设置警戒区域	物体打击、起重伤害
6		未持证上岗	起重伤害
7		未遵守操作规程	起重伤害
8		操作者视线受障碍影响	起重伤害
9		超负荷起重作业	起重伤害
10		作业人员酒后上岗	起重伤害
11		被吊物件重量不明	起重伤害
12		机械设备未经检测合格	起重伤害
13		机械设备部分机件失效而未及时修复	起重伤害
14		吊索具等辅助用具不良	起重伤害
15		恶劣天气进行起重作业	起重伤害

海上风电工程施工安全生产管理

序号	作业活动/场所	危险源和有害因素	可能导致的事故
16	施工用电	作业人员未持证上岗	触电
17		作业人员未遵守操作规程	触电
18		作业人员酒后上岗	触电
19		线路设置不符合要求	触电
20		带电体外露无防护	触电
21		未做到三级配电二级保护	触电
22		机械设备未配置漏电开关保护	触电
23		电缆、电线过路无保护措施	触电
24		断电维修开关处未挂牌警示和监护	触电
25		未根据环境情况使用安全电压	触电
26		灯具高度设置不符合要求	触电
27		临时用电通电使用前未经过验收合格	触电
28		保护接地、接零不符合要求	触电
29		用电装置无防雨措施	触电
30		使用不合格电器	触电
31		电箱不符合要求	触电
32		采用不合格导体代替熔断丝	触电
33		电气安全装置缺损未及时修复	触电
34		电气设备电源线未使用插头	触电
35		电工未定期对漏电开关进行测试	触电
36	动火作业	乙炔瓶卧放	火灾、爆炸
37		氧气瓶和乙炔瓶在烈日下暴晒	火灾、爆炸
38		氧气瓶口接触油脂	火灾、爆炸
39		擅自焊割危险品容器	火灾、爆炸
40		擅自焊割废弃气体管线	火灾、爆炸
41		易爆物品存放不当	火灾、爆炸
42		使用乙炔瓶无回火装置	火灾、爆炸
43		压力容器未按规定检测合格	火灾、爆炸
44		减压阀未定期检验	火灾、爆炸
45	海缆登陆段（滩涂作业）	作业人员失陷滩涂	溺亡
46		作业人员失足掉入路由沟	溺亡
47		锚机、卷扬机作业时，人员站钢缆（绳）旁	淹溺、物体打击
48		在海缆登陆过程中，海缆牵引钢缆断裂	淹溺、物体打击
49	海缆登陆段（定向钻）	大堤路面塌陷	其他伤害

序号	作业活动/场所	危险源和有害因素	可能导致的事故
50	船舶航行	施工船及其他船只船舷无护栏或护栏破损	淹溺
51		施工船舶、拖轮未按规定悬挂信号旗和信号灯	淹溺、其他伤害
52		海上作业未穿救生衣	淹溺
53		拖轮拖驳作业时,未按操作规程操作	淹溺
54		在恶劣天气下,船舶擅自出海航行、施工作业	淹溺
55		人员在船与船之间行走时未穿救生衣	淹溺
56		船舶拖航时,拖缆断裂	淹溺、其他伤害
57		船舶出现走锚	淹溺、其他伤害
58		船舶拖航(行驶)未按计划航线行驶	淹溺、其他伤害
59		船舶靠、离泊时,护舷与码头或其他船舶发生碰撞、挤压等	淹溺、其他伤害
60		船舶水密设施未处于良好状态	淹溺、其他伤害
61		船舶在通信设备、GPS 导航设备、雷达设备损坏情况下航行	淹溺、其他伤害
62		浅滩、暗礁	淹溺、其他伤害
63	水上作业(海缆敷设)	夜间施工现场照明不足	高处坠落、物体打击、起重伤害、淹溺、触电等
64		舷边(外)作业人员未穿戴防护用具	淹溺
65		锚机、卷扬机作业时,人员站缆绳(绳)旁	淹溺、物体打击、机械伤害
66		上埋设机作业人员未系安全带	淹溺、高处坠落
67		在敷设海缆的过程中,气象、海况条件变差	淹溺、其他伤害
68		抛锚艇作业人员未穿救生衣	淹溺
69		抛锚作业碰压海底管线	其他伤害
70	水下作业	潜水员未佩戴或未正确使用防护用具	淹溺
71		潜水员未遵守操作规程	淹溺
72		潜水作业人员未持证上岗	淹溺
73		船上未配置救生设施或设备	淹溺

4.6.3　海缆敷设施工风险管控措施

在海缆敷设施工过程中,容易发生船舶碰撞、倾覆、搁浅、破损等,以及施工作业人员淹溺、机械伤害等事故。因此,在海缆施工过程中,要建立健全相关安全规程和制度、事故隐患排查和整改制度、应急管理及应急演练工作等,加强对海上作业人员及船舶的安全管理。

1. 坐滩施工风险

1)风险分析

船舶坐滩施工作业容易发生坐滩流沙淘空、船舶结构损坏等事故。发生事故的原因有以下两点。

（1）船舶坐滩施工前，对施工区域内的海滩地形、水文等情况掌握得不明确，即滩面平整度、高低平潮时的水深以及有无异物、有无沟槽等，未充分考虑涨、落潮水流方向及流速，在坐滩过程中，因滩面地质松软致使淘沙逐渐严重，导致施工船舶侧倾。

（2）滩面不平整或船舶淘沙，有可能导致船舶结构产生崩裂或者变形，在受损严重时，极易造成船体受损进水。

2）防坐滩事故的控制措施

（1）认真研究施工区域以及路由所经过海滩的相关（地形图、潮汐、气象、水文、渔网以及障碍等）资料。

（2）根据船舶吃水、载重情况，以及为平衡船体加注的压载水，计算出转换需要的调整时间，做好详细的施工计划。

（3）根据潮汐表提供的数据参数及海底地形图，计算施工中所需的海水深度，调整压载状态，确保施工所需深度，提前作好船舶进入施工作业区的准备工作。

（4）船至施工作业区，抛好定位锚，再由锚艇把其他各锚拉到相对应的锚位，并调整好钢丝绳受力，等候施工命令。

（5）船舶由锚泊点拖带至作业点，应将船舶前、后、左、右吃水调平至最佳平衡状态。

（6）从船首部到船尾部测量海底各处平整度，确认90%坐底工况。

（7）低潮时，船舶搁浅坐滩，迅速按照坐滩要求调整压载，并记录压载操作各时间点和各舱室的压载情况，并汇报给相关人员。

（8）压载完成后，船舶逐步坐滩。每2h测量船舶周围吃水，测量施工船四周水深，观察海底淘沙情况，每一个涨潮前检查船舶筋板，肋板纵骨等结构件，如实填写坐滩检查记录表，并归档保存。发现异常情况时，应及时采取相应措施。

（9）高平潮来临时，船舶应按照正浮作业压载程序要求重新调整压载。

（10）作业完成后，绞离船位，高潮前2h离开船位。

2. 船舶碰撞

船舶碰撞事故是发生率较高的海上施工船舶事故，大多事故都是由人为因素造成的。

1）风险分析

海缆敷设船作业容易受到风、浪、潮、雾等恶劣天气和海况的影响，可导致船舶碰撞，平台、拖船、设备设施受损；在拖航过程中，遇到恶劣天气，或者海流流速和流向突然改变，使得环境载荷和拖拉力产生夹角，容易导致施工船舶振动和倾斜。海上通信比较困难，极易发生通信不畅、指挥配合不到位的相关情况；海缆敷设施工多为近海施工，海上通行船舶，如渔船、货船、客船等较多，增加了海上船舶碰撞事故的概率。

2）船舶防碰撞要点和措施

（1）海上施工作业船舶必须取得相应的合格船舶证书，以确保该施工船舶在海上的适应性。

（2）在施工期间，白天施工船舶必须按照规定悬挂施工作业旗帜，晚上船舶要显示相应的信号灯，提醒来往船舶加强注意。

（3）施工船的锚泊系统必须经过精密的计算，考虑到施工船和埋设机的水流力；锚机的承载能力，锚的类型、重量，锚缆钢丝的直径等均要满足施工的需要，确保施工船在施工期间不会因为受到风、流的影响而发生走锚现象。

（4）潜水员进行水下潜水作业时，施工船应悬挂水下作业的旗帜，提醒往来船舶减速慢行。

（5）甚高频上的海上安全频道 24h 常开，并要有专人守候接听，以保持与外界船舶的联系。在施工作业阶段，除应接听海上安全频道外，施工船组之间的通信采用 VH1 频道，保持施工船组间、施工船与外界船舶之间的通信畅通。

（6）在对中间水域段电缆敷埋施工时，应对施工路由进行局部封航，要求前方 800m、后方 300m 无船只通过。

（7）组建施工现场警戒船舶小组，配备相适应的警戒船舶。警戒船应经过相应的审核，具备较大的动力、规范的航行灯、信号灯具系统、通信系统、雾笛等扩音系统、雷达系统、AIS、配备 2 个以上甚高频，依据《国际水上避碰规则公约》进行施工作业警戒。警戒船应按指定的位置进行游弋巡查，及时拦截欲进入禁航区域的船舶。

（8）施工时，向过往船舶做好宣传工作，尽可能早地令过往船舶改航，要坚决避免出现紧张危险的局面。在工程部设警戒联络员，负责现场施工与警戒船艇的联络和协调，通报工程情况，适时调整警戒船的布置，及时处置警戒时发生的异常情况。

（9）在大风浪后或冰冻季节，航道浮筒有可能丢失，要以陆测定位，避免因认错浮筒而走错航道。

（10）定期对船舶锚机、钢丝缆绳等系统进行检查、保养，如有故障，应及时维修，钢丝缆绳如有扭结、变形、断丝、锈蚀等异常现象，应及时更换。

（11）若电缆埋深施工期间遇 8 级大风，而天气情况在风浪过后可能及时好转，施工船应暂时停止作业，在现场抛设加强锚，根据风、浪、涌实际情况决定是否对电缆加强保护，防止海缆在一点发生反复弯折。施工设备应采取加固措施，保持处于稳定状态。作业人员应作好随时抵抗风浪的准备。

3. 潜水作业

在海缆敷设施工过程中，为了更好地控制整个施工过程和施工质量，海缆敷设机无法正常敷设的部分路段需要人工辅助，此时需要进行水下潜水作业。潜水作业是高风险的作业，稍有不慎，不仅会对潜水员造成严重的伤害，也会对潜水公司和相关单位造成巨大损失。

1）风险分析

（1）风险管理人员自身综合素质不高。潜水作业是一类对身体素质和技术要求很高的作业，近些年潜水作业发展势头强劲，从而出现了风险管理人才培训滞后的情况，关于潜水作业设备和风险管理的相关经验匮乏，因此，这方面的专业人员较少，从而给潜水作业带来极大的风险。

（2）风险管理制度不够完善。即使相关工作人员和单位都十分重视潜水作业和风险管理，但缺少经验丰富的风险管理人才。同时，相应的规章制度没有严格落实到位，往往忽视相关学习和风险管理，从而给潜水作业风险管理造成了一定的影响。现阶段的常见问题是潜水作业风险管理机制不够完善，部分潜水作业管理人员缺乏综合技能和责任心，从而影响了管理水平的不断提升。

（3）缺少丰富的风险管理经验。海缆敷设施工，特别是针对海上风电这类相对新兴的行业，很多潜水作业风险管理单位过去工作中没有类似的管理经验，同时没有严格落实潜水作业风险管理制度，缺少责任心，短期内很难提升工作水平。实际上，潜水作业风险管理属于系统工程，通常会涉及很多方面。风险管理团队不但要拥有良好的沟通能力，还要熟练掌握各项工作技能和专业知识，同时拥有丰富的工作经验，这样才能不断提升潜水作业风险管理水平。

2）潜水事故的风险控制措施

（1）注重增强风险管理人员综合素质，引进和培养优秀的潜水作业人员，使他们能够尽快适应和进行各项活动，同时提升风险防范意识，严格遵守各项规范要求。

（2）加大管理培训力度，不断增加风险管理人员的相关工作经验。定期组织相关潜水作业人员参加潜水监督、医学技术以及潜水技巧培训等，切实提高技术水平。同时，预防和监测减压病，不断引入优秀的应急救援设备，健全应急管理体系，这样将有利于持续提升应急救援水平。

（3）制定健全的风险管理制度。相关工作人员应将安全风险管理制度认真落实到位，明确各自职责所在，从而顺利开展各项工作。应对潜水作业安全管理工作给予高度重视和关注，同时采取切实可行的防控措施；事先制定潜水规划，清楚相关人员配置，设备配置，技术进步，切实提高管理水平。

（4）结合风险类型，采取合理有效的风险控制措施。严格按照潜水作业安全规定执行，防止在冬季冰期开展潜水作业。当风浪变大时，潜水人员需要借助吸力锚进行固定。按照相关标准化操作出、入水系统，不允许利用跳水方式出、入水。作业开始之前，需要全面掌握和了解作业地点的实际情况，一旦发现异常，必须要及时出水，并采取一些可行的应急救援措施。一旦发生紧急情况，需要第一时间救援。

4. 有限空间作业

海缆敷设终端登陆施工工段，需要进行一定时间的桩桶内部施工。桩桶内施工属于有限空间作业范畴，该空间部分封闭，进出口较为有限，自然通风不良，易造成有毒有害物质积聚或氧含量的不足。有限空间作业是高风险的作业，稍有不慎，将会对作业人员造成致命的伤害。

1）风险分析

有限空间事故常常出乎意料，因为事故或灾难从发生到造成结束的时间非常短，常常在瞬间发生，面临着无法自救、也难以施救的困境。有限空间或受限空间往往存在多种危险有害因素，除共性的危险有害因素外，有限空间作业所特有的危险有害因素主要有三方面：有限空间内可能存在有毒有害介质，有限空间内可能存在可燃性气体，以及有限空间可能属于缺氧环境。显然，如果对其中任何一类危险有害因素不加以控制和防范，都有可能引发严重的伤亡事故。

2）有限空间作业安全防范要点和措施

在有限空间作业时，要严格按照国家相关的标准、行业标准进行，如《密闭空间作业职业危害防护规范》《缺氧危险作业安全规程》《金属焊割用燃气入舱作业安全规定》等，这些标准明确规定了有限空间作业安全管理的职责和具体措施。企业要确保有限空间作业安全，一方面，必须有一套完善的安全管理制度，具备必要的检测检验手段和应急器材；另一方面，必须对相关人员进行系统的安全教育，使安全管理人员和生产作业人员都掌握足够的安全生产知识和技能，具有极强的责任心。

在日常管理中，主要的安全防范要点和措施如下：

（1）严格执行"准入证"和"受限空间安全作业证"制度。

（2）隔离措施到位，即切断所有与有限空间作业点关联的接口。

（3）通风置换到位，即将可燃物、有毒有害物浓度降低至国家标准、行业标准规定值以内。

（4）取样分析到位，即取样点、时间间隔要符合规范要求，分析结果必须准确、可靠。

（5）应急器具到位，即必须按照规范配备安全防护器材和施救装备。

（6）作业监护到位，即要按照规范要求安排经过专门培训、具备资质的监护人员。

（7）安全教育到位，即除平时教育外，每次作业前，都要对相关人员进行岗前教育。

（8）应急人员到位，即要根据存在的现实危险性大小，在作业现场附近安排足够的应急力量，以防不测。

（9）批准签字到位，即对待危险作业安全管理时，一定要不厌其烦、按部就班处理。

5. 机械伤害事故

海缆敷设施工过程涉及多种机械设备，如水陆两栖挖掘机、布缆机、绞磨机、发电机、定向钻机。这些机械的频繁操作，存在造成较大机械伤害的潜在危险。

1）风险分析

（1）无防护：如无防护罩、安全保护装置、报警装置、安全警示标志、护栏等安全防护措施。

（2）防护不当：如防护罩未在适当位置，防护装置调整不当，安全距离不够等。

（3）机械设备设施存在缺陷：如设计不合理，结构不符合安全要求，制动装置有缺陷，安全间距不够，工件上有锋利毛刺、毛边，设备上有锋利倒棱等。

（4）人员违章作业造成机械伤害。

（5）机械强度不够：如起吊重物的绳索断丝或载荷不够等。

（6）设备带"病"运转，超负荷运转等。

（7）无意或为排除故障而接近危险部位：如在无防护罩的两个相对运动零部件之间清理卡住物时，可能造成挤伤、夹断、切断、压碎或人的肢体被卷入的伤害。

2）机械伤害的风险控制措施

（1）每次例行定期检查由施工员实施。班组每天进行上岗安全检查、上岗安全交底、上岗安全记录和每周一次的安全讲评活动。在节假日前后、汛台期间、高温季节，应组织进行机械设备的专项安全检查。

（2）起重机的保险、限位装置必须齐全有效。

（3）施工人员入岗前，必须进行有效的教育培训，考试合格并取得相关合格证后才能上岗作业。

（4）各类安全（包括制动）装置的防护罩、盖齐全可靠。严禁拆除、改装、自制施工机具上的监测、指示、仪表、报警及警示灯安全装置。

（5）机械与输电线路（垂直、水平方向）应按规定保持距离。

（6）作业时，机械应尽可能停放稳固，臂杆幅度指示器应灵敏可靠。电缆线应绝缘良好，不得有接头，不得乱拖乱拉。

（7）各类机械应持技术性能牌和上岗操作牌。

（8）必须严格执行定期保养制度，做好操作前、操作中和操作后设备的清洁润滑、紧固、调整和防腐工作。严禁机械设备超负荷使用。机械设备不得带病运转，运转中严禁进行维修、保养、紧固等作业；在运转中发现不正常情况时，须先停机后检查。

（9）机械设备夜间作业时，必须有充足的照明，且有现场指挥人员。

（10）机械设备运转时，操作者不得离开工作岗位，严禁酒后作业。

4.7 海上风电集控中心施工安全管理

集控中心是具备远程运行值班和现场运行操作两个职能，对无人值班变电站实现远程集中监视、控制和管理的生产运行中心。如果将海上风电的整个运行系统比作人体的话，陆上集控中心则是指挥整个风电场心脏（海上升压站）和海上风电场工程主动脉（海底电缆）的大脑（指挥控制中枢）。因此，陆上集控中心的建设施工在海上风电工程建设中处于至关重要的地位。随着风电产业政策以及技术加快落地升级，风电场建设进入高速发展期。但是，传统的人工运维方式和风电场地理环境产生运维效率低下和成本高昂等问题。因此，无人值守成为现今风电场的发展趋势，作为实现无人值守风电场的有效手段，集控中心已成为发电企业风电方面的重点建设项目。

本节针对集控中心施工工艺、风险源辨识与评价以及集控中心施工风险分级管控措施进行系统的介绍。

4.7.1　集控中心施工工艺概述

陆上集控中心施工过程包括场平施工、主体土建施工和电气设备安装等过程。其中，场平施工和主体土建施工与常规基建行业类似，其施工工程包括施工测量、吹填工程、土方工程、防水工程、钢筋工程、模板工程、混凝土工程、脚手架工程、砌筑工程、门窗工程、吊顶工程、内墙面工程、外墙面工程、屋面工程、给排水工程、暖通专业工程等。而电气设备安装工程则有别于常规的建筑电气工程，相对而言更加精细，要求更高，并增加了相关的特殊设备；不仅包括常规的变压器施工、SF_6 断路器安装、隔离开关安装，以及屏柜、电缆二次线施工等，还包括陆上集控中心的控制及直流系统设备、阀控式密闭铅蓄电池组的安装以及高压开关柜和低压配电柜的安装工作，还有陆上集控中心 SVG 无功补偿装置安装工作等。

集控中心的电气工程设施的安装作为最为重要的功能性部分，其主要施工程序如下：施工准备阶段→安装防雷接地装置→敷设管路→安装桥架→管内穿线→敷设电缆→安装配电箱、柜安装→安装照明器具→通电运行→系统调试运行→工程竣工验收。其中，集控中心设备安装内容如下。

1. 变压器施工方法

安装前，应检查出厂技术文件及各附件是否齐全。如带油运输，应检查其密封情况。对于充氮运输的变压器，应检查氮气表的压力值，如装有冲击记录仪，应记录其指示值。用高真空滤油机对绝缘油进行处理。选择晴朗干燥天气进行吊罩内检。先将充氮变压器抽真空，待变压器内部压力为负值时（内为负压），充入干燥空气。然后进行大盖的起吊及回落作业。随后进行附件安装。安装附件时，还应处理好连接法兰的密封垫。安装工作中断时，将本体密封，抽真空保存，在真空状态下从下部阀门进油操作。装上瓦斯继电器后，加注合格的变压器油，通过储油柜阀门注入，对装有胶囊的储油柜，要按厂家规定的顺序加油。所有附件安装完毕后，按规范要求进行高压试验，并安排进行局部放电试验和绕组变形试验（图 4-29 和图 4-30）。

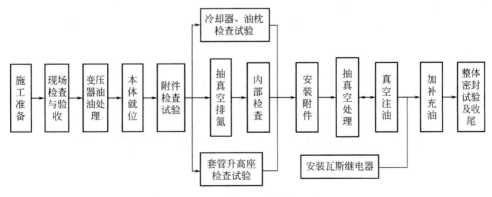

图 4-29　变压器安装流程图

图 4-30 风电变压器施工

2. 安装 SF_6 断路器

首先开箱检查设备是否完好，确认无误后，按厂家要求的顺序进行吊装，并采取适当防潮措施。吊装中，应注意对瓷套的保护，按设备的分组号进行组装。安装各组件时，其接触法兰面密封要求较高，需在厂家指导下进行处理，使用厂家规定的密封胶。断口内部在出厂时装有吸附剂，在安装时，应取出放进烘箱中烘干，断口组装完后，再从烘箱取出放入断路器（图 4-31），如重新加料时，与空气的接触时间不应超过 5min。液压油注入机构时，必须过滤，并注意管道的排气。利用手动机构对操动机构进行调整。每相安装完成后，在充入 SF_6 气体前，应先对瓷套抽真空，达到厂家要求后，用专用充放气装置充入 SF_6 气体到额定值，充入的 SF_6 气体压力值应参考温度曲线。SF_6 气体检漏、微水量测试及电气试验应符合规范要求及厂家规定（图 4-32）。

图 4-31 断路器设备图

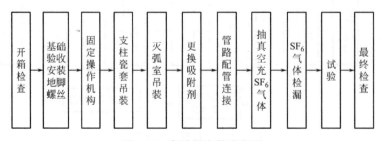

图 4-32 断路器安装流程图

3. 安装隔离开关

隔离开关开箱检查时，应仔细核对型号、规格、接地刀方向、操作机构电源电压、辅助开关等是否满足设计要求，零部件是否齐全、完好。检查设备的一切外在和内在的性能指标。采用吊车分相吊装。对于伸缩式隔离开关，应按厂家说明书上指定的方法对动触头的接触压力进行调整。隔离开关的三相合闸同期、分闸后的距离、合闸后动静触头的相对位置应符合产品要求，主刀与地刀的闭锁应可靠。辅助开关必须与隔离开关本体调整正确。用电压降法测得的主刀闸回路电阻应满足产品规定的要求，隔离开关安装流程见图 4-33。

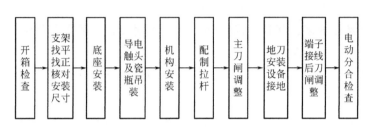

图 4-33　隔离开关安装流程图

4. 屏柜、电缆二次线施工方案

电缆应严格按设计图施工，隐蔽工程及时进行验收签证。电缆的防火设计中，应在电缆沟内采用阻火包及防火堵料，在进入屏柜处采用防火隔板及堵料。电缆头的制作与接线应统一施工工艺，做到排列整齐美观。开电缆时，注意不要损伤线芯，铠装电缆钢甲应接地，屏蔽电缆屏蔽层二端接地。电缆芯号牌采用塑料标号管，要求双重标号，用号牌机双面打印。严格按图接线，每个接线端子每侧接线不超过 2 根，插接式端子处不同截面的导线不得接于同一个端子上（图 4-34）。

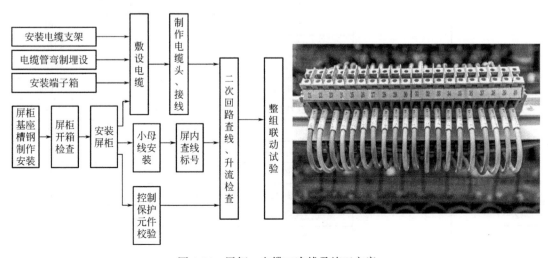

图 4-34　屏柜、电缆二次线及施工方案

4.7.2 集控中心施工风险源辨识与评价

1. 集控中心施工特点

（1）高处作业多：集控中心施工主要归属于建筑施工，按照国家标准《高处作业分级》GB/T 3608—2008 规定划分，建筑施工中有 90％以上是高处作业。

（2）露天作业多：建筑物的露天作业约占整个工作量的 70％，受到春、夏、秋、冬不同气候以及阳光、风、雨、冰雪、雷电等自然条件的影响和危害。

（3）手工劳动及繁重体力劳动多：建筑业大多数工种至今仍是手工操作，工人疲劳、注意力分散、误操作多，易导致事故的发生。

（4）立体交叉作业多：建筑产品结构复杂，工期较紧，必须多单位、多工种相互配合，立体交叉施工，如果管理不好、衔接不当、防护不严，就有可能造成相互伤害。

（5）临时员工多：目前在工地第一线作业的工人中，进城务工人员占 50％～70％，有的工地高达 95％。

（6）设备安装较多：集控中心是整个海上风电的大脑控制单元，需要装备各种设备，如控制主机、各种控制界面以及海水风电所涉及的各种功能模块等。

以上特点决定了集控中心工程的施工过程是个危险大、突发性强、容易发生伤亡事故的生产过程。因此，必须加强施工过程的安全管理与安全技术措施。

2. 集控中心施工作业风险源分析

集控中心施工作业过程危险源及可能导致的事故如表 4-7 所示。

集控中心施工作业过程危险源及可能导致的事故　　　　　表 4-7

序号	施工阶段	作业活动	危险源	可能导致的事故
1			电焊机、焊把等设备漏电，线路漏电	触电
2			未接保护接零	触电
3			开关箱无防雨设施、电线绝缘性能差	触电
4			割枪缺陷	灼伤
5			拉焊把线、焊把线打节	摔伤
6			小件点焊弧光	灼伤眼睛
7	设备支托架制作下料和摆放	焊接	焊机无接线鼻子焊把线中间接头超过三个	火灾
8			弧光刺激	灼伤眼睛
9			通风不良有大量焊烟	中毒
10			工件未焊牢固	物体打击
11			搭设防护棚、电焊机就位、设备装卸	碰伤
12			氧气、乙炔搬运、换开关	轧伤
13			氧气、乙炔安全距离小于作业点 10m 内有易燃易爆物、焊渣飞溅	火灾、爆炸
14			乙炔带捆绑不牢回火	烧伤

序号	施工阶段	作业活动		危险源	可能导致的事故
15	设备支托架制作下料和摆放	焊接		高温、高寒作业	中暑、冻伤
16				夜间作业采光照明不良	坠落
17				雨雪天作业	高空坠落
18				电锤打眼噪声、汽车尾气、噪声	影响健康
19	设备安装阶段	吊装		吊车未年检、无证上岗	起重伤害
20				起吊绳索不符合安全要求	起重伤害
21				吊装绳夹角不合适,吊装点选择不当,吊装捆绑不牢	起重伤害
22				绳索脱钩、绳索卷起弹起	起重伤害
23				安全装置失灵	起重伤害
24				超载	起重伤害
25				在起重机下停留	起重伤害
26				吊装设备使用过程中加油、修理	起重伤害
27				未进行安全技术交底	起重伤害
28				指挥错误	起重伤害
29	联动运转	试车	送电	未按安全技术交底操作,所有开关未处于断开位置	火灾、触电
30				送电顺序错误	火灾、触电
31				电线绝缘性能差漏电	触电
32				电线破损	触电
33			冲车	闸阀质量差,漏蒸汽	灼伤
34				蒸汽输出管高温防护不当	灼伤
35			停电	停电顺序错误	火灾、触电
36	相关方	供设备	焊接设备	内部接线错误	火灾、爆炸
37				接线头松动	火花
38				线路接地	触电
39		供材料	电器开关	开关绝缘性差漏电	触电
40				开关损坏单相短路	火灾
41			电线	绝缘性能差漏电,电线破损	触电
42			送氧气乙炔	供应商进入施工现场未戴安全帽	扎伤、碰伤
43			钢材	含碳高焊接强度差	倒塌
44		同一作业现场	吊装	未签订协议	扎伤、碰伤
45				未设专人指挥、协调	摔伤、划伤
46				未设禁止标志、未设隔离带	碰伤
47			焊接	乱拉电线	触电
48				材料堆放不规范	摔伤、火灾
49				下脚料未及时清除	摔伤、火灾
50				未设专人协调	碰伤、触电
51		人员参观		参观人员进入现场未指定专人陪同	扎伤、碰伤

续表

序号	施工阶段	作业活动		危险源	可能导致的事故
52	三通一平	通水	控沟	放坡不规范	土方坍塌
53				人员操作不当	机械伤害
54				沟边无防护标识	人员坠落
55		通电	架空线路	电线杆埋设不当	物体打击
56				防护用品缺陷、不全	人员坠落
57				电线架设不规范	触电
58			结构工程	变压器装卸不当	物体打击
59				变压器超负荷运转	电气火灾
60			线路架设	架设不规范	触电
61			配比安装	安装不规范	触电
62			用电器安装	机具操作无明显标志	机械伤害
63				机具操作不当	机械伤害
64	临时设施	临时建筑搭设		未按规程操作	物体打击
65		电器设备		交底不清	触电
66		容器锅炉或管道阀门打压		压力表未在有效鉴定期内或量程选择不当	水流、气流击伤
67				组织机构不健全、职责不清	水流、气流击伤
68				带压焊接、带压敲击、升压降压过快	水流、气流击伤
69		防汛		雨季防洪设施准备不足	洪水袭击
70				排洪沟阻塞，施工现场排水不畅通	洪水袭击

4.7.3　集控中心施工风险管控措施

集控中心施工作业是海上风电施工作业的重要一环，尽管其主要是在沿海陆地上进行的，但受沿海相对恶劣的环境（大风、大雾等）影响，其施工难度和危险性高于普通建筑施工作业。其事故风险主要有起重吊装作业事故、高空作业事故、临时用电事故、动土作业事故、机械伤害事故等，以及设备安装带来的触电、火灾等事故风险，可能导致重大伤亡和财产损失，因此需要进行有效的防范和控制。

1. 起重吊装作业伤害

吊装作业是指利用各种吊装机具将设备、工件、器具等吊起，使其发生位置变化的作业过程。集控中心整个施工过程几乎都离不开吊装作业，其是整个施工中的最高风险作业之一。

1）风险分析

吊装作业风险分析及防范措施见表4-8。

吊装作业风险分析及防范措施　　　　　　　表4-8

序号	风险分析	安全措施
1	无证操作	吊装和指挥人员必须经过专业培训,持证上岗

序号	风险分析	安全措施
2	指挥混乱	非紧急意外情况下,现场应设专人统一指挥,信号明确
3	无警戒线、警示标志	有完善的吊装方案,划定警戒线,设置安全标志,禁止非施工人员入内
4	作业条件不良	(1)夜间作业现场要有足够的照明; (2)遇暴雨、大雾及 6 级以上大风等恶劣气象条件时,须停止作业
5	未严格执行吊装作业"十不吊"	(1)指挥信号不明或乱指挥不吊; (2)超负荷或物件重量不明不吊; (3)斜拉重物不吊; (4)光线不足,看不清重物不吊; (5)重物下站人不吊; (6)重物埋在地下不吊; (7)重物紧固不牢,绳打结,绳不齐不吊; (8)棱刃物件没有放垫措施不吊; (9)安全装置失灵不吊; (10)重物超过人头不吊
6	涉及危险作业,未落实相应安全措施	(1)吊装现场作业人员登 2m 以上高处作业时,应办理高处作业证; (2)涉及其他危险作业须办理相关作业证

2）吊装作业风险防范措施

吊装作业作为八种危险作业之一，除了要做到表 4-8 中所述的防范措施，还应严格实施如下安全保证措施：

（1）组织人员进行施工技术方案和安全作业规程交底；

（2）在吊装区域设置安全警戒区，非施工人员禁止入内；

（3）统一现场作业指挥，对讲机要型号一致，频道一致；

（4）精确计算，合理选择起重设备和吊具，严格执行"十不吊"规范；

（5）吊装时，必须由专人指挥，统一信号，确保吊装施工安全、顺利进行；

（6）吊装前，落实人员对钢丝绳、卡环等吊具进行检查，确认无异常后方可起吊；

（7）起吊时，待钢丝绳垂直后方可起吊，防止吊物晃动伤人；

（8）起重指挥及其他施工人员应随时注意吊装过程，并主动避让吊物；

（9）双机抬吊时，吊车负荷率不能超过 80%；

（10）如有七级以上大风，应停止吊装，雨天应注意防滑、防雷措施。

2. 临时用电

陆上集控中心工程建设与普通建筑施工的主要区别在于电器工程的建设施工，在整个施工过程中，如变压器施工，SF_6 断路器安装，隔离开关安装，屏柜、电缆二次线施工，陆上集控中心的控制，直流系统设备、阀控式密闭铅蓄电池组的安装，以及高压开关柜和低压配电柜的安装工作，还有陆上集控中心 SVG 无功补偿装置安装工作等施工过程和性能检修中，均涉及临时用电操作。加强临时用电的安全管理，将是减少临时用电违规现象和安全事故，降低因此造成的灾害损失和人身伤害中必不可少的一环。

1）风险分析

集控中心施工现场涉及很多用电设备，如施工器械、钢筋加工机械、场地照明设备、给水排水设备、电气暖通设备及生活区。工地的用电设备有如下特点：种类繁多，工作用电量巨大，工作环境及工作场所的变化性很大，施工现场作业分区不明确，具有很强的临时性，很容易导致触电伤亡事故的发生。施工现场临时用电主要存在的问题有漏电保护问题、配电箱及插座问题、电缆线路问题、三相五线制问题、临电管理问题等。

2）安全保证措施

（1）电工作业必须经专业安全技术培训，考试合格，持特种作业操作证方准上岗独立操作。非电工严禁进行电气作业。

（2）电工作业时，必须穿绝缘鞋、戴绝缘手套，酒后不准操作。

（3）电气设备的设置、安装、防护、使用、维修必须符合《施工现场临时用电安全技术规范》JGJ 46—2005。

（4）应妥善保管所有绝缘、检测工具，严禁他用，并应定期检查、校验。

（5）线路不得拴在金属脚手架、龙门架上，严禁乱拉、乱拖。灯具需要安装在金属脚手架、龙门架上时，线路和灯具必须用绝缘物与其隔离开，且距离工作面高度在 3m 以上。

（6）露天使用的电气设备，应有良好的防雨性能或有可靠的防雨设施。配电箱必须牢固、完整、严密。使用中的配电箱内禁止放置杂物。

（7）电气设备的金属外壳必须接地或接零。保护零线必须通过零线端子板连接。

（8）安装在建筑物或构筑物上的配电箱为固定式配电箱，其箱底距地面的垂直距离应为 1.3～1.5m。移动式配电箱不得置于地面上随意拖拉，应固定在支架上，其箱底与地面的垂直距离应为 0.6～1.5m。

（9）每台用电设备应有各自专用的开关箱，必须实行"一机一箱一闸一漏"制，严禁同一个开关电器直接控制二台及二台以上用电设备。

（10）逐级漏电保护。施工现场在总配电箱、分配电箱上安装的漏电保护开关的漏电动作电流应为 50～100mA，保护该线路；开关箱安装漏电保护开关的漏电动作电流应为 30mA 以下。

（11）施工参与人员必须提高预防触电能力，并具有一定的救护能力。

（12）施工现场、道路及宿舍必须设有足够的照明系统，未经专业电工人员同意，不得拉线安装其他电器。

3. 高处作业风险

高处作业是指人在一定位置为基准的高处进行的作业。国家标准《高处作业分级》GB/T 3608—2008 规定："凡在坠落高度基准面 2m 以上（含 2m）有可能坠落的高处进行作业，都称为高处作业。"根据这一规定，在集控中心建设施工中，涉及高处作业的范围相当广泛。在建筑物内作业时，若在 2m 以上的架子上进行操作，即为高处作业。

1）风险分析

（1）作业人员不熟悉作业环境，或不具备相关安全技能；

（2）作业人员未佩戴防坠落防滑用品，使用方法不当，或用品不符合相应安全标准；

（3）未派监护人，或监护人未能履行监护职责；

（4）跳板不固定，脚手架、防护围栏不符合相关安全要求；

（5）登石棉瓦、瓦檩板等轻型材料作业；

（6）在登高过程中，人员坠落，或工具、材料、零件高空坠落伤人；

（7）高空作业下方站位不当，或未采取可靠的隔离措施；

（8）与电气设备（线路）的距离不符合安全要求，或未采取有效的绝缘措施；

（9）作业现场照度不良；

（10）无通信、联络工具，或联络不畅；

（11）作业人员患有高血压、心脏病、恐高症等职业禁忌证，或健康状况不良；

（12）在大风、大雨等恶劣气象条件下从事高空作业；

（13）涉及动火等危险作业，未落实相应安全措施；

（14）作业条件发生重大变化。

2）安全保证措施

（1）作业人员必须经安全教育，熟悉现场环境和施工安全要求，按高空作业证内容检查确认安全措施落实到位后，方可作业。

（2）作业人员必须戴安全帽，拴安全带，穿防滑鞋。作业前，要检查其是否符合相关安全标准，作业中应正确使用相关工具。

（3）作业监护人应熟悉现场环境，检查确认安全措施落实到位，具备相关安全知识和应急技能，与岗位保持联系，随时掌握工况变化，并坚守现场。

（4）搭设的脚手架、防护围栏应符合相关安全规程。

（5）在石棉瓦、瓦檩板等轻型材料上作业时，应搭设并站在固定承重板上作业。

（6）高空作业使用的工具、材料、零件必须装入工具袋，上、下时，手中不得持物。不准在空中抛接工具、材料及其他物品。把易滑动、易滚动的工具、材料堆放在脚手架上时，应采取措施防止坠落。

（7）高空作业正下方严禁站人，与其他作业交叉进行时，必须按指定的路线上、下，禁止上、下垂直作业。若必须垂直作业时，应采取可靠的隔离措施。

（8）在电气设备（线路）旁高空作业时，应符合安全距离要求。在采取地（零）电位或等（同）电位作业方式进行带电高空作业时，必须使用绝缘工具。

（9）高空作业应有足够的照明。

（10）进行 30m 以上的高空作业时，应配备通信、联络工具，指定专人负责联系，并将联络相关事宜填入高空作业证安全防范措施补充栏内。

（11）患有职业禁忌证，年老体弱，疲劳过度，视力不佳，酒后人员，以及其他健康状况不良者，不准高空作业。

（12）如遇暴雨、大雾、六级以上大风等恶劣气象条件，应停止高空作业。

（13）若涉及动火等危险作业时，应同时办理相关作业许可证。

（14）若作业条件发生重大变化，应重新办理高空作业证。

4. 动土作业风险

动土作业是建筑施工过程中的主要作业之一，在集控中心建设中，前期的场平施工和主体土建施工都涉及动土作业。动土作业是挖土、打桩、地锚入土深度 0.5m 以上，地面堆放负重在 $50kg/m^2$ 以上，一般使用推土机、压路机等施工机械进展填土或平整场地的作业。

1）风险分析

在动土作业中，常会遇到管线和电缆破坏造成事故；坍塌、坠落或者施工过程发生重大变化等而造成的事故；以及涉及危险作业组合，未落实安全措施等造成事故等。

2）安全保证措施

（1）在基坑开挖及动土作业时，必须制定相应的施工方案，并履行审批手续，开挖基坑时，必须严格按照施工组织设计和土方开挖方案进行。

（2）施工前，必须进行现场勘察，摸清作业环境条件，要充分考虑地下可能出现的地下水、流砂、淤泥、有毒气体、基坑坍塌、漏电、落物等诸多不安全因素，保证各类装置完好、灵敏可靠。

（3）作业前，应对施工人员进行安全教育。进入施工现场时，必须戴合格安全帽，系好下颚带，锁好带扣。

（4）施工负责人应对安全措施进行现场交底，并督促落实，对安全措施不落实的，施工人员有权拒绝作业。

（5）开挖深度超过 1.5m 时，应设人员上、下坡道和爬梯，以免发生坠落，开挖深度超过 2m 的，必须在边沿设两道 1.2～1.5m 高的护身栏杆。对于危险处，夜间应设红色标志灯。

（6）挖土应自上而下进行，禁止采用挖空底脚的办法。使用机械挖掘时，要先发信号。不准在挖土机回旋范围内进行其他作业。

（7）开挖基坑时，应严格按要求放坡，操作时，应随时注意土壁的变动情况，如发现有裂纹或部分坍塌现象，应及时放坡或进行支撑处理，并注意支撑、防护的稳固和土壁的变化，确定安全后，方可进行下道工作，在开挖有护坡桩和护坡墙的基坑时，应定人定时对边坡进行监测。

（8）挖出的土方堆放位置与沟边的距离不得小于 1.0m，在沟道拐角处不得小于 1.5m，堆置高度不得超过 1.5m。

（9）在坑、沟内作业时，应注意对有毒有害气体的检测，保持通风良好，发现有毒有害气体时，应采取防范措施，查明原因，并及时消除不良影响。

（10）挖土机离坡边应有一定的安全距离，以防塌方或造成翻车事故，一般距离不小于 1.0～1.5m。

（11）基坑清土时，应从中央开始，退向坑边，已清理好的地方不再上人，浇筑混凝土时，施工人员可站在木板上操作，尽可能减少对基底土的扰动。

第5章 海上风电工程施工应急救援与事故管理

5.1 海上风电工程施工应急救援基础

5.1.1 应急救援行动原则与要点

事故应急救援工作是在以预防为主的前提下，贯彻统一指挥、分级负责、区域为主、单位自救和社会救援相结合以及依靠科学、依法规范的原则。

其中，预防工作是事故应急救援工作的基础，除了平时做好事故的预防工作，避免或减少事故的发生外，落实好救援工作的各项准备措施，一旦发生事故，就能及时实施救援。坚持突发事件应急与预防工作相结合，重点做好预防、预测、预警、预报和常态下风险评估、应急准备、应急队伍建设、应急演练等各项工作。

重大事故所具有的发生突然、扩散迅速、危害范围广的特点，也决定了救援行动必须达到迅速、准确和有效。因此，救援工作只能实行统一指挥下的分级负责制，以区域为主，并根据事故的发展情况，采取单位自救和社会救援相结合的形式，充分发挥事故单位及地区的优势和作用。在本单位领导统一组织下，发挥各职能部门作用，逐级落实安全生产责任，建立完善的突发事件应急管理机制。

依靠科学、依法规范的原则源于科技是第一生产力，必须利用现代科学技术，发挥专业技术人员作用，依照行业安全生产法规，规范应急救援工作。

事故应急救援又是一项涉及面广、专业性很强的工作，靠某个部门很难完成，必须把各方面的力量组织起来，形成统一的救援指挥部，在指挥部的统一指挥下，安全、救护、公安、消防、环保、卫生、质检等部门应密切配合，协同作战，迅速、有效地组织和实施应急救援，尽可能地避免和减少损失。在海上发生事故时，铭记救援联系方式：在全国范围内及通信网络覆盖的近海海域直接拨打95110，超出通信网络覆盖范围的中远海或国外地区可通过国际长途或海事卫星电话，拨打"010-68995110"。

1. 应急救援的原则

（1）以人为本，安全第一。把保障公众的生命安全和身体健康、最大限度地预防和减少突发事件造成的人员伤亡作为首要任务，切实加强应急救援人员的安全防护。

（2）统一领导，分级负责。在党中央、国务院的统一领导下，各级党委、政府负责做好本区域的应急管理工作。在政府应急管理组织的协调下，各相关单位按照各自的职责和权限，负责应急管理和应急处置工作。企业要认真履行安全生产责任主体的职责，建立与政府应急预案和应急机制相匹配的应急体系。

（3）预防为主，防救结合。贯彻落实预防为主，预防与应急相结合的原则。做好预防、预测、预警和预报工作，做好常态下的风险评估、物资储备、队伍建设、完善装备、预案演练等工作。

（4）快速反应，协同应对。加强应急队伍建设，加强区域合作和部门合作，建立协调联动机制，形成统一指挥、反应灵敏、功能齐全、协调有序、运转高效的应急管理快速应对机制，充分发挥专业救援力量的骨干作用和社会公众的基础作用。

（5）社会动员，全民参与。发挥政府的主导作用，发挥企事业单位、社区和志愿者队伍的作用，动员企业及全社会的人力、物力和财力，依靠公众力量，形成应对突发事件的合力。同时，增强公众的公共安全和风险防范意识，提高全社会的避险救助能力。

（6）依靠科学，依法规范。采用先进的救援装备和技术，充分发挥专家作用，实行科学民主决策，增强应急救援能力；依法规范应急管理工作，确保应急预案的科学性、权威性和可操作性。

（7）信息公开，引导舆论。在应急管理中，要满足社会公众的知情权，做到信息透明、信息公开，但是，涉及国家机密、商业机密和个人隐私的信息除外。不仅如此，还要积极地对社会公众的舆情进行监控，了解社会公众的所思、所想、所愿，对舆情进行正确、有效的引导。

2. 事故应急救援的要点

（1）立即组织营救受害人员，组织撤离或者采取其他措施保护危害区域内的其他人员。抢救受害人员是应急救援的首要任务，在应急救援行动中，快速、有序、有效地实施现场急救与安全转送伤员是降低伤亡率、减少事故损失的关键。由于重大事故发生突然、扩散迅速、涉及范围广、危害大，应及时指导和组织群众采取各种措施进行自身防护，并迅速撤离危险区或可能受到危害的区域。在撤离过程中，应积极组织群众开展自救和互救工作。

（2）迅速控制危险源，并对事故造成的危害进行检验、监测，测定事故的危害区域、危害性质及危害程度。及时控制造成事故的危险源是应急救援工作的重要任务，只有及时控制住危险源，防止事故的继续扩展，才能及时有效地进行救援。特别是对发生在城市或人口稠密地区的化学事故，应尽快组织工程抢险队与事故单位技术人员一起及时控制事故以防止其继续扩展。

（3）做好现场清洁，消除危害后果。针对事故对人体、动植物、土壤、水源、空气造成的现实危害和可能的危害，应迅速采取封闭、隔离、洗消等措施。对事故外溢的有毒有害物质以及可能对人和环境继续造成危害的物质，应及时组织人员予以清除，消除危害后果。

5.1.2 海上风电施工应急组织机构及其职责

一般来说，海上风电施工单位的项目部应建立一套施工安全事故应急处置组织体系，如图 5-1 所示。

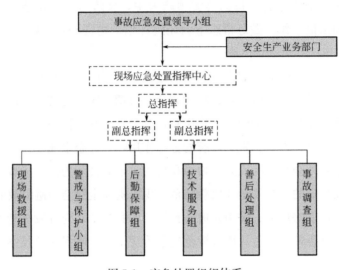

图 5-1 应急处置组织体系

1. 事故应急处置领导小组

项目部应在应急领导小组的领导下，指挥现场处置工作。事故应急处置领导小组是项目部施工安全事故应急处置体系最高决策的非常设机构。当项目施工过程中，发生应急预案设定范围内的事故时，事故应急处置领导小组转化为事故现场处置指挥中心，其作为事故现场处置的最高决策和最高执行机构，负责组织、指挥生产施工过程中突发事件的应急处置事宜。事故现场处置指挥中心有以下职责。

（1）落实上级应急机构下达的各项应急指令和措施，向上级各方应急机构汇报事故应急处置进展情况。

（2）负责指挥各工作组、救援队伍开展现场处置、救援及危险区域的界定、警戒与治安等工作。

（3）根据应急状态变化，提出调整应急级别或解除应急状态的建议。

（4）负责协调各应急工作组工作，组织项目各应急工作组、应急队伍配合外部医疗和救援机构各项工作。

2. 应急处置领导小组办公室

事故应急处置领导小组下设办公室，设在安全管理部门，行使应急工作机构管理职责，办公室设在 HSE 部，负责日常应急管理工作及应急状态下的组织协调工作。

应急办公室作为事故应急处置领导小组的日常办事机构，主要职责如下：

（1）负责传达、贯彻落实上级应急管理工作的有关方针政策、法律法规及一系列文件指示精神和应急领导小组的会议决议、有关要求等；

（2）负责应急值守，接收事故报告，跟踪事件的处置状况，收集相关信息，并做好上报工作；

（3）负责事故应急预案的管理工作，项目部预案的编制工作；

（4）负责制定并实施事故应急演练计划；

（5）负责与本项目及属地就近的各联动部门、相关单位实现对接；

（6）负责监督、检查、指导项目部事故应急管理机构的工作；

（7）组织对项目部的应急演练、应急培训、应急物资和抢险救援队伍等管理实施情况进行考核评价。

3. 应急处置工作组

在应急指挥部的统一领导下，成立海上风电施工应急救援工作组，一般包括现场救援组、警戒与保护小组、后勤保障组、技术服务组、善后处理组、事故调查组等工作组。

1）现场救援组

现场救援组主要职责如下：在现场应急指挥部的指挥下开展救援工作，针对事故发生情况、级别、发展趋势制定现场救援方案。迅速疏散现场危险区域的人员，控制危险源，监控和保护周边危险点，防止事故扩大；组织抢险队伍，对现场受伤人员进行紧急搜救，并将其转移到安全区域；密切注意发展情况，如无法有效控制，在灾害有进一步扩展而危及安全的情况下，应迅速撤离现场至安全区域，防止发生次生、衍生事故/事件；协助外部医疗队伍以及救援队伍开展工作。

2）警戒与保护小组

警戒与保护小组主要职责如下：迅速组织交通工具，赶赴事故现场，交通工具停靠在现场安全区域；做好现场警戒，防止非工作人员、围观人员或船只进入危险区域，保护好现场及有关证据；疏散现场警戒范围内的无关人员，维护事故现场的公共安全秩序和交通秩序；组织现场医疗救治人员，联系就近的医疗机构，准备伤员救治工作。

3）后勤保障组

后勤保障组负责提供应急处置所需物资及财力的保障和支援，保证现场抢险救援所需的生活物资供应。负责应急处置时的交通工具和调度工作，保持内外通信联系畅通，信息传递准确及时等，完成总承包项目部应急领导小组交办的其他工作。

4）技术服务组

技术服务组主要职责为针对事故发生情况、级别、发展趋势制定现场救援方案，指导现场抢险组开展现场救援工作；根据事故类型识别可能发生的衍生事故，提出解决方案，并指导落实；制定恢复生产工作方案，并监督落实。

5）善后处理组

善后处理组主要职责如下：负责受伤人员送医、核实伤亡人员情况及其亲属接待、安抚、协商赔偿等事后处理工作；负责相关单位的接待、联系及情况通报工作；负责伤亡赔偿的洽谈及死亡人员的善后工作；负责与保险公司联络以及索赔事项；负责协调开展事故调查，提出事故内部处理建议，提出并监督落实事故整改措施；负责事故报告的上报工作；完成总承包项目部应急领导小组交办的其他工作。

6）事故调查组

事故调查组负责事故现场保护工作，收集事故有关资料；配合外部事故调查组；按权责划分，负责事故调查，确定事故的损失、性质、原因和主要责任人，提出预防措施和处理意见等。

5.2 海上风电工程施工应急预案体系

5.2.1 应急预案体系及核心要素

应急预案是开展应急救援行动的计划和实施指南，可使应急救援活动能按照预先周密的计划和最有效的实施步骤有条不紊地进行，做到快速响应和高效救援。因此，《安全生产法》《突发事件应对法》和《建设工程安全生产管理条例》等有关法律、法规规定，施工单位负责人应组织制定和实施本单位的生产安全事故应急救援预案，施工单位应当根据建设工程施工的特点、范围，对施工现场易发生重大事故的部位、环节进行监控，制定施工现场生产安全事故应急救援预案；实行施工总承包的，建设工程生产安全事故应急救援预案由总承包单位统一组织编制。国家安全生产监督管理总局令第17号《生产安全事故应急预案管理办法》对生产安全事故应急预案的编制、评审、发布、备案、培训、演练和修订等环节作出了具体规定，要求生产经营单位根据有关法律、法规和《生产经营单位生产安全事故应急预案编制导则》GB/T 29639—2020，结合本单位的危险源状况、危险性分析情况和可能发生的事故特点，制定相应的应急预案。

5.2.2 应急预案的分类及基本内容

项目施工安全事故应急处置有关的预案，从层次可以分为政府级、建设单位级、施工单位级和项目级。对于一起施工安全事故，根据后果的严重程度和救援难易程度和项目部应急救援能力的大小，项目部的应急方式有三种：全部承担（或基本上承担），大部分承担，先行抢险救援、而后服从上一级统一指挥。因此，项目部的应急预案除了要求本单位的应急预案内部衔接，还应与项目建设单位和地方政府的预案外部衔接，包括各层次预案响应的事故最低级别，扩大应急响应层级的条件，统一指挥机制和应急机构职责的衔接，项目部的预案应考虑建设单位、政府（行政主管部门）介入后的相应安排。

应急预案从功能与目标上划分为三种类型：综合应急预案、专项应急预案和现场处置方案。综合应急预案是应对各类事故的综合性文件，从总体上阐述事故应对方针、政策，应急组织机构和职责、应急行动、措施和保障等基本要求和程序；专项应急预案主要针对某种特有和具体的事故（如坍塌与倒塌、起重作业、机械设备事故、电气事故、火灾、中毒与窒息事故等），明确救援程序和具体的应急救援措施；现场处置方案是针对危大工程的施工、具体装置、场所和设施、岗位所制定的应急处置措施，应具体、简单、针对性强。综合应急预案、专项应急预案和现场处置方案各有侧重、相互衔接，构成一个应急预案体系。当然，也可以将专项应急预案作为综合应急预案的附件。

综合应急预案应当包括总则、组织机构及职责、应急响应、后期处置、应急保障等方面的内容，其中，组织机构及职责、信息报告与处置、应急响应程序与处置技术等要素属于应急预案的关键要素，涉及日常应急管理与应急救援的关键环节应体现在应急预案中。同时，危险源辨识与风险分析、应急资源和能力评估是确保应急预案具有针对性和可操作性的重要应急策划工作，应体现在预案中且宜放在附件部分。专项应急预案主要包括适用范围、组织机构及职责、响应启动、处置措施、应急保障。现场处置方案主要包括事故风险描述、应急工作职责、应急处置（事故应急处置程序、现场应急处置措施、报警电话机联系电话）、个人防护注意事项、抢救器材、救援对策或措施、自救与互救等方面的注意事项。

常见的海上风电应急预案清单（包括但不限于）如下：

（1）综合应急预案：包括突发事件综合应急预案。

（2）专项应急预案：包括自然灾害类、事故灾难类、公共卫生事件类和社会安全事件类。

（1）自然灾害类：包括防台、防汛、防强对流天气专项应急预案，防大雾专项应急预案，海洋灾害专项应急预案，防地震专项应急预案，防地质灾害专项应急预案等。

（2）事故灾难类：包括人身伤亡事故专项应急预案，火灾、爆炸事故专项应急预案，交通事故专项应急预案，船舶遇险专项应急预案，船舶碰撞专项应急预案，船舶搁浅专项应急预案，船舶坐滩防冲刷专项应急预案，机械设备突发事件专项应急预案，人员落水专项应急预案，人员紧急撤离应急预案，环境污染事件应急预案，职业危害专项应急预案等。

（3）公共卫生事件类：包括急性传染病专项应急预案，疫情防控专项应急预案，食物中毒事件专项应急预案等。

（4）社会安全事件类：包括突发群体事件应急预案，新闻突发事件应急预案等。

5.2.3　应急预案的编制

《国家生产安全事故应急预案管理办法》（国家安监总局 88 号令）第八条规定，应急预案的编制应当符合下列基本要求：有关法律、法规、规章和标准的规定；本地区、本部门、本单位的安全生产实际情况；本地区、本部门、本单位的危险性分析情况；应急组织和人员的职责分工明确，并有具体的落实措施；有明确、具体的应急程序和处置措施，并与其应急能力相适应；有明确的应急保障措施，满足本地区、本部门、本单位的应急工作需要；应急预案基本要素齐全、完整，应急预案附件提供的信息准确；应急预案内容与相关应急预案相互衔接。基于此，应急预案一般遵循以下编制步骤。

1. 成立应急预案编制小组

事故的应急救援行动涉及来自不同部门、不同专业领域的应急各方，需要应急各方在相互信任、相互了解的基础上进行密切配合和相互协调。因此，要想成功编制应急预案，需要各个有关部门和团体积极参与，并达成一致意见，尤其是应寻求与危险直接相关的各方进行合作。成立预案编制小组是将各有关部门、各类专业技术有效结合起来的最佳方式，可有效地保证应急预案的准确性和完整性，而且为应急各方提供了一个非常重要的协作与交流机会，有利于统一应急各方的不同观点和意见。

2. 危险分析和应急能力评估

1）危险分析

危险分析是应急预案编制的基础和关键过程。危险分析的结果不仅有助于确定需要重点考虑的危险，提供划分预案编制优先级别的依据，而且为应急预案的编制、应急准备和应急响应提供必要的信息和资料。危险分析包括危险识别、脆弱性分析和风险分析。

2）应急能力评估

依据危险分析的结果，对已有的应急资源和应急能力进行评估，包括城市应急资源的评估和企业应急资源的评估，明确应急救援的需求和不足。应急资源包括应急人员、应急设施（备）、装备和物资等；应急能力包括人员的技术、经验和接受的培训等。应急资源和能力将直接影响应急行动的快速有效性。制定预案时，应当在评价与潜在危险相适应的应急资源和能力的基础上，选择最现实、最有效的应急策略。

3. 编制应急预案

编制应急预案时，必须基于事故风险的分析结果，应急资源的需求和现状，以及有关的法律法规要求。此外，编制预案时，应充分收集和参阅已有的应急预案，以最大可能减少工作量和避免应急预案的重复和交叉，并确保与其他相关应急预案的协调和一致。

预案编制小组在设计应急预案编制格式时，应考虑以下几点：

（1）合理组织：应合理地组织预案的章节，以便不同的读者能快速从海量数据中找到各自所需要的信息。

（2）连续性：保证应急预案各个章节及其组成部分在内容上的相互衔接，避免内容出现明显的位置不当。

（3）一致性：保证应急预案的每个部分都采用相似的逻辑结构来组织内容。

（4）兼容性：应急预案的格式应尽量采取与上级机构一致的格式，以便各级应急预案能更好地协调和对应。

4. 应急预案的评审与发布

为保证应急预案的科学性、合理性以及与实际情况相符合，事故应急预案必须经过评审，包括组织内部评审和专家评审，必要时，应请上级应急机构进行评审。应急预案经评审通过和批准后，按有关程序进行正式发布和备案。

5. 应急预案的实施

应急预案经批准发布后，应急预案的实施便成了应急管理工作的重要环节。应急预案的实施包括开展预案的宣传贯彻，进行预案的培训，落实和检查各有关部门的职责、程序和资源准备，组织预案的演练，并定期评审和更新预案，使应急预案有机地融入安全保障工作中，真正将应急预案中的要求落到实处。

5.2.4　应急预案的维护和更新

应急预案本身不是个别部门和人员能够完成的，预案的编制、维护到实施过程都应该有企业各级各部门的广泛参与。并且，维护和更新预案时，需要投入大量的时间和精力，所以应该组建相应的队伍，促进工作的开展和学习交流。维护队伍的组建取决于企业的作业、风险和资源的具体情况。公司各科室负责人都要在应急预案工作中积极参与，同时要鼓励每位员工积极参与，并加强对海上风电现状的分析。

1. 法律法规和现有预案分析

分析国家、省、地方和海上风电领域的法律、法规与规章，如职业安全卫生法律法规、环境保护法律法规、消防法律法规与规程、风电安全规程、海上交通法规、地区区划法规、应急管理规定等。需要调研的现有预案包括政府与企业的预案，如疏散预案、消防预案、安全卫生预案、环境保护预案、保安程序、保险预案、财务与采购程序、工厂停产关闭的规定、员工手册、危险品预案、安全评价程序、风险管理预案、资金投入方案、互助协议等。

2. 关键产品、服务和作业分析

评估紧急情况对海上风电的影响，确定哪些系统必须备份，相关信息主要包括海上风电所需要的设备设施；设备和服务的供应商，尤其是只有单一来源时；生命线服务，如电力、水、汽油、电话和交通；设施运行所需要的关键作业、操作人员和设备等。

3. 内、外部资源和能力分析

紧急情况所需要的内部资源和能力包括人员（消防、危险品响应队伍、应急医疗服务、保安、应急管理小组、疏散队伍、公共信息），设备（消防设备、控制设备、通信设备、急救供应、应急生活必需品供应、警告系统、应急电力设备、污染消除设备），设施（应急行动中心、临时医疗区域、避难区域、急救站、消毒设施），能力（培训、疏散预案、员工支持系统），备份系统（职工薪水花名册、通信、产品、客户服务、运输与接收、信息支持系统、应急电力、恢复支持）。

之后，按照《国家突发事件总体应急预案》的规定和要求，生产经营单位负责人牵头，安全科协助组织开展应急预案的修订，修订的内容要符合生产经营单位生产运行的实际情况，经过安委会领导审批后下发至各单位，各科室负责本科室内各类应急预案的修订工作。各承办部门要紧急行动起来，按照安委会的统一安排和部署，组织专班，落实责任，集中时间和精力完成预案修订任务。

（1）进一步修订完善应急预案体系，不断完善风电领域的专项应急预案，使方案适应特殊天气、特殊条件，对海上风电有针对性。各基层部门都要负责制定、完善本部门的总体预案和专项预案。

（2）加强沟通交流，使人人都能参与应急预案的修订工作。确定需要与外部机构沟通的内容，包括生产经营单位应急响应的通道，向谁汇报，如何汇报，企业如何与外部机构和人员沟通，应急响应活动负责人，在紧急情况下，哪些权力部门应该进入现场等。

（3）各级管理人员要将应急预案的修订工作放在安全工作的较高位置。应急预案要符合生产实际情况。

5.2.5 应急保障

海上风电应急保障体系建立的完善程度，不仅直接关系到事故发生时应急救援工作的顺利开展，也会间接影响后期项目工程的恢复重建。建立健全充足的应急保障基础，完善的应急保障体系，才能及时、从容应对海上复杂环境下的危险，减少不必要的人员伤亡及财产损失。基于海上封底应急管理的特殊性，其应急保障工作包括以下几点：

（1）落实应急资金保障。

（2）根据应急预案及工程实际应急需要，设置应急设施、配备应急装备和应急物资，每月对应急设施、装备和物资进行经常性的检查、维护、保养，确保其完好可靠，保存相应记录。并在预报极端天气临近2～3天前开展全面检查。对不足的应急物资，要及时购买补充；对过期和失效的应急物资，要及时更换。

（3）应急管理办公室必须按照应急预案规定，妥善安排应急设施、装备和物资配置，储存应急物资，明确存放地点和具体数量，满足各类状态下开展应急救援的需要。应急设施、装备和物资应定点存放、专人管理，并建立应急设备、装备、物资储备管理台账，确保现场应急救援工作顺利开展。现场储备的应急管理物资由应急管理办公室统一调配，任何单位和个人不得随意动用。

（4）加强应急物资和装备的维护管理，保证应急管理体系有效运行，并应与相邻单位签署应急物资互助协议，保证在应急时可迅速获取、调配物资和装备的储备资源。各参建单位可根据需要与有关外部资源应急专业公司签订应急服务协议。

（5）建立包含政府有关部门、应急协作单位、应急领导机构、应急救援队伍等有关单位和人员的应急通信信息，并及时更新。

（6）海上风机及升压站应当配备应急物品，满足在恶劣天气、海况等条件下作业人员的应急需求。

（7）救援（警戒）船的配置应符合有关规定。

（8）海上应急物资装备管理：船上救生装备应符合《船舶与海上技术 救生艇筏和救助艇用救生属具》GB/T 32081—2015、《船舶和海上技术 吊放式救生艇降放装置》GB/T 11626—2009、《船舶与海上技术 自由降落式救生艇降放装置》GB/T 16303—2009、《船舶与海上技术 气胀式救生装置用充气系统》GB/T 23298—2009 等相关规范的要求。

船上消防、救生设备及逃生路线应按《船舶和海上技术 船上消防、救生设备及逃生路线布置图》GB/T 21485—2008 设置。

5.3 海上风电工程施工应急救援教育培训与演练

5.3.1 海上风电应急救援培训

海上风电应急救援培训是法律法规对生产经营单位安全工作的要求，应急培训作为提高职工应急素质、增强职工应急意识的重要途径，是保证有效实施应急救援、筑牢安全生产最后防线的基础。海上风电领域的很多作业活动都远离陆地，给救援带来很多困难和不确定性，因此更要加强应急救援和处置活动的培训，筑牢这道防线。

应急培训的主要内容包括法规、条例和标准、安全知识、各级应急预案、抢险维修方案、本岗位专业知识、应急救护技能、风险识别与控制、基本知识、案例分析等。根据培训人员层次不同，教育的内容要有不同的侧重点。安全法规教育是应急培训的核心之一，也是安全教育的重要组成部分。

除了要求参与培训的人员学习并了解应急相关的法律、法规和应急规定，更重要的是要求应急人员了解和掌握识别危险、采取必要的应急措施、启动紧急警报系统、安全疏散人群等基本操作。基于此，应急培训一般包括培训需求分析、培训计划制定、培训课程设计、培训计划实施和培训效果评估等五个方面。

5.3.2 应急演练策划与实施

针对海上风电这个特殊领域，必须坚持不懈地进行模拟事故应急培训和警钟长鸣的演练，有备无患。一旦发生突发事故，能够及时应对、果断处理，减少、杜绝和消灭各类事故的发生。应急演练是对应急预案的检验，应提高应急人员在紧急情况下妥善处置事故的能力，完善应急管理相关部门、单位和人员的工作职责，提高协调配合能力，普及应急管理知识，提高参演和观摩人员的风险防范意识和自救互救能力。应完善应急管理和应急处置技术，补充应急装备和物资，提高其适用性和可靠性。通过演练分析应急预案的不足与存在的问题，可为以后处置相关突发事件积累经验。

应急演练策划与实施分为应急演练的准备、应急演练、演习评价以及应急演练总结与追踪四个方面。一般而言，应急演练应符合《生产安全事故应急演练基本规范》AQ/T

9007 的有关要求。对于海上风电高处逃生演练，可以参照《风力发电机组高处逃生应急演练规程》NB/T 10578—2021 开展高处逃生应急演练。

1. 应急演练的准备

应建立应急演练领导小组，由其完成应急准备阶段，编写演习方案，包括演练目的、演练场景设定、明确参演时间和地点、参演人员。其中，总指挥负责现场救援指挥工作，副总指挥根据现场事故发生情况、级别和发展趋势制定现场救援方案，并设立相关协调组组长、疏散警戒组组长、救护组组长和后勤组组长等内容。制定详细的演练步骤和内容，提供相关的演练文件，包括情景说明书、演习计划、评价计划、情景事件总清单、演习控制指南、演习人员手册和相关人员手册等。

制定现场规则，演习现场规则是指为确保演习安全而制定的，对有关演习和演习控制、参与人员职责、实际紧急事件、法规符合性、演习结束程序等事项作出规定或要求。演习安全既包括演习参与人员的安全，也包括装置和环境的安全。确保演习安全是演习策划过程中的一项极其重要的工作，策划小组应制定演习现场规则。

2. 应急演练

应急演练内容可以参考《生产安全事故应急演练基本规范》AQ/T 9007—2019 进行。具体分为预警与报告、指挥与协调、应急通信、事故监测、警戒与管制、疏散与安置、医疗卫生、现场处置、社会沟通、后期处置和其他应急功能。

应急演练是指从宣布演习开始到结束的全过程。应急演练始于发现事故并报警。根据事故情况，向相关部门或人员发出预警信息，并向有关部门和人员报告事故情况。在演练阶段，参演组织和人员应尽可能按实际紧急事件发生时的响应要求进行演示，参演应急组织和人员首先应对应急事故进行初步响应行动，并通过电话等方式告知专职安全员、应急救援小组立即赶往现场。应急指挥部总指挥立即按照应急预案指令启动响应，让综合协调组对作业区域进行封闭警戒，并通知救援船只立即赶赴事故现场，联系附近医院做好相关救治准备。让救援小组对现场伤员进行救治。救援小组应立即检查受伤者的全身情况，特别是呼吸和心跳。发现受伤者呼吸、心跳停止时，应立即就地抢救，对其进行心肺复苏。对伤处进行消毒包扎，防止伤口感染。随后，事故调查组负责保护事故现场，收集现场事故资料；负责事故调查，确定事故损失、性质、原因和主要责任人，提出预防措施和处理意见。最后，现场领导和专家对演习进行总结，监理公司、工程公司、建设单位点评演练中需要改进的地方。

应急演练领导小组负责人的作用主要是宣布演习开始、结束以及解决演习中的矛盾。控制人员的作用主要是向演习人员传递控制消息，提醒或终止对情景演练具有负面影响或超出演示范围的行动，提醒采取必要行动以正确展示所有演习目标，终止不安全的行为，延迟或终止情景事件的演习。在演习过程中，参演的应急组织和人员应遵守演习现场规则，确保演习安全进行；如果演习偏离正确方向，控制人员可以采取干预纠错，甚至终止演练。

3. 演习评价

演习评价是指观察和记录演习活动，比较演习人员的表现与演习目标、要求，并提出演习中发现的问题。演习评价的目的是确定演习是否达到演习目标要求，检验各应急组织指挥人员及应急响应人员完成任务的能力。要全面、正确地评价演习效果，必须在演习覆盖区域的关键地点和各参演应急组织的关键岗位上指定专门评价人员。评价人员的作用主要是观察演习进程，记录演习人员采取的每一项关键行动及其实施时间，访谈演习人员，要求参演应急组织提供文字材料，评价参演应急组织和演习人员的表现，并反馈演习中发现的问题和不足。

4. 应急演练总结与追踪

演习结束后，进行总结与讲评是全面评价演习是否达到演习目标、应急准备水平及是否需要改进的一个重要步骤，也是演习人员进行自我评价的机会。演习总结与讲评可以通过访谈、汇报、协商、自我评价、公开会议和通报等形式完成。

策划小组负责人应在演习结束规定期限内，根据评价人员演习过程中收集和整理的资料，以及演习人员在公开会议中获得的信息，编写演习报告，并提交给有关政府部门。演习报告是对演习情况的详细说明和对该次演习的评价。演习报告中应包括如下内容：应急演练的基本情况和特点；应急演练的主要收获和经验；应急演练中存在的问题及原因；对应急演练组织和保障等方面的建议及改进意见；对应急预案和有关执行程序的改进建议；对应急设施、设备维护与更新方面的建议；对应急组织、应急响应能力与人员培训方面的建议；其他方面的建议。

追踪是指策划小组在演习总结与讲评过程结束之后，安排人员督促相关应急组织继续解决其中尚待解决的问题的活动。为确保参演应急组织能从演习中取得最大益处，策划小组应对演习问题进行充分研究，确定导致该问题的根本原因、纠正方法、纠正措施及完成时间，并指定专人负责对演习中发现的不足项和整改项的纠正过程实施追踪，监督检查纠正措施的进展情况。

5.4　海上风电工程施工事故应急救援和处置

5.4.1　事故应急救援管理过程

事故应急救援管理一般分为四个阶段，分别为预防阶段、准备阶段、应急响应阶段和恢复阶段。其定义和具体内容如表 5-1 所示。针对海上风电电缆施工过程中的实际情况，其预防、准备阶段的工作和 5.1 节、5.2 节、5.3 节有很大的重合，鉴于此，本部分将重点放在对应急响应阶段的介绍。

应急响应是出现事故险情，在事故发生的状态下，在对事故情况进行分析评估的基础上，有关组织或人员按照应急救援预案立即采取的应急救援行动。根据《生产经营单位生产安全事故应急预案评估指南》AQ/T 9011—2019，应急响应是针对事故险情或事故以及应急预案采取的应急行动。

事故应急救援管理过程四个阶段的工作内容　　　　　　　　表 5-1

阶段	定义	具体内容
预防阶段	为预防、控制和消除事故对人类生命财产长期危害所采取的行动(无论事故是否发生,企业和社会都处于风险之中)	(1)辨识、评价与控制风险。 (2)安全规划。 (3)安全研究。 (4)制定安全法规、标准。 (5)对危险源进行监测、监控。 (6)事故灾害保险。 (7)税收激励和强制性措施等
准备阶段	事故发生之前采取的各种行动,目的是提高事故发生时的应急行动能力	(1)制定应急救援方针与原则。 (2)应急救援工作机制。 (3)编制应急救援预案。 (4)筹备应急救援物资、装备。 (5)应急救援培训、演习。 (6)签订应急互助协议。 (7)应急救援信息库等
应急响应阶段	事故即将发生前、发生期间和发生后立即采取的行动,目的是保护人员的生命,减少财产损失,控制和消除事故	(1)启动相应的应急系统和组织。 (2)报告有关政府机构。 (3)实施现场指挥和救援。 (4)控制并消除事故扩大的趋势。 (5)人员疏散和避难。 (6)环境保护和监测。 (7)现场搜寻和营救等
恢复阶段	事故发生后,使生产、生活恢复到正常状态或得到进一步的改善	(1)损失评估。 (2)理赔。 (3)清理废墟。 (4)灾后重建。 (5)应急预案复查。 (6)事故调查

1. 应急响应的目的

应急响应有以下两个目的。

（1）接到事故预警信息后，采取相应措施，将事故遏制于萌芽状态。

（2）尽可能地抢救受害人员，保护可能受威胁的人群，尽可能控制并消除事故。事故发生后，按照应急预案，采取相应措施，展开抢险、救援行动，及时控制事故，防止其恶化或扩大，最终控制住事故，使现场局面恢复到常态，最大限度地减少人员伤亡、财产损失和社会影响。

2. 应急响应的工作方法

对于一般事故而言，应急响应一般包括启动相应的应急系统和组织，报告有关政府机构实施现场指挥和救援，控制事故扩大并消除，人员疏散和避难，环境保护和监测，以及现场搜寻和营救等阶段。针对海上风电的特殊性，国家能源局发布了相应的标准，《海上风电场工程施工安全技术规范》NB/T 10393—2020。根据该规范，海上作业点或船舶遇到突发事件时，应急响应和处置要求如下。

（1）现场负责人或周边船舶负责人应立即报告海上施工区域负责人，并鸣笛或吹哨报警。海上施工区域负责人应立即向项目安全生产委员会负责人报告，必要时，应向海事、海洋、海警等部门报告，请求救援。

（2）应立即启动应急预案，迅速控制危险源，通知相邻施工单位参与应急救援，组织抢救遇险人员，根据事故危害程度采取应急救援措施，或组织现场人员撤离。

（3）应根据需要请求邻近的船舶参加救援。

（4）采取必要措施，防止事故危害扩大和发生次生、衍生灾害；维护事故现场秩序，保护事故现场和相关证据。

3. 应急结束

当事故现场得以控制，环境符合标准，导致次生、衍生事故的隐患消除后，经事故现场应急指挥机构批准后，现场应急救援行动结束。应急结束，特指应急响应行动的结束，并不意味着整个应急救援过程的结束。在宣布应急结束后，还要经过后期处置，即应急恢复。应急结束后，应明确以下事项：事故情况上报事项；需向事故调查处理组移交的相关事项；事故应急救援工作总结报告。

5.4.2　应急救援体系响应程序

事故应急救援系统的应急响应程序，按照过程可分为接警与响应级别的确定、应急启动、救援行动、应急恢复、应急结束等阶段。

（1）接警与响应级别的确定：接到事故报警后，按照工作程序，对警情作出判断，初步确定相应的响应级别。如果事故不足以启动应急救援体系的最低响应级别，响应关闭。海上风电工程施工常见的"海上大风预警等级"对应的风力等级见表5-2。

"海上大风预警等级"对应的风力等级表　　　　　表 5-2

海上大风预警等级	风力（级）	阵风风力（级）
海上大风蓝色预警	7～8	9～10
海上大风黄色预警	9～10	11～12
海上大风橙色预警	≥11	≥13

（2）应急启动：应急响应级别确定后，按所确定的响应级别启动应急程序，如通知应急中心有关人员到位，开通信息与通信网络，通知调配救援所需的应急资源（包括应急队伍和物资、装备等），成立现场指挥部等。

（3）救援行动：有关应急队伍进入事故现场后，迅速开展事故侦测、警戒、疏散、人员救助、工程抢险等有关应急救援工作，专家组为救援决策提供建议和技术支持。当事态超出响应级别，无法得到有效控制时，应向应急中心请求实施更高级别的应急响应。

（4）应急恢复：救援行动结束后，进入临时应急恢复阶段。该阶段主要包括现场清理、人员清点和撤离、警戒解除、善后处理和事故调查等工作。

（5）应急结束：执行应急关闭程序，由事故总指挥宣布应急结束。

5.4.3 事故应急救援保障措施

1. 通信及信息保障

海上风电通信应参照《船舶与海上技术　海上撤离系统　通信方法》GB/T 28947—2012/ISO 27991：2008 要求的海上撤离系统登乘站与跟系统通道可靠连接的平台或救生艇筏之间的通信方式。海上风电通信由于复杂的海况信息，其技术和要求不同于陆上通信。其通信方式应考虑背景噪声及振动、照明情况、环境条件（如温度、湿度、能见度等）、强度承受能力，以及出现在个别海上撤离系统的通信系统与船舷操作、紧急情况及损坏控制信息之间的可能混淆等。

2. 应急队伍保障

项目部应根据项目实际情况组建一支应急救援队伍。定期根据施工单位的应急预案组织应急救援队伍、船舶实施针对包括台风、落水（淹溺）、触电、大型机械设备倒塌、物体打击等应急救援训练和技能培训。

项目安全环保部门负责与当地海事部门专业应急救援队伍联系、协调、签订应急救援协议。

3. 应急物资装备保障

项目物资设备部门是物资装备保障的责任部门，应按照应急物资和装备购买计划，及时购置满足要求的应急物资。应急预案指挥部门负责提出应急物资购买计划。

4. 经费保障

项目财务部门是经费保障的责任部门，发生突发事件时，应能及时给予项目应急救援所需的经费保障。项目部应将应急培训、演练、应急救援器材、设备支出及运行维护等所需资金纳入年度安全生产投放资金计划。

5. 技术保障

技术管理部门是技术保障的责任部门，负责组建项目突发事件应急专家组，并负责专家组的日常工作，为应急救援提供技术支持和保障。同时，与地方、业主及公司联动，邀请上级专家组提供技术指导和服务。技术质量部以及科研工作小组应组织开展安全技术研究工作，各项目结合实际，应积极开展预测预警、自动化减人、机械化换人等科技兴安工作。

6. 医疗卫生保障

项目部应与海事部门、就近临海医院建立医疗急救服务联系，为项目突发事件应急提供医疗救助，经常性地为项目应急抢险队伍开展现场紧急医疗救治培训。

7. 交通运输保障

综合办公室落实 24h 应急值班船舶，并与直升机救援机构签订协议，可及时调动有关人员和物资设备。

8. 其他保障

项目部应与负责治安、后勤工作的物业方保持紧密联系，保障施工安全。

9. 应急协调机制

应与外部单位建立应急协调机制，与临海当地政府、海事部门、安监、气象、交通、卫生防疫等应急管理部门建立联系，及时向相关部门汇报，争取各方支援。在应急情况下，应配合和支持当地政府、海事部门、消防、安监、气象、卫生防疫等部门开展应急工作，请相关部门提供专业支撑和技术服务。

5.4.4　应急处置措施

1. 污染物处理

在应急救援中使用水、砂等灭火剂以及泄漏出的化学物质或建筑物坍塌等，会对环境造成污染，应对这些污染物进行处理。如果事故涉及有毒或易燃物质，清理工作必须在进行其他恢复工作之前进行。

2. 损失评估及善后理赔

事故或灾害发生单位应及时统计设备设施的损失和人员的伤亡情况，由投保责任部门牵头组织相关部门核实、汇总受损情况，按保险公司有关条款理赔。

3. 事故调查

应坚持实事求是、尊重科学的原则，组织或配合事件调查组按照"四不放过"的原则开展事件原因调查和分析，编制事件调查报告。

4. 生产秩序恢复

针对突发事件的应急处置工作结束后，事故或灾害发生单位要制定临时过渡措施和整改措施计划，系统开展隐患排查工作，主动采取措施消除隐患。积极组织受损设施、场所和生产经营秩序的恢复重建工作，对于重点部位和特殊区域，要认真分析研究，结合事故分析报告，提出解决建议和意见，按有关规定报批实施。

5. 人员安置

应及时安置受灾人员，向其提供必要的生活用品、临时住宿等，并对需要心理救助的人员进行疏导和救助。

6. 应急处置评估

应建立应急评估与考核机制，应急处置结束后，公司应急办公室应及时组织开展突发事件应急处置评估，重点对预警发布、先期处置、预案实施、应急指挥、应急救援方案、应急队伍、事件恢复、信息报告、信息发布、资源保障、后期处置、社会联动等环节进行评估，形成应急处置评估报告，并纳入企业安全生产考核。评估报告应包括事件应急处置基本情况、事件单位应急处置责任落实情况、评估结论、经验教训和相关工作建议。事故或灾害发生单位应做好应急处置全过程资料收集保存工作，主动配合评估调查，并对应急处置评估调查报告有关建议和问题进行闭环整改，做好资料归档和备案。

5.4.5 惩罚

1. 事故分级

根据 2021 年 9 月 1 日交通运输部关于修改《水上交通事故统计办法》的决定，水上交通事故按照人员伤亡、直接经济损失或者水域环境污染情况等要素，分为以下等级。

（1）特别重大事故：指造成 30 人以上死亡（含失踪）的，或者 100 人以上重伤的，或者 1 亿元以上直接经济损失的事故；

（2）重大事故：指造成 10 人以上、30 人以下死亡（含失踪）的，或者 50 人以上、100 人以下重伤的，或者 5000 万元以上、1 亿元以下直接经济损失的事故；

（3）较大事故：指造成 3 人以上、10 人以下死亡（含失踪）的，或者 10 人以上、50 人以下重伤的，或者 1000 万元以上、5000 万元以下直接经济损失的事故；

（4）一般事故：指造成 1 人以上、3 人以下死亡（含失踪）的，或者 1 人以上、10 人以下重伤的，或者 1000 万元以下直接经济损失的事故。

其中，引起水域环境污染的事故应按照船舶溢油数量和直接经济损失分为以下等级。

（1）特别重大事故：指船舶溢油 1000t 以上致水域环境污染的，或者在海上造成 2 亿元以上，在内河造成 1 亿元以上直接经济损失的事故；

（2）重大事故：指船舶溢油 500t 以上、1000t 以下致水域环境污染的，或者在海上造成 1 亿元以上、2 亿元以下，在内河造成 5000 万元以上、1 亿元以下直接经济损失的事故；

（3）较大事故：指船舶溢油 100t 以上、500t 以下致水域环境污染的，或者在海上造成 5000 万元以上、1 亿元以下，在内河造成 1000 万元以上、5000 万元以下直接经济损失的事故；

（4）一般事故：指船舶溢油 100t 以下致水域环境污染的，或者在海上造成 5000 万元以下、在内河造成 1000 万元以下直接经济损失的事故。

2. 具体惩罚规定

（1）基于《国家安全法》，事故发生单位的主要负责人、直接负责的主管人员和其他直接责任人员处罚规定如下：

① 伪造、故意破坏事故现场，或者转移、隐匿资金、财产、销毁有关证据、资料，或者拒绝接受调查，或者拒绝提供有关情况和资料，或者在事故调查中作伪证，或者指使他人作伪证的，处上一年年收入 80%～90% 的罚款；

② 谎报、瞒报事故或者事故发生后逃匿的，处上一年年收入 100% 的罚款；事故发生单位对造成 3 人以下死亡，或者 3 人以上、10 人以下重伤（包括急性工业中毒，下同），或者 300 万元以上、1000 万元以下直接经济损失的一般事故负有责任的，处 20 万元以上、50 万元以下的罚款；

③ 事故发生单位有本条第一款规定的行为，且有谎报或者瞒报事故情节的，处 50 万

元的罚款。

（2）事故发生单位对较大事故发生负有责任的，依照下列规定处以罚款。

① 造成 3 人以上、6 人以下死亡，或者 10 人以上、30 人以下重伤，或者 1000 万元以上、3000 万元以下直接经济损失的，处 50 万元以上、70 万元以下的罚款；

② 造成 6 人以上、10 人以下死亡，或者 30 人以上、50 人以下重伤，或者 3000 万元以上、5000 万元以下直接经济损失的，处 70 万元以上、100 万元以下的罚款。

（3）事故发生单位对重大事故发生负有责任的，依照下列规定处以罚款。

① 造成 10 人以上、15 人以下死亡，或者 50 人以上、70 人以下重伤，或者 5000 万元以上、7000 万元以下直接经济损失的，处 100 万元以上、300 万元以下的罚款；

② 造成 15 人以上、30 人以下死亡，或者 70 人以上、100 人以下重伤，或者 7000 万元以上、1 亿元以下直接经济损失的，处 300 万元以上、500 万元以下的罚款。事故发生单位对重大事故发生负有责任，且有谎报或者瞒报情节的，处 500 万元的罚款。

（4）事故发生单位对特别重大事故发生负有责任的，依照下列规定处以罚款。

① 造成 30 人以上、40 人以下死亡，或者 100 人以上、120 人以下重伤，或者 1 亿元以上、1.2 亿元以下直接经济损失的，处 500 万元以上、1000 万元以下的罚款；

② 造成 40 人以上、50 人以下死亡，或者 120 人以上、150 人以下重伤，或者 1.2 亿元以上、1.5 亿元以下直接经济损失的，处 1000 万元以上、1500 万元以下的罚款；

③ 造成 50 人以上死亡，或者 150 人以上重伤，或者 1.5 亿元以上直接经济损失的，处 1500 万元以上、2000 万元以下的罚款。

（5）事故发生单位对特别重大事故发生负有责任，且有下列情形之一的，处 2000 万元的罚款。

① 谎报特别重大事故的；

② 瞒报特别重大事故的；

③ 未依法取得有关行政审批或者证照而擅自从事生产经营活动的；

④ 拒绝、阻碍行政执法的；

⑤ 拒不执行有关停产停业、停止施工、停止使用相关设备或者设施的行政执法指令的；

⑥ 明知存在事故隐患，仍然进行生产经营活动的；

⑦ 一年内已经发生 2 起以上较大事故，或者 1 起重大以上事故，再次发生特别重大事故的。

（6）事故发生单位主要负责人未依法履行安全生产管理职责，导致事故发生的，依照下列规定处以罚款：

① 发生一般事故的，处上一年年收入 40% 的罚款；

② 发生较大事故的，处上一年年收入 60% 的罚款；

③ 发生重大事故的，处上一年年收入 80% 的罚款；

④ 发生特别重大事故的，处上一年年收入 100％的罚款。

（7）海上风电施工的惩罚及鼓励措施（参考某企业的相关规定）如下。

① 发生一般及以上等级事故，无论何时，事故部门必须于 10min 内将事故报告给安全环保科和公司有关领导。轻伤事故要先口头报告，并且在 15h 内将书面报告报安全环保科，如违反此规定，处相关责任人 200 元罚款。

② 事故报告要真实、及时，不得迟报、漏报、瞒报。违反此规定，处相关责任人 500 元罚款，情节严重的，作降职或离职处理。

③ 对不积极组织参加事故抢救、伪造或者故意破坏事故现场、事故调查中弄虚作假的责任人处 500 元罚款，并作降职处理；造成严重后果的，作离职处理；触犯刑法的，移交公安司法机关处理。

（8）与此同时，于 2021 年 8 月 25 日实施的《中华人民共和国海上海事行政处罚规定》也对相关的海事违章行为的行政处罚作出相关规定。

5.5 事故报告和调查

5.5.1 事故定义与分级

生产安全事故是指在生产经营领域意外发生，通常会造成人员伤亡或财产损失，使正常生产经营活动中断的事故。事故一般以人员财产的损失划分为特别重大事故、重大事故、较大事故以及一般事故，从而可以直观看出事故的重要性与所造成的危害性。

5.5.2 事故报告

（1）事故发生后，事故现场有关人员应当立即向本单位负责人报告；单位负责人接到报告后，应当于 1h 内向事故发生地县级以上人民政府安全生产监督管理部门和负有安全生产监督管理职责的有关部门报告。

（2）情况紧急时，事故现场有关人员可以直接向事故发生地县级以上人民政府安全生产监督管理部门和负有安全生产监督管理职责的有关部门报告。事故报告后出现新情况的，应当及时补报。自事故发生之日起 30 日内，事故造成的伤亡人数发生变化的，应当及时补报。道路交通事故、火灾事故自发生之日起 7 日内，事故造成的伤亡人数发生变化的，应当及时补报。

（3）安全生产监督管理部门和负有安全生产监督管理职责的有关部门接到事故报告后，应当依照下列规定上报事故情况，并通知公安机关、劳动保障行政部门、工会和人民检察院：

① 特别重大事故、重大事故应逐级上报至国务院安全生产监督管理部门和负有安全生产监督管理职责的有关部门；

② 较大事故应逐级上报至省、自治区、直辖市人民政府安全生产监督管理部门和负有安全生产监督管理职责的有关部门；

③ 一般事故应上报至设区的市级人民政府安全生产监督管理部门和负有安全生产监督管理职责的有关部门。

（4）报告事故时，应当包括如下内容：

① 事故发生单位概况；

② 事故发生的时间、地点以及事故现场情况；

③ 事故的简要经过；

④ 事故已经造成或者可能造成的伤亡人数（包括下落不明的人数）和初步估计的直接经济损失；

⑤ 已经采取的措施；

⑥ 其他应当报告的情况。

5.5.3　事故调查和处理

（1）海上风电施工作业一旦发生伤亡事故，必须遵照国务院关于职工伤亡事故报告规程的规定办理。事故报告要及时，不准隐瞒、虚报或拖延不报。发生重大伤亡事故时，企业领导人应该立即组织调查，认真从生产、技术、设备和管理制度等方面进行分析，要查清原因，查明责任，提出防范措施，严肃处理事故责任者。

（2）在事故调查处理中，要坚持实事求是、尊重科学的原则，要严格按照"四不放过"的原则进行处理，追究相关人员责任。

① 发生一般及以上等级事故时，应按照《生产安全事故报告和调查处理条例》的规定由相应级别政府组织调查，公司有关领导、部门以及事故发生单位要做好积极配合工作，按照"四不放过"（事故原因不查清不放过、责任人员未处理不放过、整改措施未落实不放过、有关人员未受到教育不放过）的原则进行处理。

② 发生轻伤事故时，应由分管安全的经理负责组织调查。调查组由公司有关领导、安全环保科、事故部门以及有关部门人员组成。

③ 事故调查的成员应当具备事故调查所需的知识和专长，并与所调查的事故没有直接利害关系。

④ 调查组职责如下：查明事故的经过、原因、人员伤害情况、直接经济损失，认定事故性质和事故责任，提出对责任者的处理意见，总结教训，提出防范和整改措施等。

⑤ 在追究责任时，要分清直接责任和领导责任，要严格按照以下步骤分析责任：按照事故调查确认的事实；按照有关组织管理及生产技术因素，追究最初造成不安全状态的责任；按照有关技术规定的性质、明确程度、技术难度，追究属于明显违反技术规定的责任，不追究属于未知领域的责任；根据事故后果和应负的责任以及认识态度提出处理意见。

（3）事故损失应按以下方式进行计算。

① 重伤人数参照国家有关人体伤害鉴定标准确定；

② 死亡（含失踪）人数按事故发生后7日内的死亡（含失踪）人数进行统计；

③ 船舶溢油数量按实际流入水体的数量进行统计；

④ 除原油、成品油以外的其他污染危害性物质泄漏按直接经济损失划分事故等级；

⑤ 船舶沉没或者全损按发生沉没或者全损的船舶价值进行统计；

⑥ 直接经济损失按水上交通事故对船舶和其他财产造成的直接损失进行统计，包括船舶救助费、打捞费、清污费、污染造成的财产损失、货损、修理费、检（查勘）验费等；船舶全损时，直接经济损失还应包括船舶价值；

⑦ 如一件事故造成的人员死亡失踪、重伤、水域环境污染和直接经济损失同时符合两个以上等级划分标准的，按最高事故等级进行统计。

5.6 海上风电工程施工典型事故应急处置要点

5.6.1 船舶碰撞/倾覆应急处置要点

海水风电作业过程包括海上沉桩施工船舶、风机塔筒、风机吊装船舶、海缆敷设船舶、构件运输船舶、交通船舶等作业。大风天气抛锚、未按照规定航线行驶、船员经验不足、大雾天气视线受限等原因都可能造成船舶碰撞/倾覆等事故的发生。一旦发生此等事故，无论海上施工单位，还是个人，都要做好相应的应急措施，其船舶碰撞/倾覆应急处置要点如下：

（1）及时报告：发生事故后，现场人员应第一时间上报现场负责人。现场负责人组织自救互救，同时向项目经理报告，当发现有人员受伤时，拨打120与当地急救中心取得联系，详细说明事故地点、严重程度和联系电话，并派人到路口接应，派有关人员赶赴现场，协助救助。

（2）自救互救：船舶发生紧急情况受损严重，处于沉没、倾覆、爆炸等严重危险状态，经全力抢险无效时，船长可决定弃船，但只要情况和时间允许，船长应立即向现场指挥机构请示。现场指挥机构接到报告后，应立即向指挥长报告，并立即按照应急响应级别启动预案。调度负责人应与船舶保持不间断联系，了解船上的救生设备情况和船员总数，同时提醒船舶按照应变部署表进行弃船。现场总指挥应迅速调派附近船舶驶往遇险船，同时携带撇缆枪、救生圈等设备。

（3）恰当的处置及救护：在伤员转送之前，必须进行急救处理，避免伤情扩大，途中作进一步检查，进行病史采集，以便发现一些隐蔽部位的伤情，便于进一步处理，减轻患者伤情。在转送途中，应密切观察患者的瞳孔、意识、体温、脉搏、呼吸、血压等情况，有异常时，应及早作出相应的处理措施。

（4）警戒疏散：应急领导小组应召集应急救援领导小组成员，事故发生后，应在第一时间赶到现场，要了解和掌握事故实况，制定抢险抢救方案，防止事故扩大，维护现场秩序，严格保护事故现场，实施抢救。

（5）应急扩大：当事故超出本单位的应急处置能力时，应向当地政府有关部门及上级单位请求支援。

（6）其他需要注意的处置要点：进入抢救现场的作业人员必须按要求佩戴安全帽、穿救生衣等必要的安全防护用品。必须坚持救人第一的原则，当现场遇有人员受到威胁时，首要任务是抢救人员。应备齐必要的应急救援物资，如船舶、车辆、医药箱、担架、氧气袋、止血带、通信设备等。当发生伤害事故后，应优先对呼吸道梗阻、休克、骨折和出血者进行处理，应先救命，后治伤。应用担架运送重伤员，用卧位运送腹部创伤及脊柱损伤者；颅脑损伤者一般取仰卧偏头或侧卧位。抢救失血者时，应先进行止血；抢救休克者时，应采取保暖措施，防止发生热损耗；抢救脊椎受伤者时，应将伤者平卧放在帆布担架或硬板上，严禁只抬伤者的两肩与两腿或单肩背运。

5.6.2　人员落水应急处置要点

在海上船舶、作业平台等船员及施工人员登船、航行过程和作业过程中，未系安全带、作业人员系缆绳操作不当、夜间作业照明不足、作业人员与船体配合不当等，均易造成人员发生落水事故。一旦发生此等事故，无论海上施工单位，还是个人，都要做好相应的应急措施，其人员落水应急处置要点如下。

（1）发现人员落水时，应立即拉动警报，通知全体船员注意并实施搜寻；

（2）船方立即按应急部署的要求积极组织自救，维护好现场秩序，准备释放救生艇救人，并准备必要的器材；

（3）注意搜寻水面，查找落水人员位置，确定位置后，迅速抛救生圈，同时立即报告施工单位应急小组，统一调集人员和船舶；

（4）在搜寻过程中，应考虑潮汐、风向等水文、气象情况，适当扩大搜救范围。

5.6.3　海上防台风应急处置要点

在海上风电作业过程中，无论是海上沉桩施工船舶、风机塔筒、风机吊装船舶、海缆敷设船舶、构件运输船舶、交通船舶等作业，还是陆上集控中心作业等，都是在海上或沿海地区进行，极易遭受如强降雨、大风甚至台风等恶劣天气的影响。一旦发生恶劣天气，应做好相应的应急措施，海上特殊天气应急处置要点如下。

（1）各船舶应经常检查防风锚泊设备、防碰设备设施，保持防风、防碰设备设施处于良好技术状态；船舶要保持封舱良好、门窗水密性能良好，并保持关闭状态，甲板应保持排水畅通。各船舶应做好主机、舵机、锚缆、锚机、拖带设备等船舶关键性设备和防风设备的日常检查、保养工作，使之处于良好的技术状态，确保随时可用。各船舶应经常组织船员进行救生演练，使每个船员都能熟悉使用救生器材以及应急情况下的个人职责，做到操作无误，忙而不乱。船舶进入施工作业区域时，船长应制定好船舶在施工作业过程中遭遇特殊天气时的应急处置措施。

（2）如接到大风预报，所有船舶应对电气设备进行防水包覆及加固，必须加固甲板设施、高处可活动物，封闭甲板舱口、通风筒、舱室舱门。

（3）如发现天气突然变得乌云密布，突风来临时，正在施工作业船舶，应立即停止施工，就地采取防抗风浪措施。停泊船舶应加强值班，如风浪较大，应启动主机、作好随时松绞锚缆的准备，所有作业人员应穿好救生衣。如遇强风，全员应进入值班状态，备好主机，密切观察船舶情况，切忌绞动锚，必须绞动时，车、舵、锚应一齐协调动作，严防被强风压向下风处。

（4）施工船舶应尽快撤离施工区域。根据风流情况及时调整船位和锚缆的受力，并放长上风方向的锚缆，以增加抗风能力。

（5）锚泊避风时，应根据风向采取船头顶风的方法。锚和锚缆必须保证有足够的抗风能力；如遇强风，避风时，应松足锚链，防止断缆。

（6）船舶如受风浪影响出现走锚时，在保障人身安全的前提下，要尽力采取一切有效措施（如抛下备用防风锚，机动船发生走锚时、要开动主机进行顶风，以防进一步走锚；非机动船如出现走锚、缆绳断裂等，而又无法用人力或其他方法进行抢险时，可采取有选择就地搁浅的办法进行抢险等）控制船舶动态，并立即将船舶动态报告项目部，迅速组织拖船或其他动力船舶及时救助，防止事态扩大。

（7）必要时，靠在一起的船舶应分开抛锚，防止相互碰撞。

（8）六级以上大风或浪涌过大时，禁止使用交通艇，应用拖轮或者锚艇运送人员。交通艇应暂躲在桩或驳船背风面避风。

（9）特殊天气过后，由应急小组组长宣布此次应急结束，工作重心转移至善后及恢复生产。安排专人检查船舶受损情况，评估后果，为后续正常开展工作作好物资准备。安排专人总结、完善本预案，编写总结汇报。

在海上施工过程中，除应做到以上应急处置要点，施工相关船只还应做到以下几点。

（1）船舶应有足够的稳性。调整压载水，增加吃水，减少船舶的受风面积。

（2）及时接收、分析台风警报。掌握台风的发展、运动情况，与现场气象观察结果比较，判断本轮是否已受台风风系影响，明确船舶在台风进路的什么位置，进而采取相应的海上避台方法，离开台风中心，避开强风区。

（3）仔细研究避台海域的情况。选择水深较浅、航海障碍物较少、定位物标好的开阔海域滞航抗台。

（4）保证四机一炉处于正常工作状态。

（5）注意大风浪中的船舶操纵要点。适当调整航向、航速，尽量控制船舶减小横摇的次数和幅度。使船艏与风浪呈30°角，减小船体的受力。谨防船被风浪打横。在大风浪中调头，一定要遵循船速慢、舵效好的基本操作方法。要选准海面较平静的一段时间开始调头，力争在下一组第一个大浪到来之前渡过横风横浪的危险区段，并调头完毕。

（6）台风过境后，涌浪大增，此时更应该谨慎操船，防止横摇，控制好船位，防止船舶被涌浪推进危险海域。

5.6.4　吊装伤害应急处置要点

吊装作业是海上风电工程中最重要也最常见的作业之一，几乎涉及风电工程的各个工段，而且其吊装物都是体积庞大的物件，因此存在非常高的潜在风险。一旦发生此等事故，必须做好相应的应急措施，吊装伤害应急处置要点如下：

（1）及时报告：发生事故后，现场人员应第一时间上报现场负责人。现场负责人应组织自救互救，同时向项目经理报告，当发现有人员受伤时，应及时与当地急救中心取得联系，详细说明事故地点、严重程度和联系电话，并派人接应，派有关人员赶赴现场，协助救助。如果发生吊装事故，没有人员伤亡，应及时处理事故，以免发生人身伤害。

（2）自救互救：做好受伤人员的现场救护工作。如受伤人员出现骨折、休克或昏迷状况，应采取临时包扎止血措施，进行人工呼吸或胸外心脏按压，尽量努力抢救伤员。如受伤人员出现骨折、休克或昏迷状况，应采取临时包扎止血措施，进行人工呼吸或胸外心脏按压，尽最大努力抢救伤员。

（3）得到报警信号后，施工人员应立即停止工作，就近关闭电源，沿既定应急撤离路线撤离到指定地点，在撤离过程中，应听从应急指挥员的指挥，不拥挤、不慌乱，照顾伤病员，有秩序地迅速撤离。应采取措施控制可能导致次生灾害的风险。清理上方有可能坠落的物品。设置警戒区，保护现场，组织人员撤离。

（4）警戒疏散：事故发生后，应急领导小组应召集应急救援领导小组成员，第一时间赶到现场，要了解和掌握事故实况，制定抢险抢救方案，防止事故扩大，维护现场秩序，严格保护事故现场，实施抢救。

（5）应急扩大：当事故超出本单位的应急处置能力时，应向当地政府有关部门及上级单位请求支援。应急指挥中心应组织好现场保护工作，并协助公司或地方主管部门进行调查。

5.6.5　高处坠落事故应急处置要点

在临边作业、攀登作业、悬空作业、操作平台等作业过程中，人的不安全行为、物的不安全状态、作业环境和管理的缺失都易造成人员发生高处坠落事故。一旦发生此等事故，无论海上施工单位，还是个人，都要做好相应的应急措施。人员高处坠落事故应急救援要点如下：

（1）及时报告：发生事故后，现场人员应第一时间上报现场负责人。现场负责人应组织自救互救，同时向项目经理报告，当发现有人员受伤时，拨打120与当地急救中心取得联系，派有关人员赶赴现场，协助救助。

（2）自救互救：发生高处坠落后，应大声呼救，寻求现场其他人员救助；发生高空坠落事故后，现场人员应当立即采取措施，切断或隔离危险源，防止救援过程中发生次生灾害。现场人员应做好受伤人员的现场救护工作。如受伤人员出现骨折、休克或昏迷状况，应采取临时包扎止血措施，进行人工呼吸或胸外心脏按压，尽量努力抢救伤员。对坠落在危险位置，一时不能对其进行有效救援且意识清醒的高处坠落者，应由救援负责人或医生对高坠者进行心理安慰，劝其平静、不要乱动，避免其因不当的动作造成二次坠落；当发生高处坠落事故后，应优先对呼吸道梗阻、休克、骨折和出血者进行处理，应先救命，后治伤。

（3）恰当的处置及救护：高处坠落人员可能是胸部内脏破裂出血，伤者表面无血，但表面出现面色苍白、腹痛、意识不清、四肢发冷等征兆。首先应观察或询问坠落者是否出现上述特征，确认或怀疑存在上述症状时，严禁移动伤者，应让其平躺，立即拨打120。如有骨折，应就地取材，使用夹板固定，避免骨折部分移位，开放性骨折常伴有大出血，应先止血，再固定，用担架或者自制简易担架运送伤者去医院。在转送途中，应密切观察患者的瞳孔、意识、体温、脉搏、呼吸、血压等情况，如有异常，应及早作出相应的处理措施。

（4）警戒疏散：应急领导小组召集应急救援领导小组成员，事故发生后，应在第一时间赶到现场，要了解和掌握事故实况，制定抢险抢救方案，防止事故扩大，维护现场秩序，严格保护事故现场，实施抢救。

（5）应急扩大：当事故超出本单位应急处置能力时，应向当地政府有关部门及上级单位请求支援。

5.6.6 机械伤害事故应急救援要点

海上风电施工作业中存在众多容易造成机械伤害的作业种类或部位，如起重机械自身安拆作业（大型履带式起重机、施工升降机、汽车式起重机等）；机械、设备生产作业（各类起重机械、发电机、空压机、叉车、土方开挖运输机械、混凝土及砂浆机械、木工钢筋工机械、金属加工类机械设备、焊接机械、定子提升装置、金相土建检测仪器设备、电气试验设备等）；机械维护保养作业（起重机械、场内运输车、土方机械、木工机械、金属加工类等）；转动机械单体试运等。人的不安全行为、物的不安全状态、作业环境和管理的缺失都易于造成机械伤害事故的发生。一旦发生此等事故，无论海上施工单位，还是个人，都要做好相应的应急措施。

（1）发生机械伤害后，现场施工负责人应立即报告项目部应急救援小组（工地现场指挥部）及局应急救援指挥部，应急指挥部应立即拨打120救护中心与医院取得联系（医院在附近的直接送往医院），并派人接应。在医护人员没有来到之前，应检查受伤者的伤势、心跳及呼吸情况，应视不同情况采取不同的急救措施。

（2）对被机械伤害的伤员，应迅速、小心地使伤员脱离伤源，必要时，拆卸机器，移出受伤的肢体。对发生休克的伤员，应首先进行抢救。遇有呼吸、心跳停止者，可采取人工呼吸或胸外心脏按压法使其恢复正常。

（3）对骨折的伤员，应利用木板、竹片和绳布等捆绑骨折处的上、下关节，固定骨折部位；也可将其上肢固定在身侧，把下肢与下肢缚在一起。

（4）对伤口出血的伤员，应让其以头低脚高的姿势躺卧，使用消毒纱布或清洁织物覆盖伤口，用绷带较紧地包扎，以压迫止血，或者选择弹性好的橡皮管、橡皮带或三角巾、毛巾、带状布巾等。

（5）对上肢出血者，捆绑在其上臂 1/2 处，对下肢出血者，捆绑在其腿上 2/3 处，并每隔 25~40min 放松一次，每次放松 0.5~1min。对剧痛难忍者，应让其服用止痛剂和镇痛剂。采取上述急救措施之后，要根据病情轻重，及时把伤员送往医院治疗。

（6）在转达送医院的途中，应尽量减少颠簸，并密切注意伤员的呼吸、脉搏及伤口等情况。

5.6.7 物体打击事故应急救援要点

海上风电施工作业中存在众多易于造成物体打击事故的作业种类或部位，如交叉作业，工具零件、木块等物体从高处掉落伤人；运转设备，设备运转中违章操作；安拆作业，部件或工具掉落；物料运输，设备材料运输捆绑不牢等。人的不安全行为、物的不安全状态、作业环境和管理的缺失都易于造成物体打击事故的发生。其应急措施要点如下。

（1）发生物体打击事故后，应把抢救的重点放在对颅脑损伤、胸部骨折和出血上进行处理，并马上组织抢救伤者脱离危险现场，尽快将其送医院进行抢救治疗，以免再发生损伤。

（2）在移动昏迷的颅脑损伤伤员时，应保持其头、颈、胸在一直线上，不能任意旋曲。若伤者颈椎骨折，更应避免摆动头颈，以防引起颈部血管神经及脊髓的附加损伤。

（3）观察伤者的受伤情况、受伤部位、伤害性质，如伤员发生休克，应先处理休克。遇呼吸、心跳停止者，应立即进行人工呼吸；对于处于休克状态的伤员，要让其安静、保暖、平卧、少动。

（4）对于出现颅脑损伤者，必须维持其呼吸道通畅。昏迷者应平卧，面部转向一侧，以防舌根下坠或吸入分泌物、呕吐物，发生喉阻塞。有骨折者，应初步固定后再搬运。

（5）防止伤口污染。在现场，相对清洁的伤口，可用浸有双氧水的敷料包扎。污染较重的伤口，可简单清除伤口表面异物，剪除伤口周围的毛发，但切勿拔出创口内的毛发及异物、凝血块或碎骨片等，再用浸有双氧水或抗生素的敷料覆盖包扎创口。

（6）在运送伤员到医院就医时，昏迷伤员应采取侧卧位或仰卧偏头，以防止其呕吐后误吸。对烦躁不安者，可因地制宜地予以手足约束，以防其伤及开放伤口。脊柱有骨折者，应用硬板担架运送，勿使脊柱扭曲，以防途中颠簸使脊柱骨折或脱位加重，造成或加重脊髓损伤。

5.6.8　潜水作业应急处置要点

敷设海缆和建设升压站工段中都存在潜水作业。潜水作业具有专业性强、作业风险高、人员素质参差不齐、医疗设施距离远等特点，如果作业现场的人员缺乏相关的急救知识，或急救措施不得当，在出现潜水事故或潜水疾病时，潜水人员就不能及时、有效得到救治，这将对潜水人员的健康和安全造成严重危害，也会对潜水公司和部门造成巨大损失。为此，我国于 2021 年 4 月 1 日实施一项交通运输行业标准——《潜水作业现场急救方法与要求》，规定了潜水作业现场急救人员、现场急救、潜水疾病和潜水事故处理要求。该标准适用于救助打捞以及处理海洋工程潜水作业现场急救、潜水疾病和潜水事故。

潜水作业应急处置要点如下：

（1）潜水员在进行水下作业时，如潜水衣破损漏水，潜水员应先将情况通过潜水电话报告给水上人员，征得同意后出水，更换新潜水服。

（2）为防止潜水电话失灵而与潜水员失去联系，现场至少应配备三部潜水电话，一部电话失灵，立即换另一部电话。如果是其他原因，按照潜水员水下作业规程，水上掌握信号绳的人员立即打信号传递给潜水员，并通知潜水员立即上升出水。

（3）潜水员水下作业时，要尽量避开渔网和绳索，如果被绞缠，可用携带的潜水刀将渔网和绳索割开。如果自己无法解决，应立即申请另一名潜水员下水协助其脱困并上升出水。

（4）供气突然中断时，应立即用电话通知潜水员出水。如果电话失灵，立即启用备用的柴油空压机，并用信号绳通知潜水员。潜水员出水后，排除空压机故障，再行潜水。

（5）潜水员在水下作业中手被划伤时，应立即通知水上人员，并出水进行处理。

（6）一旦潜水员出现定向能力模糊、概念不清或者语言通信能力减弱等情况，应立即让其终止潜水作业，并投放应急潜水员，护送其完成水下减压，之后出水执行水面减压。

5.6.9　火灾事故应急处置要点

在施工、生活用电作业（施工现场、生活营地）、食物加工（生活营地厨房）、易燃易爆物品运输、存储及使用作业（船舶油库、危化品仓库）、打磨、切割、焊接等动火作业（施工现场）、滤油、注油、油循环或罐（箱）清理作业（大小机、油管道等）、防雷接地（烟囱等高处作业场所）等作业过程中，都容易发生火灾事故。常见的火灾事故类型有：现场明火作业引发的火灾；现场电气线路、设备短路引发的火灾；办公场所、生活营地明火或电路引发火灾；焊接、焊割作业引发火灾；易燃物品存储管理、运输、使用不当引发的火灾；雷击、地震等自然因素引发的建筑物火灾等。火灾事故应急处置要点如下。

（1）发生事故后，现场人员应第一时间上报现场负责人。现场负责人应组织自救互救，同时向项目经理报告，当发现有人员受伤时，拨打 120 与当地急救中心取得联系，详细说明事故地点、严重程度和联系电话，并派人接应，派有关人员赶赴现场，协助救助。

（2）自救互救：发生火灾事故后，现场人员应当立即采取措施组织现场人员抢救、灭火，组织现场人员撤离、疏散，防止救援过程中发生次生灾害。现场人员应做好受伤人员的现场救护工作。如受伤人员出现烧伤、中毒窒息、休克或昏迷状况，应采取临时急救措施，受伤较重时，应进行人工呼吸或胸外心脏按压，尽最大努力抢救伤员。

（3）处置及救护：现场负责人必须立即到达着火点，并及时根据火情确定抢救级别。若火势较轻，应自行组织现场人员抢救、灭火，组织现场人员撤离、疏散，同时向现场处置小组报告；若火势较大或发展迅猛，应立即向现场处置小组报告，拨打119电话求援，并组织现场人员撤离、疏散，在确保人身安全的情况下，组织人员对火势进行控制和隔离；现场处置小组成员接到报告后，应立即联系各应急处置部门及时赶到火灾地点；组长到达现场后，应根据火情组织义务消防队和现场施工人员进行自救。

安全监察部接到报告后，应立即组织义务消防队员携带消防器材赶到现场进行灭火和抢救；现场医务人员应根据伤害情况，立即组织现场急救，由综合部安排船舶或车辆将伤者送往医院，或拨打120急救电话；如火情已被扑灭，应做好现场保护工作，待有关部门调查并经同意后，做好事故现场的清理工作。

（4）警戒疏散：应急领导小组应召集应急救援领导小组成员，在事故发生后，第一时间赶到现场，要了解和掌握事故实况，制定抢火救灾方案，防止事故扩大，维护现场秩序，严格保护事故现场，实施抢救。

（5）应急扩大：当事故超出本单位的应急处置能力时，应向当地政府有关部门及上级单位请求支援。

（6）其他应注意的要点：扑救火灾要在确保人员安全的前提下进行；扑救时，要先救人后救物，先重点后一般，先断电后救火，并注意顺风救灾；发生火灾后，应掌握的原则是边救火，边报警；应根据火灾类型采取不同的灭火方法（表5-3）；拨打120报警时，应说明详细地址和受伤人员性别、主要受伤部位、意识是否清晰等，留下联系电话，并保持电话畅通，报警后，应由熟悉情况的人到相应地点迎候。

基本通用的火灾应急处置措施　　　　　　　　　　　　　　　表5-3

火灾类别	易燃物类别	适用灭火器材及灭火步骤	注意事项
A类：固体物质火灾	棉/麻/纸张/木材	水泡沫/干粉/二氧化碳	禁止在下风处进行灭火
B类：液体和可溶化的固体物质火灾	汽油/煤油/原油/油漆/甲醇/乙醇(酒精)/沥青/点石/石蜡	一般用泡沫、干粉等灭火	禁止使用高压直流水枪直接灭火，可以使用喷雾水枪扑救，扑救时要保持足够的距离
		二氧化碳适用小范围油类灭火	
		泡沫适用容器内的易燃可燃液体火灾	
		酒精等醇类火灾要使用抗溶性泡沫	
		沙土适用扑救沥青和地面上流散的易燃可燃液体火灾	

续表

火灾类别	易燃物类别	适用灭火器材及灭火步骤	注意事项
C类：气体火灾	煤气/天然气/甲烷/乙炔/氢气	先将气体输送阀门或管道关死，截断气源，进行冷却灭火，可使用直流水枪或喷雾水枪、二氧化碳、干粉等灭火剂	戴好防护用具，防止烫伤、中毒等
		对一时无法堵漏、封闭的燃烧，不宜立即将火扑灭，可以一边用水冷却保护建筑物和设备，一边让气体自行燃尽	
带电火灾	电器/线路不规范引起的短路	干粉、二氧化碳灭火器	忌用水、泡沫及含水性物质
森林火灾	枝草、叶、木等燃物质	可使用水或喷雾水枪、二氧化碳、干粉等灭火剂，以及灭火毯等方法	野外扑救森林火灾时，应把握时机，关键在火灾初期采用有效方法控制火势。当火势发展到不可控制时，应由专业人员组织扑救

5.6.10 中暑事故应急救援要点

海上风电施工作业很多时候需要在高温、夏季露天及室内通风不良环境下进行。人的不安全行为（带病、疲劳、精神不足、饮水不足等）、物的不安全状态（水源缺失等）、作业环境（温度、通风、太阳直射等）和管理的缺失（作息安排不合理、降暑药配置不足、违章指挥等）都易于使人员发生中暑事故。中暑事故的应急措施要点如下。

（1）先兆中暑和轻度中暑处理：①迅速将中暑者移至阴凉、通风的地方，同时垫高头部，解开衣裤，以利于呼吸和散热。②用湿毛巾敷头部，或用冰袋置于中暑者头部、腋窝、大腿根部等处。若病人能饮水时，可给病人大量饮水，水内加少量食盐。③病人呼吸困难时，应进行人工口对口呼吸。④暂时停止现场作业，对工作场所的通风降温设施等进行检查，采取有效措施降低工作环境温度。

（2）重度中暑处理：①立即将所有中暑人员抬离工作现场，移至阴凉、通风的地方，并联系项目部医务人员立即到达现场进行施救工作。②暂时停止现场作业，对工作场所的通风降温设施等进行检查，找出中暑原因，并采取有效措施降低工作环境温度。③如有病情严重者，应立即联系车辆及交通船。必要时，可拨打120寻求帮助。

（3）中暑后，应补充水分和盐分，但过量饮用热水会让中暑人员更加大汗淋漓，反而造成体内的水分和盐分进一步流失，严重时会引起抽风现象。正确的方法应是少量多次饮水，每次饮水量以不超过300mL为宜。

（4）备齐必要的应急救援物资，如车辆、人丹、十滴水、解暑片、藿香正气液或清凉油等防中暑药品。中暑者不能吃油腻食物，过多食用油腻食物会增加其消化系统的负担，使大量血液滞留于胃肠，所以中暑人员应尽量多吃一些清淡爽口的食物。

5.6.11　食物中毒应急处置要点

在项目部、施工项目部及船舶上食堂、餐厅及其他场所饮食过程中或之后，人的不安全行为（采购不当、清洗不完全、加工不精细、误食等）、物的不安全状态（细菌滋生、污染、过保质期等）、作业环境（高温、存储不当等）和管理的缺失都易于造成食物中毒事故。食物中毒应急处置要点如下。

（1）及时报告：发生事故后，现场人员应第一时间上报现场负责人。现场负责人组织自救互救，同时向项目经理报告，当发现有人员受伤时，及时送往附近医院救治。

（2）自救互救：食堂管理人员应立即组织开展施救工作。对中毒不久而无明显呕吐者，可用手指、筷子等刺激其舌根部的方法催吐，或让中毒者大量饮用温开水并反复自行催吐，以减少对毒素的吸收。

当中毒者出现呕吐现象时，为防止呕吐物堵塞气道而引起窒息，应让病人侧卧，便于吐出呕吐物；在呕吐中，不要让病人喝水或吃食物，但在呕吐停止后，应马上补充水分。如腹痛剧烈，可取仰睡姿势，并将双膝弯曲，有助于病人缓解腹肌紧张，腹部盖毯子保暖，助于血液循环；当病人出现抽搐、痉挛症状时，应马上将病人移至周围没有危险物品的地点，并取来筷子，用手帕缠好塞入病人口中，以防止其咬破舌头；当中毒者出现脸色发青、冒冷汗、脉搏虚弱时，要马上送医院，谨防其出现休克症状。

医务人员应对可疑中毒食物及其有关工具、设备和现场采取临时控制措施，收集可疑中毒食物，并将可疑食物送交医院化验检查；食堂管理人员应及时拨打 120、110 等报警电话，详细说明事发地点、中毒人数、中毒症状等信息，并派人接应；食堂管理人员应及时将事件发生的时间、地点、中毒人数、中毒症状、初步原因及采取救治措施等情况报告主管领导。

（3）处置及救护：在转送伤员之前，必须对其进行急救处理，避免伤情扩大，途中作进一步检查，进行病史采集，以便发现一些隐蔽部位的伤情，进一步处理并减轻患者伤情。在转送途中，应密切观察患者的瞳孔、意识、体温、脉搏、呼吸、血压等情况，如有异常，应及早作出相应的处理措施。

（4）警戒疏散：应急领导小组应召集应急救援领导小组成员，在事故发生后，第一时间赶到现场，要了解和掌握事故实况，制定抢救方案，防止事故扩大，维护现场秩序，严格保护事故现场，实施抢救。

（5）应急扩大：当事故超出本单位的应急处置能力时，应向当地政府有关部门及上级单位请求支援。

（6）其他需要注意的事项：施救人员应了解中毒救治常识，防止对中毒者造成二次伤害；施救人员在救护结束后，应将手清洗干净（必要时使用消毒液），避免中毒；及时对施救使用的工具和中毒者使用的餐具进行消毒。

第6章 海上风电工程施工典型事故致因分析

6.1 事故致因理论及其应用

事故致因理论也叫事故模型，是安全原理的主要内容之一，是从大量典型事故的本质原因分析中所提炼出的事故机理和事故模型，可以反映事故发生的规律性，用于揭示事故的成因、过程与结果。事故致因理论一方面可以用来在事故调查中帮助识别需要考虑的突出因素，另一方面可用来对事故进行控制，即确定哪些因素可能在未来事故中被包含，以使之被消除或控制。尽管海上风电施工中可能并未意识到，但对装备和系统开展的所有安全性工作尝试都建立在某个事故模型基础上。随着科学技术的发展和进步，建设工程项目不断增多，事故风险也在增大，事故发生的本质规律也在不断变化。因此，只要不断深入地研究事故原因，就可以在工程建设管理过程中提出更好的事故风险预防方法，为安全管理工作带来良好的工作借鉴。

6.1.1 海因里希事故连锁论

海因里希法则是美国著名安全工程师海因里希提出的 1∶29∶300 法则。利用该法则，可以通过分析工伤事故的发生概率，为保险公司的经营提出建议。这个比例表明，事故发生后，其后果的严重程度具有随机性质，或者说其后果的严重度取决于机会因素。因此，一旦发生事故，控制事故后果的严重程度是一件非常困难的事。同时，该法则也提醒人们，某人在遭受严重伤害之前，可能已经经历了数百次没有带来严重伤害的事故。在无伤害或轻微伤害的背后，隐藏着与造成严重伤害相同的因素，只是由于随机因素而没有发生严重伤害。为了防止发生严重伤害，应该全力以赴地预防发生事故。

这一法则完全可以用于企业的安全管理方面，即一起重大的事故背后，必有 29 起轻度的伤害事故，还有 300 起无人员伤害的事故发生过，还存在着上千个事故隐患。可怕的是，人们对潜在性隐患毫无觉察，或是麻木不仁，结果导致无法挽回的损失。海因里希法则的目的是通过对事故成因的分析，让人们少走弯路，把事故消灭在萌芽状态。

海因里希事故连锁论又称为海因里希模型或多米诺骨牌理论，该理论由海因里希首先提出，用以阐明导致伤亡事故的各种原因及其与事故间的关系。该理论认为，伤亡事故的发生不是一个孤立的事件，尽管伤害可能在某个瞬间突然发生，却是一系列事件相继发生的结果。

海因里希把工业伤害事故的发生、发展过程描述为具有一定因果关系事件的连锁发生过程：

（1）人员伤亡的发生是事故的结果。

（2）事故的发生是由于人的不安全行为、物的不安全状态造成的。

（3）人的不安全行为或物的不安全状态是由于人的缺陷造成的。

（4）人的缺点是由不良环境诱发的，或者是由先天的遗传因素造成的。

海因里希法则是安全管理的基本法则，它揭示了安全管理的两个共性规律：一个规律是安全事故的发生会经历多个环节，环环相扣，任何一个中间环节起到预防作用，就能避免发生事故；另一个规律是只有重视消除轻微事故，才能防止轻伤和重伤事故，否则发生大的事故只是时间问题。它告诉我们，任何事故都不是凭空产生的，都有一个渐进的过程。在这个过程中，如果每一位职工都能时刻提高警惕，超前思考，严格按制度办事，规范执行各个操作程序，及时消除安全隐患，就能最大限度地避免事故的发生。反之，必然会造成严重的后果，造成重大的损失。

因此，安全管理工作要重视各个环节，不因细小而不为，防微杜渐是安全管理的根本。美国企业运用海因里希法则进行预见性安全管理，对于没有造成伤害的轻微事故，也必须报告、分析，没有造成严重后果的违章行为也是事故。同时，重视事故分类和统计分析，根据不同的伤害类型、工龄、性别、场所进行有针对性的安全教育和安全管理。进行危险预知训练，强化员工安全意识。根据生产工艺和作业内容，分析生产线、工序或岗位的作业特点，找出安全隐患和事故引发点，并明确具体的防范措施，重点控制事故的多发环节，汇编成系统危险预知训练资料，对员工进行安全培训，从而达到预先感知危险，防止误判断、误操作、误作业，增强全员安全意识的目的。对于安全事故和安全隐患，不能只满足于对员工的教育和技能培训，还要从硬件上着手，即通过改善安全设计，确保即使出现错误操作，也不会发生安全事故，减少对员工意识和技能的依赖，即构建本质安全型的工作环境。

6.1.2　复杂的事故致因理论

随着对事故认识的不断深入，研究者发现，大多数情况下事故并非由某个因素引起，而是人、机、料、法、环等多个因素相互耦合的结果，故而逐渐有了轨迹交叉理论、瑟利模型理论等基于系统理论的事故模型。

1. 轨迹交叉理论

轨迹交叉理论认为："人的不安全行为和物（机或环）的不安全状态在同一时空的相遇

（或逆能量的轨迹交叉）造成了事故的发生，环境有时则会成为造成人的不安全行为与物的（机的）不安全状态及它们相遇的条件。"这种理论假设是人、机、物、环境各自的不安全（危险的）因素客观存在，但并不立即或直接造成事故，而是需要其他不安全因素进行激发。

在轨迹交叉理论中，发生事故的重要原因是人的不安全行为和物的不安全状态。控制人的不安全行为或者物的不安全状态之一，或者提供措施能够避免二者在某个时间、空间上相遇，就可能在相当大程度上避免发生事故。不过，导致事故发生的人、物二者的轨迹并非简单独立地运行，而是表现为非常复杂的因果关系。人和物两个维度的运动并不是孤立的，而是具有密切的关系，人的不安全行为可能加快物的不安全状态的发展，也可能导致事物出现新的不安全状态；而物的不安全状态有时则可能导致相关人员产生不安全行为。

2. 瑟利模型理论

瑟利模型是在 1969 年由美国人瑟利（J. Surry）提出的，是一个典型的根据人的认知过程分析事故致因的理论。该模型把事故的发生过程分为危险出现和危险释放两个阶段，这两个阶段各自包括一组类似的人的信息处理过程，即感觉、认识、行为响应。在危险出现阶段，如果人对信息处理的每个环节都正确，危险就能被消除或得到控制；反之，就会使操作者直接面临危险。在危险释放阶段，如果人在信息处理过程中的各个环节都做了正确的事，虽然面临已经显现出来的危险，但仍然可以避免危险释放出来，不会带来伤害或损害。反之，危险就会转化成伤害或损害。

6.1.3 事故致因 2-4 模型理论

1931 年，海因里希给出了第一个比较完整的事故致因链（Domino Theory），认为事故是由人的不安全动作和物的不安全状态直接引起的，其根源原因是"人的遗传因素及其成长的社会环境"，它是古典事故致因链的代表。1976 年，博德和洛夫图斯等提出了近代事故致因链，把事故的根源原因归结为"缺乏管理控制"。1990 年，里森在 *Human Error* 中提出了"瑞士奶酪"模型（Swiss Cheese Model，SCM），把事故的根源原因归结为组织因素，进一步建立了事故引发人的个人行为、动作与其所在组织的"组织因素"间的关系，是一个现代事故致因模型。

事故致因 2-4 模型（简称"24Model"，也称为"行为安全 2-4 模型"）是中国矿业大学（北京）安全管理研究中心等在以往事故致因模型基础上经十余年研究形成的。"24Model"是在上述基础上形成的一个现代事故致因模型，它将事故的原因分为事故发生组织的内部原因和外部原因。其中，组织内部原因又分为组织行为和个人行为两个层面，组织行为可以分为安全文化（根源原因）、安全管理体系（根本原因）两个阶段，个人行为可以分为习惯性行为（间接原因）、一次性行为与物态（直接原因）两个阶段，共四个阶段。这四个阶段链接起来，即构成了一个行为事故致因模型这就是"事故致因 2-4 模型"名字的由来。

事故致因 2-4 模型既是用于事故原因分析的模型，也是用于事故预防对策设计的事故预防模型，可应用在安全学科的学科分支划分、实验室规划与建设、安全领域人才培养方案设计、安全管理组织结构设计、安全培训等事故预防实务运行中，也可作为安全管理实践的理论依据。这个模型重点在于强调管理者要对作业人员的作业行为进行有效的安全管理，也就是管理个人行为和组织行为，规范个人的作业行为，强化组织的制度管理，达到行为安全管理的目的。它包含了对作业人员的安全意识（习惯）教育、风险辨识因素的管控等规范化管理，为生产管理提供一个良好的氛围。

6.1.4　事故致因理论对安全管理工作的指导作用

事故致因理论是开展安全性工作的理论依据，基于不同的事故致因理论，能够衍生出不同的安全性分析方法，从而给出为避免事故可采取的不同措施。轨迹交叉理论强调的是人的不安全行为与物的不安全状态不在一个时空交叉，可以避免事故的发生。瑟利模型理论重点强调当危险来临时，作业人员是否感觉到有危险，并是否采取响应措施。若采取了响应措施，就可以避免事故的发生；否则，就会导致事故。

当然，事故致因理论还有很多，核心点就是以事故的原因来分析导致事故的因素，达到预防事故发生的目的。这给海上风电工程建设项目的管理提供了一个良好的安全管理思路。安全管理人员应注重岗位作业过程中的危险源辨识、风险管理和隐患排查工作，在海洋气候等灾害信息来临时，如何及时有效地采取应对措施，是非常重要的，这是预防事故发生的关键所在。

6.2　基于事故致因 2-4 模型的海上风电事故原因分析

6.2.1　施工船舶碰撞事故"2-4"模型分析

2016 年海上风电施工中发生了两条施工船舶间的碰撞事故，船上 15 人全部落水，其中 8 人获救，4 人死亡，3 人失踪。该起事故共造成 7 人死亡，构成了较大等级的水上交通事故。

1. 事故致因 2-4 模型原理
现根据该事故的情况，依据行为安全 2-4 模型（图 6-1）来分析该事故的致因原理。
2. 事故原因分析
现利用行为安全 2-4 模型，将事故的原因按直接原因、间接原因、根本原因和根源原因进行分析，结合从组织和个人层面进行全面的分析，以得到事故致因因素，提出预防事故的措施。

1）图解法
根据事故的现有信息，结合事故致因行为安全 2-4 模型对该起事故原因进行分析，结果如图 6-2 所示。

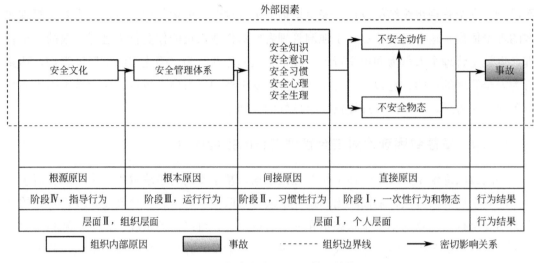

图 6-1　行为安全"2-4"模型结构

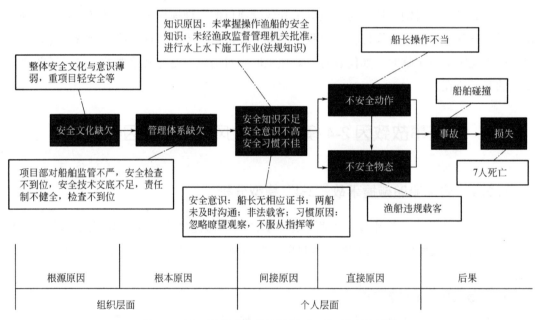

图 6-2　施工船舶碰撞事故致因"2-4"模型分析图

2）原因分析法

（1）直接原因：

行为安全 2-4 模型认为事故发生的直接原因在于人的不安全动作和物的不安全状态（表 6-1）。

（2）间接原因：本次间接原因分析从以下三个方面考虑：安全知识不足、安全意识不强、安全习惯不佳（表 6-2）。

直接原因分析　　　　　　　　　　　　　　　　表 6-1

名称	表现形式	原因
不安全动作	船长操作不当	违反操作规范
不安全状态	非交通船违规载客	违反《中华人民共和国渔港水域交通安全管理条例》

间接原因分析　　　　　　　　　　　　　　　　表 6-2

名称	表现形式	原因
安全知识不足	(1)船员证书不适任； (2)未经渔政监督管理机关批准，进行水上水下施工作业(法规知识)	船长仅经过了渔船船员基本知识安全培训，只能在渔业船舶上从事普通船员工作，无三级船长证书及渔船驾驶适任证书，违规操作渔船
安全意识不强	(1)拖带船组疏忽瞭望观察； (2)非交通船违规载客； (3)未及时与对方沟通	(1)拖带船组人员安全意识不足，在行驶过程中忽略瞭望观察； (2)船舶驶离时，双方未进行沟通碰撞的风险防范
习惯性不佳	(1)忽略瞭望观察； (2)不服从指挥等	分包队伍中的人员不顾队长不让离开的通知，在风大的时候乘渔船离开

（3）根本原因：本次事故的根本原因包括企业违规组织施工、各类安全管理制度和操作规程不完善、企业主体责任落实不到位、员工安全教育培训落实不到位、单位监管不力等多个方面（表 6-3）。

根本原因分析　　　　　　　　　　　　　　　　表 6-3

名称	表现形式	原因
管理体系缺失	分包队伍中的人员不顾队长不让离开的通知，在风大的时候乘渔船离开(13 人)；项目部指导作用不到位等	分包队伍劳动纪律松懈；安全技术交底针对性不强
	"办理水上水下活动许可"没有明确责任部门和人员，检查不到位	责任制不健全，责任落实不到位
	船舶驾驶员应持有三等适任证书，相关部门在验收时未对船舶驾驶的适任情况进行检查，违反规定	项目部管理不严、不规范、责任落实不到位

（4）根源原因：本次事故的根源原因是企业的安全文化不足，描述安全文化性质和内容的元素集合都可用来识别与安全文化相关的缺陷，傅贵教授将安全文化元素扩展到 32 个，见表 6-4。

根据缺失的制度和流程对应，找出了缺失的安全文化元素号码，事故根源原因见表 6-5。

安全文化元素   表 6-4

元素号码	元素名称	元素号码	元素名称
1	安全的重要度	17	安全会议质量
2	一切事故均可预防	18	安全制度形成方式
3	安全创造经济效益	19	安全制度执行方式
4	安全融入管理	20	事故调查类型
5	安全决定于安全意识	21	安全检查类型
6	安全的主体责任	22	关爱受伤职工
7	安全投入认识	23	企业安全管理
8	安全法规作用	24	安全业绩对待
9	安全价值观形成	25	设施满意度
10	领导负责程度	26	安全业绩掌握程度
11	安全部门作用	27	安全业绩与人力资源关系
12	员工参与程度	28	子公司与合同单位安全管理
13	安全培训需求	29	安全组织的作用
14	直线部门负责安全	30	安全部门的工作
15	社区安全影响	31	总体安全期望
16	管理体系的作用	32	应急能力

事故根源原因   表 6-5

对象	表现形式	对应缺失的安全文化元素符号
安全文化缺欠	船长操作不当	6、10、13、28、32
	拖带船组疏忽瞭望观察	1、2、6、14、19、23、28
	非交通船违规载客	3、6、11、12、13、29
	未经渔政监督管理机关批准,进行水上水下施工作业	4、8、10、16、18、21、23、32

6.2.2 海上风电施工船舶碰撞事故预防对策

海上风电施工过程存在较大的事故风险,尤其是施工船舶的碰撞事故时有发生。因此,本书根据事故预防基本理论与方法,提出以下对策。

(1) 进场施工船舶必须满足海事法规要求,及时办理水上水下施工许可证及船舶进出港通航手续。确保船舶适航、船员适任、证书有效,签订安全协议。必须租用合格的施工船舶进行作业,不得使用"三无"船舶,禁止租用渔船当交通船。渔船在船体结构、船上设备、救生配备还是船员素质等方面,都不适合参与水上施工作业,尤其不能作为交通船。水上作业和陆上作业不同,在整个施工组织过程中,船岸、船台、船船之间的作业必须有明确的沟通程序,并严格执行程序要求。

(2) 施工单位要严格履行安全主体责任。公司应从"人-机-环-管"方面,建立对船舶航行有效控制的管理体系，并进行严格执行、监督和改进。施工单位安全生产责任制要"横向到边、纵向到底"，覆盖项目施工安全生产的全部内容。要对船舶作业人员进行安全技术交底。

（3）严格海上施工船舶航行规程。保持正规瞭望，综合考虑"人-机-环-管"要素，正确判断，进行决策。除了及时掌握海面交通态势，还应预见可能的演变态势对船舶的威胁，提前做好避碰方案。

（4）加强对作业人员的安全意识和操作技能的培训。经统计分析，95％的碰撞事故是人为失误造成的，应根据船舶技术状况和航线情况合理配备船员，对船员进行有计划的日常安全教育和相关培训，提高和巩固安全航行及船上作业的责任心、意识、知识和技能。保证指派到船上任职的每一个值班船员均能熟悉船上的有关设备、船舶特性以及本人职责。

（5）做好设备保养和检查工作。设备性能处于良好状态是船舶安全的基本保证，如因设备原因造成操纵不灵活或失灵，就容易发生碰撞事故。因此，相关人员要制定切实可行的船舶性能检查计划，及时采取有效的改进措施，定期保养，保证船舶性能处于良好的运行状态。

（6）加强预警系统信息化建设。配置海上作业船舶设置气象、船舶碰撞等事故风险预警系统，并进行远程监管，通过加强预警系统建设，减少船舶碰撞概率。

6.3　海上风电工程施工安全风险管理

安全风险管理是指通过识别生产经营活动中存在的危险、有害因素，并运用定性或定量的统计分析方法确定其风险严重程度，进而确定风险控制的优先顺序和风险控制措施，以达到改善安全生产环境、减少和杜绝安全生产事故的目标而采取的措施。海上风电工程施工安全风险主要有自然灾害风险和生产安全风险。其中，生产安全风险主要是指海上风电工程施工过程中所产生的人的不安全行为和物的不安全状态所导致的事故风险，比如设备设施施工安装的风险。目前有关专家主要研究在海上风电设备和工艺管理方面的风险，大多以桩基础施工、风机安装、海上升压站安装和海底电缆铺设存在的风险进行分析研究。在对海上风电施工项目的安全管理过程中，首先要了解风险的产生和类型，以便更好地研究海上风电的事故预防方法。

6.3.1　海上风电工程施工安全风险

海上风电工程施工安全风险也是生产安全风险。安全生产管理专家对工程项目施工过程中所存在的风险进行辨识，划分等级，分类管理。从常见的施工过程来看，可将造成人的不安全行为和物的不安全状态的主要原因归结为以下四个方面的问题。

（1）不正确的态度：个别职工忽视安全，甚至故意采取不安全行为。

（2）技术、知识不足：缺乏安全生产知识，缺乏经验，或技术不熟练。

（3）身体不适：生理状态或健康状况不佳，如听力、视力不良，反应迟钝、疾病、醉酒或其他生理机能障碍。

（4）不良的工作环境：照明、温度、湿度不适宜，通风不良，强烈的噪声、振动，物料堆放杂乱，作业空间狭小，设备、工具缺陷等不良的物理环境，没有安全操作规程或操作规程不合适，以及其他妨碍贯彻安全规程的行为。

对这四个方面的原因，海因里希提出了防止工业事故的有效方法，后来被归纳为众所周知的"3E"原则。

（1）工程技术（Engineering）：运用工程技术手段消除不安全因素，实现生产工艺、机械设备等生产条件的安全。

（2）教育培训（Education）：利用各种形式的教育和训练，使职工树立"安全第一"的思想，掌握安全生产所必需的知识和技能。

（3）强制管理（Enforcement）：借助规章制度、法规等必要的行政乃至法律的手段约束人们的行为。

一般来说，在选择安全对策时，首先应该考虑工程技术措施，然后是监督管理、教育训练。在实际工作中，应该针对不安全行为和不安全状态的产生原因灵活地采取对策。例如，针对职工不正确的态度问题，应该考虑工作安排上的心理学和医学方面的要求。对关键岗位上的人员，要认真挑选，并且加强教育和训练，如能从工程技术上采取措施，则应该优先进行考虑。对于技术、知识不足的问题，应该加强教育和训练，提高其知识水平和操作技能，尽可能地根据人机学的原理进行工程技术方面的改进，降低操作的复杂程度。为了解决身体不适的问题，在分配工作任务时，要考虑心理学和医学方面的要求，并尽可能从工程技术上进行改进，降低对人员素质的要求。对于不良的作业环境，则应采取恰当的工程技术措施来改进。

在对海上风电桩基础施工、风电机组安装、海上升压站施工、海缆敷设施工以及集控中心安装施工项目的安全管理过程中，要严格工程项目的设计施工技术与培训教育管理。即使在已采取了工程技术措施控制不安全因素的情况下，仍然要通过教育、培训以及强制性手段来规范人的行为，避免发生不安全行为。

6.3.2 海上风电工程施工的安全风险

1. 恶劣天气及水文环境风险

海上风电施工易受到大风、大浪、大雾、潮汐、寒潮等恶劣气象、水文环境的影响。由于海上灾害性天气种类多，且发生频次较高，海上风电施工有效工作天数少、工效低、危险性大。我国沿海各地区的水文地质情况差异较大，且施工地质条件复杂，导致海上风电施工危险性增大。复杂地质条件导致海上风电工程施工管理存在诸多不确定因素，需要根据现场情况针对性地开发、完善与之相适应的施工方案以及实施相应的安全管理。如海上拖船就位、船舶运输等进出港和航行中受气象、海况等自然条件的影响较大，容易发生船舶碰撞、倾覆等重大事故。恶劣的气象、水文及地质环境对海上作业平台插桩、桩基础吊装及沉桩作业、风电机组及海上升压站吊装作业等影响大，易发生穿刺、溜桩、滑移、冲刷掏空、船舶倾覆等风险，造成重大安全事故。

2. 作业风险

作业风险主要是指海上风电施工作业过程中的作业人员存在的安全风险。施工场区海域面积大，有各种类型船舶分散在场区各处，高峰期有数百名施工作业人员从事着危大工程作业，人员与船舶安全管理难度较大。场区内船舶航行、作业、停靠、抛锚对已安装的风机、升压站以及已敷设的海缆构成交叉作业的风险。一旦发生施工安全事故，将对工程建设造成严重后果和恶劣影响，安全施工的监控管理是工程控制的重点，必须重视施工安全的管理工作。特别是海上施工作业，需要应用科学有效的方法进行安全控制，以降低施工作业的风险，保护工程实体以及施工人员的安全。

3. 安装风险

海上风电工程施工安装起重作业覆盖海上风电桩基础、风机、升压站、海缆等运输以及各工艺的施工过程中。起重吊装作业频次高，构件体积及重量大，精度要求高，作业技术复杂和难度大，风电安装专用作业船缺乏，以及受海上大风、大浪、潮汐等恶劣作业环境和狭小作业区域等条件限制，容易发生吊物坠落、折臂事故、船机倾覆、人员挤伤、坠海淹溺等安全事故，海上起重作业比陆上起重作业难度和安全风险更高，是海上风电施工作业中最重大风险之一。

4. 火灾风险

火灾一直以来都是海上风电安装中的主要安全事故之一。无论是风机本体，还是升压站、作业船舶，都需要制定有效的防火、救火措施，以免火灾造成巨大的人员和财产损失。同时在安装过程中，也要防雷击，对电气安全、油品泄漏、机械摩擦等要特别关注。对于施工阶段的防火，要进行特别设计，比如灭火器的配备、动火作业的管理、动火点的安排、人员的管理等。

6.4　海上风电工程施工常见事故原因分析

6.4.1　自然灾害类事故原因

海上风电工程施工安全事故主要有海洋气候异常，如台风等引起的生产安全事故。现以"某起重船触碰通道管线桥事故"为例进行分析，引以为鉴。

1. 事故简况

2019 年船舶在海上风电场桩基附近海域锚泊防抗台风期间，受风、浪、潮影响，锚钢索断裂，走锚并触碰通道管线桥。事故造成通道管线桥、所承载管线和该船舶不同程度受损，虽未造成人员伤亡和水域污染，但构成了较大等级水上交通事故。

2. 事故分析

（1）直接原因：该事故是由未及早撤离至安全水域避风和锚泊抗台措施不当引起的。该作业船舶在台风来临前未及早撤离至安全水域避风，锚泊抗台措施不当，在风、浪、潮共同作用下，锚钢索断裂导致船舶走锚。

（2）间接原因：建设单位和施工单位以及该船舶承租人安全意识不强，缺乏严格的应急管理能力，在获知台风信息后，未能及时启动相应的应急响应措施，也没有有效地督促、监督施工单位落实船舶防台措施。船舶上作业人员也未有对该船舶防台工作进行有效的跟踪和指导，对所属船舶疏于管理等原因而造成事故。

有关单位的所造成的事故原因分述如下。

（1）建设单位在获知台风信息后，虽召集相关单位开会，要求施工单位做好人员和船舶的撤离准备，但未根据公司制定的综合应急救援预案要求启动相应的应急响应措施，未有效督促、监督施工单位落实船舶防台措施。在获悉该船舶未撤离的信息后，该公司也未有效督促相关单位及时整改。

（2）施工单位在本次抗台中未按照公司制定的防台专项应急预案落实各项防范措施和海事管理机构要求，未及时撤离施工船舶，未尽到施工单位的安全管理职责。

（3）船舶承租单位（该船舶承租人）负责该船舶现场的安全管理。在本次抗台中，未落实项目部海上风电场项目防台部署的要求，未及时将船舶撤离至港口避风，安全管理不到位，导致该船滞留施工水域锚泊抗台。

（4）船东作为该船的所有人，公司管理人员在获取台风信息后，未对该船防台工作进行有效跟踪和指导，对所属船舶疏于管理。

6.4.2　风电安装作业类事故原因

海上风电生产安全事故中常发生作业安全管理薄弱或作业人员违规而导致的生产安全事故，现以德国风电安装船吊臂断裂事故为例进行分析，对海上风电工程施工安全管理起借鉴作用。

1. 事故概况

2020年5月2日，德国某风电安装船"Orion 1"在进行起重吊荷载测试时突发意外，船上HLC29500起重机在进行荷载测试期间拦腰折断，吊臂直接砸向底座，船体也造成严重损坏。当日起重机正在进行最大吊重为5500t的荷载测试，事故发生时的吊重为2600t。在进行荷载测试时，当钩载达到2600t，吊钩破坏、吊臂回弹、船体左倾，造成吊臂越过限位角反向折断。事故发生时，有数吨钢铁散落到船体上，随之发生船体震荡，但未发生倾覆。据报道，当时船上大约有120人，造成5人受伤，预计损失超5000万欧元。

2. 事故分析

（1) HLC 29500 起重机吊钩存在质量问题。起重机上吊钩表面 PT/MT 和内部 RT 检测，发现表面裂纹和内部超标缺陷。经过多方研判，吊钩破坏是事故的直接诱因。

（2) HLC 295000 起重机可能存在设计缺陷。该起事故涉事方在风电安装船及相关设备设计过程中，除根据风叶体积、形状、结构、重量、重心位置等静态设计输入开展设计外，未充分考虑张紧环节突然断裂等极限情况下的动态设计输入，风电安装系统的安全性不足。

（3) HLC 295000 起重机荷载测试不规范。该起事故中施工试验环节，在全系统张力试验前，相关方开展的关键部件或设备的局域性试验，特别是对于易产生安全事故的试验项目，未达到荷载试验释放风险的目的，暴露出其作业操作规范规程不合理、生产指挥人员技术培训不到位等不足之处。

（4) 船东、建造方与供应商关系模糊。起重机作为风电安装船一个重要的独立模块，吊钩总成是设备的重要模组，由建造方负责总装集成。该起事故吊钩总成由外部供应商 Ropeblock 公司提供，该公司采购并声明其产品经过专业第三方检验，却未申明吊钩制造商。同时，起重机吊钩设备由船东还是建造方提供，未在官方申明中体现权责不清。

6.4.3　现场安全管理缺失类原因

从事故的原因角度分析，海上风电工程建设施工过程中主要存在的生产安全事故风险，也就是现场安全管理不规范、执行制度不严格，作业人员安全意识薄弱等因素，主要有以下几个方面。

1. 人员因素

由于海上风电工程施工项目处于相对独立的工作环境，现场安全管理非常重要。判断企业生产是否完善的重要标志，主要是看安全生产责任制是否落实到位。安全生产管理的有效落实，要从人员因素入手加以防范和控制。人员因素的主要问题有安全管理人员配置数量存在不合理情况，安全生产职责的划分不够明确，施工作业人员的素质和技能以及资质不过关、安全教育以及安全培训工作没有被管理者重视，人员违章指挥和违规作业引发安全生产事故。在生产作业中，作业人员没有根据安全作业规定正确穿戴和使用各类劳动防护用品，人员没有参加安全工作会等。各类由于人员产生的安全隐患直接影响安全生产工作的有序开展，易引发安全生产事故。

2. 管理制度因素

管理制度是保障安全生产管理工作顺利开展的重要依据，但管理人员有效地执行相关制度，才能预防生产安全事故的发生。但在实际工程项目管理过程中，仍存在以下问题，如项目部安全管理制度不完善、安全方案以及操作规程不健全、安全生产工作会议制度落实不到位、不落实安全生产防范措施、缺少安全生产工作考核机制等，难以确保实现安全生产的目标。

3. 机械设备因素

在施工现场发生的安全事故中，由于机械设备因素引发的事故比较多。具体原因如下，机械设备的三证不齐全，没有建立机械设备以及电器的检查、保养规范，机械设备的安全检查工作没有严格按照规范执行，机械设备存在超负荷使用问题，设备停用期间或者待修期间没有做好安全警示标识，新引进的机械设备操作不规范等。

4. 环境因素

施工现场环境可直接影响生产的安全性。若生产区域没有做好安全警示标识，则难以引起人员对安全的重视，易引发安全生产事故。在不良环境下，如恶劣天气下开展生产作业，会增加生产的安全风险。除此之外，对施工现场环境缺少全面的调查，未能明晰施工分区，也会增加安全生产的风险。

6.4.4　作业人员违章心理原因

从作业人员存在的不安全行为所发生的事故原因来看，作业人员主要存在六大心理因素：侥幸心理、盲从心理、"经验"心理、从众心理、逆反心理、反常心理的表现形式，现举例说明。

1. 侥幸心理

机械操作工作往往可能采取几种不同的方法。有些安全操作方法往往比较复杂，有的工人存在侥幸心理从图省事出发，常把安全操作方法视为多余的工作流程，理由是"我的方法好，既省时，又省事，也不一定出什么事呀！"把"不一定"这种"偶然"，当作"一定的必然"，于是对安全注意事项、安全操作规程熟视无睹，这种人常常是出了事故之后，后悔莫及。

2. 盲从心理

这种心理在青年员工身上相当突出。他们施工时间不长，工作经验不足，但表现得相当自信，很有把握，喜欢在别人面前表现自己的能力。有的青年员工不懂装懂，盲目操作。有的一知半解，充当内行，生硬作业。有的甚至冒充"好汉"，"你们不敢，我敢，有什么了不起的"，大有"天下舍我其谁"的感慨，对机械设备乱摸乱动。如果不及时加以纠正这些倾向于自我表现的心理，事故隐患丛生，必然发生事故。

3. "经验"心理

持这种心理状态的员工，其特点是凭自己的片面"经验"办事，常常听不进去别人合乎科学道理的劝告，经常说："多少年来，我一直都是这么干的，也没有出什么事故。"有的技术上有一套，工作热情高的老员工发生事故，多数原因在于过分相信"自我经验"。

4. 从众心理

这是一种较普遍的心理状态。绝大多数人在不同场合、不同环境下，都会有所表现。比如说一个施工现场，多数人戴安全帽，而少数人不戴安全帽，有的人也就跟着不戴安全帽了。如果施工现场安全管理人员不及时去纠正他们的行为，这种习惯性违章现象就时有发生。这就是不少员工有章不循，出现集体违章作业现象的主要原因所在。

5. 逆反心理

这种心理状态常常在管理者对被管理者的关系紧张的情况下发生。持这种心态的员工往往气大于理，他的指导思想常常是"你要我这样干，我非要那样做"。于是，由于逆反心理而违章作业，以致发生事故的案例非常多。例如：有些管理人员与施工作业人员关系处理很僵时，大多出现这种现象，员工存在逆反心理，此时十分紧张。

6. 反常心理

人的情绪的形成受到生理、家庭、社会等很多方面因素的影响。比如，家庭不够和睦，夫妻之间经常发生争吵的员工，绝大多数心理表现为急躁或闷闷不乐。有的妻儿有病或家有牵肠挂肚之事的员工，在岗位上会心神不定。俗话说："一心不能二用"，员工在反常心理状态得不到缓解的情况下工作，很容易发生安全事故。

在海上风电工程项目施工过程中，项目负责人和管理人员应及时关注作业人员的不安全作业行为，发现有违章行为时，应及时制止，并了解其作出违章行为的原因，从心理角度来分析导致违章的因素，做到有的放矢，防患于未然。

6.5　常见事故预防对策

近年来，随着海上风电产业的迅速发展，国内外海上风电工程施工项目先后发生了许多事故，有些还属于史上不多见的恶性海难事故。比如，丹麦 A2SEA 公司的 M/V SEAWORKER 自升式风电安装平台发生拖航倾覆海难，导致整个平台报废。同年，国内也有坐底式风电安装平台，因在坐底作业时发生海床冲刷淘空，平台断裂的重大海损事故。据悉，在江苏海上风电场施工期间，还有几艘大型起重船也因违章进行坐底作业发生过类似后果的海损事故。例如，江苏某海上风电场一座正在调试中的海上升压站发生电器爆燃火灾，造成人员伤亡，应引起海上风电企业管理层的高度重视和警觉。应采取方法有效地预防海上风电工程施工事故的发生。现以国内外通用的"3E"事故预防原则进行分析。

6.5.1　"3E"事故预防原则内涵

从事故预防的体系和原理角度来看，目前国际上通用的也是行之有效的事故风险预防措施——"3E"事故预防对策。即对事故的预防与控制应该从安全技术（Engineering）、安全教育（Education）、安全管理（Enforcement）这三个方面入手，简称"3E"对策。针对这三个方面采取相应的措施，且三者要保持平衡，才能做好事故预防工作。安全技术对策着重解决的是物的不安全状态的问题。安全教育主要解决人的不安全行为，安全教育对策主要使人知道应该怎么做，安全管理对策主要使人知道必须怎样做。从现在安全管理的角度出发，安全管理工作不仅要预防和控制事故，而且要为劳动者提供一个安全舒适的工作环境。以此为出发点，安全技术对策理论应该是安全管理者的首选，即应尽可能用技术的手段达到安全。因此，无论是安全教育，还是安全管理，都不可能完全避免人的失误和人的不安全行为。

6.5.2　海上风电工程施工事故的技术预防对策

1. 安全技术交底

安全技术是从施工技术中分离出来的一种技术，具有预防和控制事故功能，是预防、控制和避免事故发生的物质手段和管理措施。在工程施工开工前，组织工程技术人员、施工管理人员和一线施工作业人员开展安全技术交底活动，交代清楚即将开展的施工中需要的施工工艺、工序、投入的机械设备、工程质量要求、施工过程中存在的危险因素、应对危险的安全技术措施、预防措施、应对突发事件危害的应急处置措施以及救援行动需注意的事项等。通过安全技术交底的超前管理活动，实现全面收获施工安全、工程质量、工程进度的目标。

2. 安全技术投入

强化本质安全设计，有预防高处坠落、人员触电、施工机具伤人、火灾等相关的措施，还有配备个人安全防护措施、现场作业监测监控等措施，都需要投入安全技术才能实现。同时，也要做好安全技术管理工作，在项目施工前，要严格做好安全风险评估，严格按安全生产管理标准要求进行作业。应严格审查施工图纸，施工图纸是决定施工进度和质量的关键，所以审核施工图纸时，必须有专业人员负责，如若发现图纸有不科学、不合理之处，必须针对现实情况提出科学有效的解决措施，为建筑工程施工的顺利进行提供有力保障，确保工程品质。

6.5.3　海上风电事故的培训教育预防对策

1. 安全意识培训教育

抓好全员安全思想培训教育，不断提高全员安全思想认识，是增强全员安全防范意识的前提条件。因此，必须充分认识到"生命安全，至高无上""安全生产，警钟长鸣"，变"要我安全"为"我要安全"，使安全生产真正成为施工生产的第一需要，广泛深入地抓好安全宣传教育，不断提高全员安全意识。坚持以"三不伤害"安全宣传教育机制为抓手，即"不伤害自己，不被别人伤害，不伤害他人"，努力增强自我防范意识，克服不安全心理因素，减少和杜绝事故隐患，为施工生产保驾护航。

2. 做好安全警示教育培训工作

把控施工现场生产的安全，必须要高度关注并强化安全警示教育培训，尽量保障生产的安全。以某风电场施工队伍为例，为了增强工人的安全意识，做好安全警示教育培训，施工现场成立了人员安全体验区。通过模拟风电作业过程的安全体验，使工人身临其境地体验违章作业的危害，从而起到警示安全生产的目的。所以，施工队伍必须加大安全生产教育的投入力度，把安全生产警示教育培训工作落到实处，从而降低事故中人为原因的影响。

6.5.4 海上风电工程施工事故的管理预防对策

相对于其他类型平台，海上风电安装平台在安装作业中存在很大的优势，尤其在起重作业吊装稳定性方面。随着海上风电行业的不断发展，特别是我国提出"碳达峰、碳中和"的目标，海上风电事业的发展前景依然非常乐观。但是，当前业界主要存在主管机关制定的法规和业内相关规范标准侧重于传统油气平台安全技术要求和作业技术要求的情况，缺乏针对海上风电安装平台作业的规定，尚未形成完整的海上风电安全管理体系。基于以上风险分析，本书提出如下建议。

1. 全寿命周期工况和安全裕度

自升式风电安装平台由于受海上环境的影响，特别是随着风电安装作业水深增加、吊重的加大、吊高的加长，对自升式风电安装平台作业能力带来很大挑战。首先，要重点关注平台拖航时的运动性能、站立稳性等。其次，应考虑平台对风、浪、流环境条件的适应性，风电安装平台对工程地质条件的适应性。平台主体结构、桩腿应考虑各种工况下的平台强度、刚度和稳定性，注意平台在组合载荷的作用下，材料能否满足强度要求，保证不发生屈曲和疲劳破坏的危险。特别是对总强度需考虑总功能载荷和可变载荷、设计环境载荷、惯性力和 P-Delta 效应，分作业工况和风暴自存工况，结构设计安全裕度不应低于法规和船级社规范的要求。

2. 风电作业安全分析和风险评估

海上风电行业为新兴行业，作业过程中存在不容忽视的风险，海上风电安装作业远离陆地，各种设备和人员生活、工作集中在有限的平台空间，海上作业面临海况、气象和地理等复杂情况，极易导致一系列安全风险。风电作业难度大，海上环境对海上风电作业设施影响极大，稍有不慎，极有可能造成重大事故。海上风电作业离陆地较远，发生事故后，难以及时救援。因此，有必要建立健全海上风电管控措施，应根据海上风电每一步作业情况进行安全分析，做好风险评估。

3. 完善的监督和管理体系

海上风电安装平台在海上作业时，面临着复杂的环境条件，属于高风险作业。在当前海上风电发展的高速期，海上风电施工作业频繁，应加强海上风电施工作业风险分析，做好风险评估，完善风险控制措施，建立完整的管理体系，即可确保海上风电作业安全，降低风险。

随着海上风电的发展，国内已经形成了一系列安全风险管理制度和管理措施，并随着发展形势不断进行调整和完善。但由于我国海上设施安全管理制度偏重海上油气方面，不适应海上风电工程建设发展的要求，缺乏针对海上风电工程施工自身特点的规定，因此需要在工作标准、技术监督管理、危险评估、应急响应、技术支持等方面进行研究，制定适应海上风电工程施工作业标准，不断完善海上风电工程施工安全管理体系。

4. 规范安全检查手段

严格履行安全检查制度，是减少和杜绝事故隐患、习惯性违章的基本保证。应规范安全检查手段，坚持安全检查制度，落实安全生产责任制，做到常规检查与日常巡查相结合。常规检查即每周、每月、每个季度、每个年度、安全专项检查及重大节日前后的安全检查制度。日常巡查即安全管理人员每天到海上风电施工现场特别是重点施工区域进行巡查，发现问题后，应及时整改，减少甚至杜绝事故隐患和习惯性违章行为。

6.6 小结

安全生产是一项长期而艰巨的任务，作为海上风电行业，各参与单位都应坚持不懈地努力提高本行业的安全生产管理水平，减少或杜绝重大安全生产事故的发生，促进海上风电产业良性健康发展。随着我国海上风电产业的发展，施工单位应不断地总结各类安全生产事故的经验教训，建立健全安全保证体系及安全生产的长效机制。应针对海上风电工程施工过程中存在的普遍或共性安全问题，进行系统科学分析，找出施工中存在的不足之处，做好安全管理工作，不断建立健全企业的海上风电工程施工安全管理体系，始终坚持把人民的利益放在首位。坚持"安全第一，预防为主，综合治理"的方针，坚持齐抓共管，坚持依法管理，定能早日开创我国海上风电工程建设安全生产工作的新局面，使我国海上风电产业的安全生产管理工作更早、更好地走上制度化、规范化、健康化、科学化的持续发展轨道。

参考文献

[1] 李志川，胡鹏，马佳星，等 . 中国海上风电发展现状分析及展望 [J]. 中国海上油气，2022，34（05）：229-236.

[2] 白旭 . 中国海上风电发展现状与展望 [J]. 船舶工程，2021，43（10）：12-15.

[3] 胡丹梅，曾理，纪胜强 . 我国海上风电机组的现状与发展趋势 [J]. 上海电力大学学报，2022，38（05）：471-477.

[4] 徐纪忠，潘国兵，陈坚，等 . 海上风电场自耗能现状及海上风电发展趋势分析 [J]. 太阳能，2022（09）：28-35.

[5] 杨昊 . 我国海上风电发展探析与对策建议 [J]. 大众用电，2022，37（09）：13-15.

[6] 杨若朴 . "双碳"目标下构建新型电力系统的挑战与对策 [J]. 中外能源，2022，27（07）：17-22.

[7] 李丽旻：欧洲风电业面临严峻考验 [N]，2022-03-21.

[8] 赵靓 . 全球漂浮式海上风电市场现状概览与发展潜力展望 [J]. 风能，2022（05）：54-58.

[9] 赵靓 .2030 年全球海上风电安装船供需情况展望 [J]. 风能，2022（09）：46-50.

[10] 王翘楚 . 我国东南沿海海上风电发展分析与展望 [J]. 江西水产科技，2018（05）：43-44.

[11] 时智勇 . "十四五"我国海上风电发展的几点思考 [J]. 中国电力企业管理，2020（13）：40-42.

[12] 姚兴佳，刘颖明，宋筱文 . 我国风电技术进展及趋势 [J]. 太阳能，2016（10）：19-30.

[13] 孙文，刘超，张平，等 . 国内外海上风电机组基础结构设计标准浅析 [J]. 海洋工程，2014，32（06）：128-136.

[14] 高俊云，王首成 . 基于风能资源有效利用的风电机组大型化个性化分析 [J]. 风能，2015（12）：44-46.

[15] 海上风电场的"大脑"——国内最大单体海上风电项目陆上集控中心开工！[J]. 中国机电工业，2018（06）：27.

[16] 卢焕珍，宋国辉 . 台风移动的理论分析 [J]. 天津航海，2001（03）：41-42，47.

[17] 杨静兰，覃荣，宋凯 . 安全成本管理的辩证思考 [J]. 施工企业管理，2012（08）：93-94.

[18] 王俏俏，林祺蓉，巩源泉，等 . 海上风场电力系统概述 [J]. 山东电力技术，2013（01）：9-13.

[19] 王富强，郝军刚，李帅，等 . 漂浮式海上风电关键技术与发展趋势 [J]. 水力发电，2022，48（10）：9-12，117.

[20] 李翔宇，Abeynayake G，姚良忠，等 . 欧洲海上风电发展现状及前景 [J]. 全球能源互联网，2019，2（02）：116-126.

[21] 冯泽深，赵增海，郭雁珩，等 .2021 年中国风电发展现状与展望 [J]. 水力发电，2022，48（10）：1-3，8.

［22］方笑菊．我国海上风电进入发展新节点［N］，2012-12-03．

［23］孙一琳．全球海上风电市场现状与展望［J］．风能，2020（09）：40-43．

［24］李智福．海上风电施工安全管理分析［J］．内蒙古科技与经济，2022（12）：31-32．

［25］刘庆辉，陆海强．浅析海上风电施工安全管控［J］．南方能源建设，2020，7（01）：128-132．

［26］于徽，李能斌，伍海蓉，等．浅谈海上风电平台的安全作业风险管控［J］．中国水运（下半月），2021，21（10）：33-34．

［27］于自强．海上风电建设项目的风险管理研究［D］．北京：北京邮电大学，2020．

［28］陈刚．浅谈海上平台起重吊装作业安全管理［J］．中国石油和化工标准与质量，2021，41（22）：62-63．

［29］赵江涛．海上风电项目超大直径钢管桩施工的风险管理研究［D］．天津：天津大学，2019．

［30］张海亚，郑晨．海上风电安装船的发展趋势研究［J］．船舶工程，2016，38（01）：1-7，30．

［31］刘占山，于徽，李能斌，等．海上风电安装船安全管理探讨［J］．水上消防，2021（06）：9-11．

［32］李建春．酒泉风电产业发展现状和对策研究［J］．科技和产业，2010，10（02）：14-17．

［33］王宇楠．海上风电大直径宽浅筒型基础结构设计及安全性研究［J］．科技风，2022（16）：70-72．

［34］沙欣宇，薛海峰，张震宇．海上风电大直径钢管桩基础沉桩施工技术［J］．水电与新能源，2022，36（09）：18-21．

［35］王洪庆，孙伟，刘东华，等．海上风电大直径单桩自沉与溜桩分析［J］．南方能源建设：1-8．

［36］徐胜男．海上风电吸力筒导管架结构动力特性研究［D］．烟台：鲁东大学，2022．

［37］阮建，胡大石，贾佳．海上风电吸力桶导管架基础施工技术研究［J］．水电与新能源，2022，36（04）：10-14．

［38］张凤阳．海上风电安全监测技术及评估方法研究［J］．水电站机电技术，2021，44（11）：32-37，65，109．

［39］张智博，卢浩，邱屿，等．海上风电多桩稳桩平台的施工设计与安全性分析［J］．交通科技，2021（04）：155-160．

［40］麦志辉，李光远，吴韩，等．海上风电安装船及关键装备技术［J］．中国海洋平台，2021，36（06）：54-58，83．

［41］潘宏冠．海上风电吸力筒导管架结构主参数设计与基础稳定性研究［D］．广州：华南理工大学，2021．

［42］张吉海，金晔，陈波，等．半潜驳改造坐底式风电安装船关键技术［J］．机电工程技术，2022，51（10）：36-39．

［43］许结芳，刘会涛，徐天殷，等．海上风电安装平台插拔桩作业潜在风险分析［J］．机电工程技术，2022，51（10）：48-52．

［44］张建文，贾小刚．海上风电项目风机安装船操纵方法［J］．船舶工程，2022，44（S1）：34-37．

［45］饶广龙，王鹏，张宇凡．自升式海上风电安装平台发展概述［J］．船舶工程，2021，43（10）：16-21．

［46］李英，王淼．我国海上风电发展面临的挑战与法律建议［J］．大众用电，2019，34（06）：6-7．

［47］杨涛宁，孙永强，范朕铭．海上风电场法律法规整理研究［J］．中国水运（下半月），2022，22（01）：19-21．

［48］李泽堃．海上风电安全文明施工措施及费用的研究［J］．内蒙古煤炭经济，2021（19）：81-82.

［49］李备，蔡铁华．风电项目施工安全风险及应对措施［J］．湖南安全与防灾，2021（10）：50-51.

［50］王斌．风机安装施工风险评估与控制［J］．工程建设与设计，2015（06）：172-174，177.

［51］蒲君彦．风电场风机安装的安全管控要点［J］．造纸装备及材料，2022，51（01）：44-46.

［52］王毅霞．风电项目风机安装安全管控要点［J］．建设监理，2021（02）：28-30，34.

［53］赵康伟，蔡宇飞，柯清华．5.0MW大型风机吊装关键技术研究及应用［J］．城市住宅，2016，23
（04）：117-120.

［54］熊福全．140米高塔筒风机吊装工艺研究［J］．中国电力企业管理，2022（15）：88-89.

［55］马德云，鲁巧稚，南锟，等．风力发电风机吊装事故原因分析［J］．建筑技术，2014，45（04）：
329-332.

［56］李宏龙．海上嵌岩单桩风机施工工艺及其安全性研究［D］．镇江：江苏科技大学，2019.

［57］田兴明，蔡亚森．起重机臂架风电吊装载荷工况性能研究［J］．建筑机械，2019（04）：101-
102，106.

［58］韩鑫，张家豪．海上风电EPC建设模式中的风险防范研究［J］．水电与新能源，2021，35（09）：
32-34.

［59］陆兵良，翟大海，陆正阳．海上风电施工的安全管理［J］．船舶工程，2021，43（S1）：107-109.

［60］施夏彬，周晓天．O-Wind数字能源服务平台在海上风电项目建设中的应用［J］．工程技术研究，
2020，5（22）：239-240.

［61］雷传，范肖峰，张震宇．海上风电大直径钢管桩起吊施工技术研究［J］．水电与新能源，2022，36
（06）：68-71，78.

［62］唐蕾．海上风电安装船融资租赁业务机遇和风险防范［J］．风能，2021（09）：52-57.

［63］张轶东，刘腾飞，房刚利，等．海上风电机组叶片断裂事故分析方法及预防措施［J］．船舶工程，
2021，43（S1）：134-138，143.

［64］纪宁毅，尹杰．海上风电场建设施工期风险点的识别与控制［J］．机电设备，2019，36（03）：
40-43.

［65］邹炅，章显亮，黄善平，等．基于风险评估矩阵的风电项目风险管理研究［J］．中国电力，2012，
45（09）：56-59，75.

［66］逯辉．海上风电工程潮间带施工的安全管理［J］．中国港湾建设，2019，39（12）：74-78.

［67］元国凯，朱光涛，黄智军．海上风电场施工安装风险管理研究［J］．南方能源建设，2016，3
（S1）：190-193.

［68］武星昊，徐振振，刘义龙．海上风电220 kV升压站建造项目安全风险评估［J］．现代职业安全，
2021（02）：70-73.

［69］罗云，许铭．现代安全管理［M］．3版．北京：化学工业出版社，2016.

［70］曹杨．我国海洋石油安全事故分类与分级研究［J］．中国安全科学学报，2022，32（03）：18-24.

［71］田水承，景国勋．安全管理学［M］．2版．北京：机械工业出版社，2021.

［72］王丽丽．海上作业人员心理健康探讨与研究［J］．石油石化物资采购，2021（07）：165-166.

［73］孙福泰．自升式平台桩靴穿刺失效分析与对策研究［D］．成都：西安石油大学，2020.

［74］徐文祥．自升式平台在黏土中插桩风险的研究［D］．长沙：湖南大学，2019.

[75] 吴爱国，袁舟龙，公言强．国内海底电缆深埋敷设施工技术综述［J］．浙江电力，2015，34（03）：57-62.

[76] 唐蔚平，薛雷刚，王志强．风电海底电缆典型敷设施工［J］．广东电力，2014，27（06）：77-79，104.

[77] 郑明．300 MW海上风电场电气主接线设计［J］．南方能源建设，2015，2（03）：62-66.

[78] 曾迎冬．电网基建工程的质量管理研究［J］．中外企业家，2017（30）：212，214.

[79] 穆剑．海上油气田安全技术与管理［M］．北京：石油工业出版社，2015.

[80] 杨亚．海上风电项目风险管理与保险［M］．北京：石油工业出版社，2020.

[81] 穆剑．海上油气田安全监督实用技术手册［M］．北京：石油工业出版社，2012.

[82] 高向阳．建筑施工安全管理与技术（第二版）［M］．北京：化学工业出版社，2016.

[83] 库尔特·汤姆森．海上风能开发：海上风电场成功安装的全面指南［M］．北京：机械工业出版社，2016.

[84] 法律出版社法规中心，安全生产注释版法规专辑［M］．北京：法律出版社，2010.

[85] 甄亮．事故调查分析与应急救援［M］．北京：国防工业出版社，2007.

[86] 冯小川．建筑施工企业主要负责人安全生产管理手册［M］．北京：中国建材工业出版社，2007.

[87] 万鄂湘，张军．最新劳动与社会保障法律文件解读［M］．北京：人民法院出版社，2006.

[88] 陈文学．煤矿重大事故风险监控与应急救援方法体系研究［D］．青岛：山东科技大学，2005.

[89] 常见事故分析与防范对策丛书编委会．危险化学品常见事故与防范对策［M］．北京：中国劳动社会保障出版社，2004.

[90] 严一飞．天津滨海新区生产事故灾难应急管理研究［D］．天津：天津大学，2014.

[91] 张根凤．全员便携手册［M］．北京：中国电力出版社，2006.

[92] 中国安全生产科学研究院．企业应急安全管理指南［M］．北京：中国劳动社会保障出版社，2005.

[93] 杨利．海上油田生产设施潜水作业安全［J］．化工管理，2022（06）：152-154.

[94] 刘靖坤．受限空间作业危险、有害因素分析及 3E 对策［J］．现代商贸工业，2011，23（12）：250-251.

[95] 时照，傅贵，解学才，等．安全文化定量分析系统的研发与应用［J］．中国安全科学学报，2022，32（08）：29-36.

[96] 傅贵，陈奕燃，许素睿，等．事故致因"2-4"模型的内涵解析及第6版的研究［J］．中国安全科学学报，2022，32（01）：12-19.

[97] 傅贵，杨晓雨，刘卓栩，等．安全科学的学科基本问题研究［J］．中国安全科学学报，2021，31（05）：18-24.

[98] 曹庆贵．安全评价［M］．北京：机械工业出版社，2017.

[99] 傅贵．安全管理学-事故预防的行为控制方法［M］．北京：科学出版社，2022.